实例 3
内联 CSS 样式——控制文本显示效果

实例 4
内部 CSS 样式——控制页面整体效果

实例 5
外部 CSS 样式——链接外部 CSS 样式表文件

实例 6
@import 方式——导入外部 CSS 样式

实例 7
margin——控制网页元素的位置

实例 9
padding——控制 Div 中内容的位置

实例 10
相对定位——设置网页元素叠加显示

实例 11
绝对定位——设置网页元素固定在右侧显示

实例 12
固定定位——固定的网页导航

实例 13
浮动定位——制作作品列表

实例 14
空白边叠加——控制元素的上下边距

实例 15
流体网格布局——制作个人作品展示页面

实例 16
定义页面背景颜色——制作个人作品网站页面

实例 17
定义背景图像——为网页添加背景图像

实例 18

背景图像的位置——控制网页中背景图像的位置

实例 19

固定背景图像——控制网页的背景图像固定不动

实例 22

background-size 属性（CSS3.0）——控制背景图像大小

实例 23

background-origin 属性（CSS3.0）——控制背景图像显示区域

实例 24

background-clip 属性（CSS3.0）——控制背景图像的裁剪区域

实例 25

定义字体——制作网站欢迎页面

实例 26

定义英文字体大小写——制作英文网站页面

实例 27

定义字体下划线、顶划线和删除线——网页文字修饰

实例 28

定义字间距和行间距——制作网站公告

实例 29

定义段落首字下沉——制作企业介绍页面

实例 30

定义段落首行缩进——制作设计公司网站页面

实例 31

定义段落水平对齐——制作网站弹出页面

实例 32

定义文本垂直对齐——制作产品介绍页面

实例 33

Web 字体——在网页中使用特殊字体

实例 34

CSS 类选区——应用多个类 CSS 样式

实例 35

text-shadow 属性（CSS3.0）——为网页文字添加阴影

实例 36

word-wrap 属性（CSS3.0）——控制网页文本换行

实例 37

text-overflow 属性（CSS3.0）——控制文本溢出

实例 38

图片边框——修饰网页图像

实例 39

图片缩放——自适应窗口大小的图片

实例 40

图片的水平对齐——制作产品展示页面

实例 41

图片的垂直对齐——制作饮品展示页面

实例 42

实现图文混排效果——制作产品介绍页面

实例 43

border-colors 属性（CSS3.0）——为图像添加多种彩色边框

实例 44

border-radius 属性（CSS3.0）——实现圆角边框

实例 45

border-image 属性（CSS3.0）——实现图像边框

实例 46

ul 无序列表——制作新闻栏目

实例 47

ol 有序列表——制作音乐排行列表

实例 48

更改列表项目样式——制作方块列表效果

实例 49

使用图片作为列表样式——制作图像列表

实例 50
定义列表——制作复杂新闻列表

实例 51
列表的应用——制作横向导航菜单

实例 52
制作纵向导航菜单

实例 53
content 属性（CSS3.0）——赋予 Div 内容

实例 54
opacity 属性（CSS3.0）——实现元素的半透明效果

实例 55
创建数据表格——制作新闻列表

实例 56
设置表格边框和背景——制作精美表格

实例 57
为单元行应用类 CSS 样式——实现隔行变色的单元格

实例 58
应用 CSS 样式的 hover 伪类——实现交互的变色表格

实例 59
设置表单元素的背景颜色——变化文本域

实例 60
设置表单元素的边框——美化登录框

实例 61
使用 CSS 定义圆角文本字段

实例 62
使用 CSS 定义下拉列表——制作多彩下拉列表

实例 63
column 属性（CSS3.0）——实现网页文本分栏

实例 64
column-width 属性（CSS3.0）——设置分栏宽度

实例 65
column-count 属性（CSS3.0）——控制网页文本分栏数

实例 66
column-gap 属性（CSS3.0）——控制网页文本分栏间距

实例 68
定义超链接样式——制作活动公告

实例 69
超链接伪类应用——制作按钮式超链接

实例 70
超链接伪类应用——制作图像式超链接

实例 71
使用 CSS 定义鼠标指针样式——改变默认的光标指针

实例 72
使用 CSS 定义鼠标变换效果——实现网页中的鼠标变换效果

实例 73
box-shadow 属性（CSS3.0）——为网页元素添加阴影

实例 74
overflow 属性（CSS3.0）——网页元素内容溢出处理

实例 75
resize 属性（CSS3.0）——在网页中实现区域缩放调节

实例 76
outline 属性（CSS3.0）——为网页元素添加轮廓边框

实例 77
grayscale 滤镜——将网页处理为灰度效果

实例 78
sepia 滤镜——将网页中图像处理为怀旧效果

实例 79
satruate 滤镜——调整网页中图像的色彩饱和度

实例 80
hue-rotate 滤镜——调整网页中图像的色调

实例 81
invert 滤镜——将网页中的图像处理为底片效果

实例 82
opacity 滤镜——设置网页元素半透明效果

实例 83
brightress 滤镜——调整网页中图像的亮度

实例 87
旋转变形——实现网页元素的旋转

实例 89
移动变形——实现网页元素的移动

实例 90
倾斜变形——实现网页元素的倾斜效果

实例 91
transition-property 属性——实现网页元素变形过渡效果

实例 92
transition 属性——制作动态选项卡

实例 95
在 HTML 页面中调用 XML 数据——制作摄影图片网页

实例 96
使用 JavaScript 实现可选择字体大小——制作新闻页面

实例 97
使用 JavaScript 实现图像滑动切换——制作图像页面

实例 98
使用 JavaScript 实现特效——制作动态网站相册

实例 99
制作宠物猫咪网站页面

实例 100
制作设计工作室网站页面

实例 101
制作医疗健康类网站页面

实例 102
制作教育类网站页面

实例 103
制作企业类网站页面

实例 104
制作水上乐园网站页面

实例 105
制作休闲游戏网站页面

实例 106
制作野生动物园网站页面

实例 107
制作餐饮类网站页面

实例 108
制作游戏类网站页面

资源下载及其使用说明

◎ 资源下载方式

　　本书正文所需要的资源文件已作为学习资料提供下载，扫描右侧或封底的二维码即可获得文件下载方式。如果大家在阅读或使用过程中遇到任何与本书相关的技术问题或者需要什么帮助，请发邮件至 szys@ptpress.com.cn，我们会尽力为大家解答。

◎ 资源内容目录

1. 本书 12 章 108 个案例的源文件及最终效果文件
2. 108 段教学视频（530 分钟）
3. 12 个正文讲解的 PPT 文件，以及海量、丰富的各类 Flash
　 小图片、网页模板、图片素材等资源

"赠送资源"文件夹中的内容

资源内容

12章PPT课件

◎ 530分钟的全程同步多媒体视频教学

◎ 超值赠送海量丰富的各类资源文件

50 张 Flash 小图片

50 个 Div+CSS 模板

资源下载及其使用说明

800 张网页背景素材

1000 张网页小图标

20 种类型的网页模板

Div+CSS3.0
网页布局实战
从入门到精通（第2版）

新视角文化行◎编著

人民邮电出版社

北京

图书在版编目（CIP）数据

Div+CSS3.0网页布局实战从入门到精通 / 新视角文
化行编著. -- 2版. -- 北京：人民邮电出版社，2018.5
ISBN 978-7-115-47713-2

Ⅰ. ①D… Ⅱ. ①新… Ⅲ. ①网页制作工具 Ⅳ.
①TP393.092

中国版本图书馆CIP数据核字(2017)第327135号

内 容 提 要

本书系统讲解了 Div+CSS 标准布局的基础理论和实际应用的技法。全书分为基础篇、进阶篇、提高篇
和商业案例篇，采用实例与知识点相结合的讲解形式，从网站的布局风格和实现两个方面循序渐进地剖析
了 Div+CSS 网页布局和制作方法。

书中汇集 108 个经典案例，对 Div+CSS 布局进行了深入浅出的分析，并对重点和难点进行了更加深入
的解析，使读者能够充分掌握 Div+CSS 布局的精髓。力求让读者通过对本书的学习，形成符合标准的设计
思维，并能采用实战操作完成网页设计，进而融入 Web 标准设计领域。

本书在讲解知识的基础上着重培养读者的设计思维与实战能力，比较适合初、中级网页设计制作爱好
者和希望学习 Web 标准对原网站进行重构的网页设计者。随书下载资源中提供了书中所有实例的源文件和
530 分钟的视频教程，供读者学习和参考，还提供了可供教学使用的配套 PPT 课件。

◆ 编　　著　新视角文化行
　　责任编辑　杨　璐
　　责任印制　陈　犇

◆ 人民邮电出版社出版发行　　北京市丰台区成寿寺路 11 号
　　邮编　100164　　电子邮件　315@ptpress.com.cn
　　网址　http://www.ptpress.com.cn
　　固安县铭成印刷有限公司印刷

◆ 开本：787×1092　1/16　　　　彩插：4
　　印张：19　　　　　　　　　　2018 年 5 月第 2 版
　　字数：508 千字　　　　　　　2025 年 1 月河北第 17 次印刷

定价：49.80 元

读者服务热线：(010)81055410　印装质量热线：(010)81055316
反盗版热线：(010)81055315
广告经营许可证：京东市监广登字 20170147 号

前 言

PREFACE

本书主要讲述基于Web标准的Div+CSS网页的设计方法以及制作技巧，希望能够帮助大家及时转变传统的网站设计思维。全书采用了图文相结合的方式对网页的设计及制作的细节进行全面的展示，通过大量实例对Div+CSS布局进行了深入浅出的分析，并对重点和难点进行了更加深入的解析，使读者能够充分掌握Div+CSS布局的精髓。希望读者通过对本书的学习，能够以符合标准的设计思维，采用实战操作完成网页设计，进而融入Web标准设计领域。

本书特点

● 完善的学习模式

"实例分析+知识点链接+制作步骤+Q&A+提示+操作视频"6大环节保障了可学习性。详细讲解操作步骤，力求让读者即学即会。108个典型实例，清晰表达了源代码书写规则，让读者掌握网页源代码的书写方法与技巧，从而为可视化设计能力的提高奠定了基础。

● 进阶式讲解模式

全书共12章，每一章都是一个技术专题，从基础入手，逐步进阶到灵活应用。基础讲解与操作紧密结合，方法全面，技巧丰富，读者不但能学习到专业的制作方法与技巧，还能提高实际应用的能力。

配套资源

● 全程同步教学视频

530分钟全程同步多媒体语音教学视频，由一线教师亲授，详细记录了所有案例的具体操作过程。读者可以边学边做，同步提升操作技能。

● 超值配套PPT文件和模板素材

随书附赠配套PPT教学课件，供老师修改使用。还超值附赠50个Div+CSS模板、800张网页背景素材、1000张网页小图标、34种类型的网页模板、50张Flash小图片。全面配合书中所讲知识与技能，提高学习效率，提升学习效果。

关于本书作者

本书作者有着多年的网页教学及网页设计制作的工作经验，先后在多家网络公司从事网页设计制作工作，积累了大量网页设计制作经验并精通网页布局和美化的多种技巧。

本书由新视角文化行编著，在成书的过程中得到了杜昌国、王红蕾、陆沁、孙倩、时延辉、黄友良、刘绍捷、赵硕、刘冬美、尚彤、王梓力、刘爱华、周莉、王海鹏、刘智梅、齐新、蒋立军、戴时影、王君赫、张杰、张猛、吕亚鹏、蒋岚、蒋玉、苏丽荣、谭明宇、李岩、吴承国、孟琦、曹培强等人的大力帮助和支持，在此表示感谢。

本书读者对象

本书在讲解知识的基础上着重培养读者的设计思维与实战能力，比较适合初、中级网页设计制作爱好者及希望学习Web标准对原网站进行重构的网页设计者阅读。

由于作者编写水平有限，书中难免有错误和疏漏之处，恳请广大读者批评指正。读者在学习的过程中，如果遇到问题，可以联系作者（电子邮箱nvangle@163.com）。

编　者

2017年9月

目录
CONTENTS

第 01 章

Dreamweaver与 CSS基础

Dreamweaver是一款所见即所得的网页编辑软件，它是第一款针对专业网页设计师的视觉化网页制作软件，利用它可以轻而易举地制作出跨平台限制、跨浏览器限制且充满动感的网页。

在Dreamweaver中设计制作网页时，需要使用CSS样式对页面进行控制和修饰，在网页中应用CSS样式表有4种方式，即内联样式、嵌入样式、链接外部样式和导入样式，用户可以根据所设计网页的不同要求进行选择。

实例 001　建站第一步——创建本地静态站点

在Dreamweaver中创建本地站点非常简便、快捷。不管制作什么类型、什么风格的网站页面都要从构建站点开始，首先要理清网站结构的脉络，然后才能在创建的静态站点中设计制作网页。

● **最终文件**｜无
● **视　　频**｜视频\第1章\实例1.mp4
● **知 识 点**｜创建站点
● **学习时间**｜2分钟

实例分析

本实例主要通过执行"站点→新建站点"菜单命令，然后在弹出的"站点设置对象"对话框中设置站点的名称及确定该站点根目录的位置，本实例设置完成后的效果如图1-1所示。

图1-1　最终效果

知识点链接

在创建本地静态站点时，唯一用到的菜单命令就是"站点→新建站点"命令，通过该命令弹出"站点设置对象"对话框，在该对话框中进行相应的设置即可。

制作步骤

01 执行"站点→新建站点"菜单命令，弹出"站点设置对象"对话框，在"站点名称"文本框中输入站点的名称，如图1-2所示。单击"本地站点文件夹"文本框后的"浏览"按钮，弹出"选择根文件夹"对话框，浏览到本地站点的位置，如图1-3所示。

图1-2　"站点设置对象"对话框

图1-3　"选择根文件夹"对话框

02 单击"选择"按钮，确定本地站点根目录位置，此时"站点设置对象"对话框如图1-4所示。单击"保存"按钮，完成本地站点的创建。这时Dreamweaver将自动打开"文件"面板，在该面板中显示了刚刚创建的静态站点，如图1-5所示。

图1-4 "站点设置对象"对话框　　　　　　　　　图1-5 "文件"面板

Q 在Dreamweaver中，新建站点有几种方式？

A 两种。一种是通过执行"站点→新建站点"菜单命令来新建站点；另一种是执行"站点→管理站点"菜单命令，在弹出的"管理站点"对话框中单击"新建"按钮，同样可以弹出"站点设置对象"对话框，在该对话框中设置及新建站点。

Q 为什么要创建本地静态站点？

A 在大多数情况下，都是在本地站点中对网页进行编辑制作，然后再通过FTP上传到远程服务器上，因此在制作网页之前应创建本地静态站点。

实例 002　设置远程服务器——创建企业网站站点

在创建站点时，可以先将该站点的远程服务器信息设置好，这样的话可以制作好一部分网站页面，就上传一部分页面，便于随时在网络中查看页面的效果。

● **最终文件** | 无
● **视　　频** | 视频\第1章\实例2.mp4
● **知 识 点** | 设置服务器信息
● **学习时间** | 5分钟

实例分析

本实例主要通过执行"站点→新建站点"菜单命令，在弹出的"站点设置对象"对话框中设置站点的名称及确定该站点根目录的位置，然后再切换到"服务器"选项的设置界面中，对服务器信息进行设置，本实例设置完成后的效果如图1-6所示。

图1-6 最终效果

知识点链接

本实例的关键在于服务器信息的设置，在设置信息时要确保FTP地址、用户名和密码全部正确，只有这样才能连接上Web服务器。

制作步骤

01 执行"站点→新建站点"菜单命令，弹出"站点设置对象"对话框，在"站点名称"对话框中输入站点的名称，单击"本地站点文件夹"后的"浏览"按钮📁，弹出"选择根文件夹"对话框，浏览到站点的根文件夹，如图1-7所示。单击"选择"按钮，选定站点根文件夹，如图1-8所示。

图1-7　"选择根文件夹"对话框　　　　　　　图1-8　"站点设置对象"对话框

02 单击"站点设置对象"对话框左侧的"服务器"选项，切换到"服务器"选项设置界面，如图1-9所示。单击"添加新服务器"按钮➕，弹出"添加新服务器"窗口，对远程服务器的相关信息进行设置，如图1-10所示。

图1-9　"服务器"选项设置界面　　　　　　　图1-10　设置服务器信息

03 单击"测试"按钮，弹出"文件活动"对话框，显示正在与设置的远程服务器进行连接，如图1-11所示。连接成功后，弹出提示对话框，提示"Dreamweaver已成功连接到您的Web服务器。"，如图1-12所示。

图1-11　"文件活动"对话框　　　　　　　图1-12　与远程服务器连接成功

04 单击"添加新服务器"窗口上的"高级"选项卡，切换到"高级"选项卡的设置，在"服务器模型"下拉列表中选择"PHP MySQL"选项，如图1-13所示。单击"保存"按钮，完成"添加新服务器"窗口的设置，如图1-14所示。

图1-13　设置"服务器模型"　　　　　　　图1-14　完成远程服务器设置

05 单击"保存"按钮，完成企业网站站点的创建，"文件"面板将自动切换为刚建立的站点，如图1-15所示。单击"文件"面板上的"连接到远程服务器"按钮 ，即可连接到该站点所设置的远程服务器上，如图1-16所示。

图1-15 "文件"面板　　图1-16 连接到远程服务器

Q 在创建站点时需不需要设置"服务器"选项卡中的相关选项？

A 如果用户需要使用Dreamweaver连接远程服务器，用来将站点中的文件通过Dreamweaver上传到远程服务器，则需要对"服务器"选项卡中的选项进行设置；否则，不需要设置。

Q 在创建远程站点的过程中，对于"服务器模型"需不需要进行设置？

A 可以设置也可以不设置，这两者没有太大的关系。如果已经确定了网站的形式，则可以进行设置，例如在实例2中，该企业网站已经确定使用PHP MySQL形式进行开发，则可以设置"服务器模型"为PHP MySQL。

实例 003 内联CSS样式——控制文本显示效果

内联样式是将CSS样式代码直接添加到HTML的标签中，即作为HTML标签的属性存在。它是所有CSS样式中控制网页最为简单、直观的方式，通过这种方法可以很方便地对某个元素单独定义样式。

- **最终文件** | 最终文件\第1章\实例3.html
- **视　　频** | 视频\第1章\实例3.mp4
- **知 识 点** | 内联CSS样式
- **学习时间** | 10分钟

实例分析

本实例通过内联CSS样式，也就是直接在HTML标签中使用style属性对页面中文本的显示效果进行控制，页面的最终效果如图1-17所示。

图1-17 最终效果

知识点链接

使用内联CSS样式的方法是直接在HTML标签中使用style属性，该属性的内容就是CSS的属性和值，其格式如下：

```
<p style="font-family:宋体; font-size:12px; color:#CCCCCC;">内联CSS样式</p>
```

制作步骤

01 执行"文件→打开"菜单命令，打开页面"源文件\第1章\实例3.html"，页面效果如图1-18所示。转换到代码视图，可以看到页面的代码，如图1-19所示。

图1-18 页面效果

```
<body>
<div id="box">
    <p>在艺术的设计中追求完美</p>
    <p>  设计是一种需要，而不是装饰。每一个广告，都是商品印象（band　image）的长期投资，丝毫不允许有昙演印象的行为。<br>
      我们一个综合型的 设计团队设法符合客户的 理念和自身团队价值提升，并制定合理计划来完善每个设计项目，这个就是我们的设计观念。<br>
      我们提出了唯美品质、一流服务、打造您沟通资讯平台的服务理念。为了能够提供专业优质的服务给客户，公司不断发展与国内知名公司的合作交流，逐步推出一系列网络推广__</p>
    <p><img src="images/1383.png" width="284" height="48" alt="" /></p>
</div>
</body>
```

图1-19 代码视图

02 在<p>标签中添加style属性设置，添加相应的内联CSS样式代码，如图1-20所示。执行"文件→保存"菜单命令，保存页面。在浏览器中预览该页面，效果如图1-21所示。

图1-20 添加内联CSS样式代码

图1-21 预览效果

Q 使用内联CSS样式有哪些规定？

A 内联CSS样式是由HTML文档中标签的style属性所支持，只需要将CSS代码使用"；"（分号）隔开并输入在style=""中，便可以完成对当前标签的样式定义，这是CSS样式定义的一种基本形式。

Q 内联CSS样式属于表现与内容分离的设计模式吗？

A 内联CSS样式仅仅是HTML标签对于style属性的支持所产生的一种CSS样式编写方式，并不符合表现与内容分离的设计模式。使用内联CSS样式与表格布局从代码结构上来说完全相同，但是仅利用了CSS对于元素的精确控制优势，并没有很好地实现表现与内容的分离，所以不属于表现与内容分离的设计模式。

实例 004　内部CSS样式——控制页面整体效果

内部CSS样式就是将CSS样式代码嵌入到<head>与</head>标签之间，并且用<style>与</style>标签进行声明。这种写法虽然没有完全实现页面内容与CSS样式表现得完全分离，但可以将内容与HTML代码分离在两个部分进行统一的管理。

● **最终文件**｜最终文件\第1章\实例4.html

● **视　　频**｜视频\第1章\实例4.mp4

● **知 识 点**｜内部CSS样式

● **学习时间**｜10分钟

┃ 实例分析 ┃

本实例主要通过对"页面属性"对话框中的相关属性进行设置来控制页面的整体属性，并且通过设置该对话框生成的代码全部显示在<head>与</head>标签之间，页面的最终效果如图1-22所示。

图1-22 最终效果

┃ 知识点链接 ┃

"页面属性"对话框通过对页面的字体、字体大小、字体颜色、背景颜色以及背景图像等属性进行设置来控制页面的效果，但是不能设置行高属性。

┃ 制作步骤 ┃

01 执行"文件→打开"菜单命令，打开页面"源文件\第1章\实例4.html"，页面效果如图1-23所示。转换到代码视图，在页面头部的<head>与</head>标签之间可以看到该页面的内部CSS样式，如图1-24所示。

图1-23 页面效果

图1-24 代码视图

02 单击"属性"面板上的"页面属性"按钮，弹出"页面属性"对话框，设置如图1-25所示。设置完成后，单击"确定"按钮，可以看到页面的效果，如图1-26所示。

图1-25 "页面属性"对话框

图1-26 页面效果

03 切换到代码视图，可以看到通过"页面属性"面板设置所生成的相关内部CSS样式，如图1-27所示。在内部的CSS样式代码中定义一个名为.font的类CSS样式，如图1-28所示。

```
body,td,th {
    font-size: 12px;
    color: #666;
}
body {  background-image: url(images/1401.jpg);
    background-repeat: no-repeat;
    margin-left: 0px;
    margin-top: 0px;
    margin-right: 0px;
    margin-bottom: 0px;
}
```

```
.font {
    color: #49A7DA;
    font-size: 16px;
    font-weight: bold;
}
```

图1-27 CSS样式代码　　　　　　　图1-28 类CSS样式代码

04 返回到设计视图中，选中相应的文字，在"属性"面板上的"类"下拉列表中应用刚定义的类CSS样式font，如图1-29所示。转换到代码视图，可以看到在`<p>`标签中添加的相应代码，如图1-30所示。

图1-29 应用该样式

```
<div id="box">
  <div id="text01">
    <p class="font">品牌与视觉价值</p>
    <p>不管您是刚成立的企业还是发展中的企业，蓝逸拥有对品牌深刻理解的策略专家，因为只有对品牌具有敏
锐的洞察力，才能为您提供更有效的品牌战略方案，创造品牌的核心价值。</p>
  </div>
  <div id="text02">
    <p class="font">网站设计及顾问</p>
    <p>我们提供完整的专业网站设计，价格依客户确定的网站功能而定，并为客户评估、制作建议规划书，让客
户享受到贵宾级的服务。</p>
  </div>
  <div id="text03">
    <p class="font">中小企业解决方案</p>
    <p>帮助中小企业迅速建立自己的品牌形象以提升竞争能力，制订符合他们自身发展的服务计划，尽可能以较
低的费用获得高品质的策略咨询服务。</p>
  </div>
</div>
```

图1-30 代码视图

05 执行"文件→保存"命令，保存页面。在浏览器中预览该页面，效果如图1-31所示。

图1-31 预览效果

Q 在制作网页时使用内部CSS样式有哪些优势？

A 在内部CSS样式中，所有的CSS代码都编写在`<style>`与`</style>`标签之间，这样既方便了后期对页面的维护，也极大地减少了代码的数量。

Q 内部CSS样式的局限性在哪里？

A 内部CSS样式只适合于单一页面设置单独的CSS样式，如果一个网站拥有很多页面，并且对于不同页面中的`<p>`标签都希望采用同样的CSS样式设置时，这种方式便显得有点麻烦了。

实例 005 **外部CSS样式——链接外部CSS样式表文件**

外部样式表是CSS样式表中较为理想的一种形式，能够实现代码的最大化使用及网站文件的最优化配置。

将CSS样式表代码单独编写在一个独立文件之中，由网页进行调用，并且多个不同的网页可以调用同一个外部样式表文件。

- **最终文件** | 最终文件\第1章\实例5.html
- **视　　频** | 视频\第1章\实例5.mp4
- **知 识 点** | 外部CSS样式表
- **学习时间** | 10分钟

实例分析

　　本实例所制作的页面大部分是由图像组成的，且使用了外部CSS样式表对整个页面的排版进行控制，使得页面修改起来更加方便，页面的最终效果如图1-32所示。

图1-32 最终效果

知识点链接

　　外部CSS样式是指在外部定义CSS样式并形成以.css为扩展名的文件，然后在页面中通过\<link\>标签将外部的CSS样式文件链接到页面中，而且该语句必须放在页面的\<head\>与\</head\>标签之间。

制作步骤

01 执行"文件→打开"菜单命令，打开页面"源文件\第1章\实例5.html"，页面效果如图1-33所示。执行"文件→新建"菜单命令，弹出"新建文档"对话框，在"页面类型"列表中选择CSS选项，如图1-34所示。

图1-33 页面效果

图1-34 "新建文档"对话框

02 单击"确定"按钮，创建一个外部CSS样式文件，将该文件保存为"源文件\第1章\style\1-5.css"。返回到"实例6.html"页面中，打开"CSS设计器"面板，单击"源"选项区右侧的"添加CSS源"按钮 ➕，如图1-35所示。在弹出菜单中选择"附加现有的CSS文件"选项，弹出"使用现有的CSS文件"对话框，单击"浏览"按钮，选择需要链接的外部CSS样式文件，如图1-36所示。

图1-35 "CSS设计器"面板

图1-36 "链接外部样式表"对话框

03 单击"确定"按钮，即可链接指定的外部CSS样式文件，在"CSS设计器"面板中的"源"选项区中显示所链接的外部CSS样式文件，如图1-37所示。转换到代码视图中，在<head>与</head>标签之间可以看到链接外部CSS样式文件的代码，如图1-38所示。

图1-37 "CSS设计器"面板　　　　图1-38 代码视图

04 切换到1-5.css文件中，创建相应的CSS样式，如图1-39所示。返回到设计视图，可以看到页面的效果，如图1-40所示。

图1-39 CSS样式代码　　　　　　图1-40 页面效果

05 执行"文件→保存"菜单命令，保存该页面。按F12键即可在浏览器中预览该页面，效果如图1-41所示。

图1-41 预览效果

Q 什么情况下需要将外部CSS样式表导入到网页文件中？

A 将外部CSS样式表导入到网页文件中后，每个网页文件都要下载样式表代码，因此通常情况下不使用这种方式，只有在一个网页中使用第三方样式表文件时才需要使用该方法。

Q 外部CSS样式的优势有哪些？

A 在网页中使用外部CSS样式表文件具有以下优势：

● 独立于HTML文件，便于修改。

● 多个文件可以引用同一个CSS样式表文件。

● CSS样式文件只需要下载一次，就可以在其他链接了该文件的页面内使用。

● 浏览器会先显示HTML内容，然后再根据CSS样式文件进行渲染，从而使访问者可以更快地看到内容。

实例 006 @import方式——导入外部CSS样式

导入样式与链接样式的方法基本相同，都是创建一个单独的CSS样式文件，然后再链接到HTML文件中，但是在语法和运作方式上有所区别。

导入的CSS样式，在HTML文件初始化时会被导入到HTML文件内作为文件的一部分，类似于内部CSS样式；而链接的CSS样式是在HTML标签需要CSS样式风格时才以链接方式引入。

● **最终文件** | 最终文件\第1章\实例6.html
● **视　　频** | 视频\第1章\实例6.mp4
● **知 识 点** | 导入外部CSS样式
● **学习时间** | 10分钟

实例分析

本实例通过将外部CSS样式导入到页面中对页面进行控制，这种方法的优势在于可以一次导入多个CSS文件，页面的最终效果如图1-42所示。

图1-42 最终效果

知识点链接

导入外部CSS样式是指在<style>与</style>标签中，使用@import语句导入一个外部CSS样式表文件中的CSS样式。

制作步骤

01 执行"文件→打开"菜单命令，打开页面"源文件\第1章\实例6.html"，页面效果如图1-43所示。转换到代码视图，可以看到页面中并没有链接外部CSS样式，也没有内嵌的CSS样式，如图1-44所示。

图1-43 页面效果

图1-44 页面代码

02 返回到设计视图，打开"CSS设计器"面板，单击"源"选项区右侧的"添加CSS源"按钮，在弹出菜单中选择"附加现有的CSS文件"选项，弹出"使用现有的CSS文件"对话框，单击"浏览"按钮，选择相应的外部CSS样式文件，如图1-45所示，单击"确定"按钮。设置"使用现有的CSS文件"对话框中"添加为"选项为"导入"，如图1-46所示。

图1-45 "选择样式表文件"对话框　　　　　　　图1-46 "使用现有的CSS文件"对话框

03 单击"确定"按钮，导入相应的CSS样式，页面的效果如图1-47所示。转换到代码视图中，在页面头部的 <head>与</head>标签之间可以看到自动添加的导入CSS样式文件的代码，如图1-48所示。

图1-47 页面效果

```html
<!doctype html>
<html>
<head>
<meta charset="utf-8">
<title>导入外部CSS样式</title>
<style type="text/css">
@import url("style/1-6.css");
</style>
</head>
```

图1-48 代码视图

04 执行"文件→保存"菜单命令，保存该页面。按 F12键即可在浏览器中预览该页面，效果如图1-49 所示。

图1-49 预览效果

Q 导入CSS样式与链接CSS样式相比哪个更具有优势？

A 导入外部CSS样式表相当于将CSS样式表导入到内部CSS样式中，该方式更具有优势。另外，导入样式与 链接样式相比较，最大的优点在于导入样式可以一次导入多个CSS文件。

Q 导入的外部样式表需要在内部样式表的什么位置？

A 导入外部样式表必须在内部样式表的开始部分，即其他内部CSS样式代码之前。

第 **02** 章

Div+CSS布局基础

真正符合Web标准的网页需要实现内容与结构的分离，因此网页设计的核心在于如何运用Web标准中的各种技术来达到表现和内容的分离。

推荐使用更严谨的语言XHTML编写页面结构，使用Div进行网页的排版布局，并通过CSS样式来实现网页的表现，所以掌握基于Div+CSS的网页布局方式，是实现Web标准的根本。

实例 007　margin——控制网页元素的位置

margin（边界）是用来设置页面中元素和元素之间的距离，即定义元素周围的空间范围，是页面排版中一个比较重要的概念。

- **最终文件** | 最终文件\第2章\实例7.html
- **视　　频** | 视频第2章\实例7.mp4
- **知 识 点** | margin属性
- **学习时间** | 10分钟

实例分析

在本实例制作过程中讲述了如何将图像插入到Div中，并且通过设置margin属性将其定位在合适的位置，主要是要大家掌握margin属性的使用方法，页面的最终效果如图2-1所示。

图2-1 最终效果

知识点链接

margin属性的语法格式如下：

`margin: auto | length;`

其中，auto表示根据内容自动调整，length表示由浮点数字和单位标识符组成的长度值或百分数，百分数是基于父对象的高度。对于内联元素来说，左右外延边距可以是负数值。

margin属性包含4个子属性，用于控制元素四周的边距，分别为margin-top（设置元素上边距）、margin-right（设置元素右边距）、margin-bottom（设置元素下边距）和margin-left（设置元素左边距）。

制作步骤

01 执行"文件→打开"菜单命令，打开页面"源文件\第2章\实例7.html"，页面效果如图2-2所示。将光标移至页面中名为pic的Div中，将多余文字删除，插入图像"源文件\第2章\images\2702.jpg"，如图2-3所示。

图2-2 页面效果

图2-3 插入图像

02 转换到该文件链接的外部CSS样式表文件中，创建名为#pic的CSS规则，如图2-4所示。返回到设计视图，选中名为pic的Div，可以看到所设置的上边界和左边界的效果，如图2-5所示。

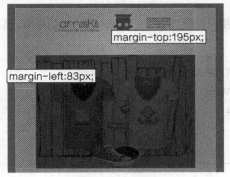

```
#pic {
    width: 654px;
    height: 475px;
    margin-top: 195px;
    margin-left: 83px;
}
```

图2-4 CSS样式代码   图2-5 页面效果

03 执行"文件→保存"菜单命令，保存页面和外部CSS样式表文件。按F12键即可在浏览器中预览该页面，效果如图2-6所示。

图2-6 预览效果

Q 如何简化编写margin属性设置的格式？

A 在给margin属性设置数值时，若提供4个参数值，则是按顺时针的顺序作用于上、右、下、左4个边；若只提供1个参数值，则将作用于4个边；若提供2个参数值，则第1个参数值作用于上、下两边，第2个参数值作用于左、右两边；若提供3个参数值，第1个参数值作用于上边，第2个参数值作用于左、右两边，第3个参数值作用于下边。

Q 如何通过margin属性的设置使页面元素水平居中显示？

A 可以设置margin-left和margin-right两个属性值为auto，即设置元素的左右边界为自动，使元素水平居中对齐。

实例
008 border——为网页元素添加边框

border（边框）是HTML元素内边距和外边距的分界线，可以在页面中的不同HTML元素之间设定分界线，border属性设置的边框是元素的最外围。

在网页设计中，在测算元素的宽和高时，需要把border包含在内。

- **最终文件** | 最终文件\第2章\实例8.html
- **视　　频** | 视频\第2章\实例8.mp4
- **知 识 点** | border属性
- **学习时间** | 10分钟

实例分析

　　本实例制作的是为网页中的图像元素添加边框，在制作过程中向大家介绍了如何使用border属性为网页中的元素进行修饰，页面的最终效果如图2-7所示。

图2-7　最终效果

知识点链接

　　border的语法如下：

`border : border-style | border-color | border-width;`

　　border有3个属性，分别为border-style（用于设置图片边框的样式）、border-color（用于设置图片边框的颜色）和border-width（用于设置图片边框的宽度）。

制作步骤

01 执行"文件→打开"菜单命令，打开页面"源文件\第2章\实例8.html"，页面效果如图2-8所示。转换到该文件链接的外部CSS样式表文件中，创建名为.img、.img01、.img02和.img03的类CSS样式，如图2-9所示。

图2-8　页面效果

```
.img {
    border: solid #21242C 3px;
    padding: 3px;
}
.img01 {
    border: dashed #21242C 3px;
    padding: 3px;
}
.img02 {
    border: dotted #21242C 3px;
    padding: 3px;
}
.img03 {
    border: double #21242C 3px;
    padding: 3px;
}
```

图2-9　CSS样式代码

02 返回到设计视图中，分别为图像应用相应的样式，图像效果如图2-10所示。执行"文件→保存"菜单命令，保存页面和外部CSS样式表文件，按F12键即可在浏览器中预览该页面，效果如图2-11所示。

图2-10　图像效果

图2-11　预览效果

Q border属性的相关属性说明？

A border属性可以单独写为border-width、border-style和border-color 3个属性，具体介绍如下表所示。

border相关属性

属 性	描 述	可用值	注 释
border-width	用于设置元素边框的粗细	thin medium thick length	定义细边框 定义中等边框（默认粗细） 定义粗边框 自定义边框宽度，如1px
border-style	用于设置元素边框的样式	none hidden dotted dashed solid double groove ridge inset outset	定义无边框 与"none"相同。对于表，用于解决边框冲突 定义点状边框。在大多数浏览器中显示为实线 定义虚线。在大多数浏览器显示为实线 定义实线 定义双线。双线宽度等于border-width的值 定义3D凹槽边框。其效果取决于border-color的值 定义3D垄状边框。其效果取决于border-color的值 定义3Dinset边框。其效果取决于border-color的值 定义3Doutset边框。其效果取决于border-color的值
border-color	用于设置元素边框颜色	color_name hex_number rgb_number transparent	规定颜色值为颜色名称的边框颜色，如red。 规定颜色值为十六进制值的边框颜色，如#110000 规定颜色值为rgb代码的边框颜色，如rgb(0,0,0) 默认值，边框颜色为透明

Q border属性除了可以用于图像边框，还可以应用于其他元素吗？

A border属性不仅可以设置图像的边框，还可以为其他元素设置边框，如文字、Div等。在本实例中，主要讲解的是使用border属性为图像添加边框，读者可以自己动手试试为其他的页面元素添加边框。

实例 009 padding——控制Div中内容的位置

在Dreamweaver中设计制作网页时，可以通过设置padding属性来控制元素与边框之间的距离，从而达到对页面元素进行定位的作用。

- **最终文件** | 最终文件\第2章\实例9.html
- **视　频** | 视频\第2章\实例9.mp4
- **知 识 点** | padding属性
- **学习时间** | 10分钟

实例分析

本实例通过设置padding属性对页面中的图像元素进行定位，非常简单、方便，页面的最终效果如图2-12所示。

图2-12 最终效果

┃ 知识点链接 ┃

padding的语法格式如下：

padding: length;

在CSS样式中，padding属性包含了4个子属性，分别为padding-top（设置元素上填充）、padding-right（设置元素右填充）、padding-bottom（设置元素下填充）和padding-left（设置元素左填充）。

┃ 制作步骤 ┃

01 执行"文件→打开"菜单命令，打开页面"源文件\第2章\实例9.html"，页面效果如图2-13所示。将光标移至名为box的Div中，将多余文字删除，插入图像"源文件\第2章\images\2902.png"，效果如图2-14所示。

图2-13 页面效果

图2-14 插入图像

02 切换到该文件链接的外部CSS样式表文件中，找到名为#box的CSS样式，如图2-15所示。在该CSS样式代码中添加padding属性的设置，如图2-16所示。

```
#box{
    width:917px;
    height:552px;
    margin:0px auto;
}
```

图2-15 CSS样式代码

```
#box{
    width: 917px;
    height: 472px;
    margin: 0px auto;
    padding-top: 80px;
}
```

图2-16 CSS样式代码

03 返回设计视图，选中id名为box的Div，可以看到填充区域的效果，如图2-17所示。执行"文件→保存"菜单命令，保存页面和外部CSS样式表文件。按F12键即可在浏览器中预览该页面，效果如图2-18所示。

图2-17 填充效果

图2-18 预览效果

Q padding属性与margin属性的区别？

A margin属性定义的是元素与元素之间的距离；padding属性与其相反，其定义的是网页元素或内容与边框之间的距离，即内边距。

Q 如何简化编写padding属性设置的格式？

A 与margin属性类似，在给padding属性设置参数值时，如果提供4个参数值，将按顺时针的顺序作用于上、右、下、左4个边；如果只提供1个参数值，则将作用于4个边；如果提供2个参数值，则第1个参数值作用于上、下两边，第2个参数值作用于左、右两边；如果提供3个参数值，第1个参数值作用于上边，第2个参数值作用于左、右两边，第3个参数值作用于下边。

实例 010 相对定位——设置网页元素叠加显示

如果对一个元素进行相对定位的设置，首先它将出现在它所在的位置上，然后再通过设置垂直或水平方向上的位置，让该元素相对于其原始起点进行移动。

- **最终文件** | 最终文件\第2章\实例10.html
- **视　　频** | 视频\第2章\实例10.mp4
- **知 识 点** | 元素的相对定位
- **学习时间** | 10分钟

实例分析

本实例在制作过程中主要运用了相对定位的属性对Div进行定位和控制，通过这种方法可以使网页元素叠加显示，页面的最终效果如图2-19所示。

图2-19 最终效果

知识点链接

相对定位的语法格式如下：

```
position: relative;
```

在设置相对定位时，移动元素会导致它覆盖其他元素，因为无论该元素是否进行移动，其仍然占据原来的空间。

制作步骤

01 执行"文件→打开"菜单命令，打开页面"源文件\第2章\实例10.html"，页面效果如图2-20所示。将光标移至名为pic01的Div中，将多余的文字删除，插入相应的图片，效果如图2-21所示。

图2-20 页面效果

图2-21 插入图像

02 转换到该文件链接的外部CSS样式表文件2-12.CSS中，创建名为#pic01的CSS样式，如图2-22所示。返回设计视图中，可以看到名为pic01的Div相对原来的位置向右移动了245像素，向上移动了230像素的效果，如图2-23所示。

```
#pic01 {
    position: relative;
    width: 86px;
    height: 85px;
    top: -230px;
    left: 245px;
}
```

图2-22　CSS样式代码

图2-23　页面效果

> **提示**
>
> 设置元素的定位方式为相对定位时，控制其位置的属性数值也可以设置为负数，当设置为负数时，元素则会向相反的方向进行移动。

03 执行"文件→保存"菜单命令，保存页面和外部CSS样式表文件。按F12键即可在浏览器中预览该页面，效果如图2-24所示。

图2-24　预览效果

Q 什么是相对定位？

A 即对象不可以重叠，但可以通过top、right、bottom和left等属性在页面中偏移位置，并且能够通过z-index属性进行层次分级。

Q 为什么使用相对定位的元素移动后会覆盖其他元素？

A 在使用相对定位时，无论是否进行移动，元素仍然占据原来的空间。因此，移动元素会导致它覆盖其他元素。

实例 011　绝对定位——设置网页元素固定在右侧显示

绝对定位是参照浏览器的左上角，配合top、right、bottom和left 4个参数值进行定位的，如果没有设置上述的4个参数值，则以父级元素的坐标原点为原始点。

当父级元素的position属性为默认值时，top、right、bottom和left的坐标原点则以<body>标签的坐标原点为起始位置。

● **最终文件**｜最终文件\第2章\实例11.html

● **视　　频**｜视频\第2章\实例11.mp4

● **知 识 点**｜元素的绝对定位

● **学习时间**｜10分钟

27

实例分析

本案例中主要讲解通过为网页元素设置绝对定位，使其固定显示在浏览器窗口的右上角位置，页面的最终效果如图2-25所示。

图2-25 最终效果

知识点链接

绝对定位的语法格式如下：

`position:absolute;`

绝对定位与相对定位的区别在于：绝对定位的坐标原点为上级元素的原点，与上级元素有关；而相对定位的坐标原点为本身偏移前的点，与上级元素无关。

制作步骤

01 执行"文件→打开"菜单命令，打开页面"源文件\第2章\实例11.html"，页面效果如图2-26所示。将光标移至名为pic的Div中，将多余的文字删除，插入相应的图片，效果如图2-27所示。

图2-26 页面效果

图2-27 插入图片

02 转换到该网页链接的外部CSS样式表文件中，创建名为#pic的CSS样式，在该CSS样式中设置元素绝对定位，如图2-28所示。返回设计视图中，可以看到名为pic的Div脱离了文档流，相对于整个页面的右上角坐标原点向左移动了0像素，向下移动了60像素，如图2-29所示。

```
#pic {
    position: absolute;
    width: 67px;
    height: 164px;
    right: 0px;
    top: 60px;
}
```

图2-28 CSS样式代码

图2-29 页面效果

对于定位的主要问题是要记住每种定位的意义。相对定位是相对于元素在文档流中的初始位置，而绝对定位是相对于最近的已定位的父元素，如果不存在已定位的父元素，那就相对于最初的包含框。

03 执行"文件→保存"菜单命令，保存页面和外部CSS样式表文件。按F12键即可在浏览器中预览该页面，效果如图2-30所示。

图2-30　预览效果

Q 绝对定位是相对于什么进行定位的？

A 相对定位是相对于元素在文档流中的初始位置；而绝对定位是相对于最近的已定位的父元素，如果不存在已定位的父元素，那就相对于最初的包含块。

Q 使用绝对定位的元素为什么会覆盖页面上的其他元素？

A 因为绝对定位的框与文档流无关，因此可以覆盖页面上的其他元素；另外还可以通过设置z-index属性来控制这些框的堆放次序，z-index属性的值越大，框在堆中的位置就越高。

实例 012　固定定位——固定的网页导航

常常可以看到在网站页面中，无论页面的内容有多少，页面中某一部分元素始终位于浏览器固定的位置，这种效果就可以通过CSS样式中的固定定位来实现。

● **最终文件**┃最终文件\第2章\实例12.html
● **视　　频**┃视频\第2章\实例12.mp4
● **知 识 点**┃固定定位属性
● **学习时间**┃5分钟

┃实例分析┃

本实例通过固定定位属性的设置将页面的导航栏固定在页面的某个位置，并且不随浏览器滚动条的变化而改变位置，页面的最终效果如图2-31所示。

图2-31　最终效果

┃ 知识点链接 ┃

固定定位的语法格式如下：

```
position: fixed;
```

固定定位是绝对定位的一种特殊形式，固定定位的容器不会随着页面的滚动而改变，因此可以将页面中的一些特殊效果固定在浏览器的某个视线位置，不会随着滚动条的滚动而变换位置。

┃ 制作步骤 ┃

01 执行"文件→打开"菜单命令，打开页面"源文件\第2章\实例12.html"，页面效果如图2-32所示。按F12键在浏览器中预览该页面，可以发现左侧的导航菜单会跟着滚动条一起滚动，如图2-33所示。

图2-32 页面效果　　　　　　　　　　　图2-33 预览效果

02 转换到该文件链接的外部CSS样式表文件中，找到名为#menu的CSS样式，如图2-34所示。在该CSS样式代码中添加相应的固定定位代码，如图2-35所示。

```
#menu{
    width:290px;
    height:598px;
    font-size:16px;
    color:#f26e14;
    font-weight:bold;
    line-height:30px;
    background-image:url(../images/21202.png);
    background-repeat:no-repeat;
    background-position:top left;
    text-align:right;
    padding-top:170px;
    padding-right:10px;
}
```

```
#menu{
    position: fixed;
    width:290px;
    height:598px;
    font-size:16px;
    color:#f26e14;
    font-weight:bold;
    line-height:30px;
    background-image:url(../images/21202.png);
    background-repeat:no-repeat;
    background-position:top left;
    text-align:right;
    padding-top:170px;
    padding-right:10px;
}
```

图2-34 CSS样式代码　　　　　　　　　　图2-35 CSS样式代码

03 执行"文件→保存"菜单命令，保存页面和外部CSS样式表文件。按F12键即可在浏览器中预览页面，效果如图2-36所示。拖曳浏览器滚动条，可以看到左侧的导航菜单始终固定在浏览器的左侧，效果如图2-37所示。

图2-36 预览效果　　　　　　　　　　　图2-37 预览效果

Q 固定定位与绝对定位有什么区别？

A 固定定位与绝对定位的区别在于固定定位的参照位置不是上级元素块而是浏览器窗口，并且使用固定定位的元素可以脱离页面，就是不管页面如何滚动，该元素始终处在页面的同一位置上。

Q 固定定位的参照位置是哪里？

A 固定定位的参照位置不是上级元素块而是浏览器窗口。所以可以使用固定定位来设定类似传统框架样式布局，以及广告框架或导航框架等。使用固定定位的元素可以脱离页面，无论页面如何滚动，始终处在页面的同一位置上。

实例 013　浮动定位——制作作品列表

float属性表示浮动属性，它用来改变元素块的显示方式。浮动定位是CSS排版中非常重要的手段之一。浮动框可以左右移动，直到它外边缘碰到包含框或另一个浮动框的边缘。但是float定位只能作用于水平方向上的定位，而不能在垂直方向上定位。

- **最终文件** | 最终文件\第2章\实例13.html
- **视　频** | 视频\第2章\实例13.mp4
- **知 识 点** | float定位属性
- **学习时间** | 15分钟

实例分析

在本实例的制作过程中，充分运用了float定位属性对Div进行控制，可以看到在不同float属性下的页面中Div的位置和效果，页面的最终效果如图2-38所示。

图2-38 最终效果

知识点链接

float属性语法格式如下：

float: none | left | right;

float定位属性包含3个子属性，分别为none（设置元素不浮动）、left（设置元素左浮动）和right（设置元素右浮动）。

制作步骤

01 执行"文件→打开"菜单命令，打开页面"源文件\第2章\实例13.html"，页面效果如图2-39所示。转换到代码视图中，可以看到页面的代码，如图2-40所示。

图2-39 页面效果

```
<div id="bottom">
  <div id="pic"><img src="images/21309.jpg" width="180"
height="96" alt="" /></div>
    <div id="pic01"><img src="images/21310.jpg" width="180"
height="96" alt="" /></div>
    <div id="pic02"><img src="images/21311.jpg" width="180"
height="96" alt="" /></div>
  </div>
```

图2-40 代码视图

02 转换到该文件链接的外部CSS样式表文件中，找到名为#pic的CSS样式，如图2-41所示。在名为#pic的CSS样式代码中添加右浮动代码，如图2-42所示。

```
#pic{
    width: 180px;
    height: 96px;
    margin: 4px;
    background-color: #CCC;
    padding: 8px;
}
```

图2-41 CSS样式代码

```
#pic{
    width: 180px;
    height: 96px;
    margin: 4px;
    background-color: #CCC;
    padding: 8px;
    float: right;
}
```

图2-42 CSS样式代码

03 返回到设计视图中，可以看到名为pic的Div脱离文档流并向右浮动，直到它的边缘碰到包含框bottom的右边框停止，如图2-43所示。转换到外部CSS样式表文件，将名为#pic的CSS样式代码中的右浮动代码更改为左浮动代码，如图2-44所示。

id名为pic的Div向右浮动

图2-43 页面效果

```
#pic{
    width: 180px;
    height: 96px;
    margin: 4px;
    background-color: #CCC;
    padding: 8px;
    float: left;
}
```

图2-44 CSS样式代码

04 返回到设计视图中，可以看到页面的效果，如图2-45所示。转换到外部CSS样式表文件，分别在#pic01和#pic02的CSS样式中添加左浮动代码，如图2-46所示。

id名为pic的Div向左浮动，id名为pic01的Div被遮盖了。

图2-45 页面效果

```
#pic01{
    width: 180px;
    height: 96px;
    margin: 4px;
    background-color: #CCC;
    padding: 8px;
    float: left;
}
#pic02{
    width: 180px;
    height: 96px;
    margin: 4px;
    background-color: #CCC;
    padding: 8px;
    float: left;
}
```

图2-46 CSS样式代码

> **提示**
>
> 当id名为pic的Div脱离文档流并向左浮动，直到它的边缘碰到包含框bottom的左边缘停止。因为它不再处于文档流中，所以不占据空间，实际上是覆盖住了id名为pic01的Div，使pic01的Div从视图中消失，但是该Div中的内容还占据着原来的空间。

05 返回到设计视图中，可以看到页面的效果，如图2-47所示。在名为pic02的Div之后插入名为pic03的Div，将光标移至名为pic03的Div中，将多余文字删除，插入图像"源文件\第2章\images\21312.jpg"，效果如图2-48所示。

图2-47 页面效果

图2-48 插入图像

> **提示**
>
> 如果将 3 个 Div 都设置左浮动，那么 id 名为 pic 的 Div 向左浮动直到碰到包含框 bottom 的左边缘停止，另外两个 Div 向左浮动直到碰到前一个浮动的 Div 停止。

06 转换到代码视图中，可以看到页面的代码，如图2-49所示。转换到外部CSS样式表文件，创建名为#pic03的CSS规则，如图2-50所示。

```html
<div id="bottom">
    <div id="pic"><img src="images/21309.jpg" width="180"
height="96" alt="" /></div>
    <div id="pic01"><img src="images/21310.jpg" width="180"
height="96" alt="" /></div>
    <div id="pic02"><img src="images/21311.jpg" width="180"
height="96" alt="" /></div>
    <div id="pic03"><img src="images/21312.jpg" width="180"
height="96" alt="" /></div>
</div>
```

图2-49 代码视图

```css
#pic03{
    width: 180px;
    height: 96px;
    margin: 4px;
    background-color: #CCC;
    padding: 8px;
    float: left;
}
```

图2-50 CSS样式代码

07 返回到设计视图中，可以看到页面的效果，如图2-51所示。转换到外部CSS样式表文件，修改名为#pic的CSS规则，如图2-52所示。

包含框没有足够的水平空间，则id名为pic03的Div将转至下一行显示。

图2-51 页面效果

```css
#pic{
    width: 180px;
    height: 146px;
    margin: 4px;
    background-color: #CCC;
    padding: 8px;
    float: left;
}
```

图2-52 CSS样式代码

> **提示**
>
> 如果包含框太窄，则无法容纳水平排列的多个浮动元素，那么其他浮动元素将向下移动。

08 返回到设计视图中，可以看到页面的效果，如图2-53所示。转换到外部CSS样式表文件，修改名为#pic的CSS规则中height属性为96px，效果如图2-54所示。

由于Div的高度不同，id名为
pic03的Div被卡住。

图2-53 页面效果

```
#pic{
    width: 180px;
    height: 96px;
    margin: 4px;
    background-color: #CCC;
    padding: 8px;
    float: left;
}
```

图2-54 CSS样式代码

提示

如果浮动元素的高度不同，那么当它们向下移动时可能会被其他浮动元素卡住。

09 返回到设计视图中，使用相同的制作方法，在名为pic03的Div之后分别插入名为pic04和pic05的Div，并分别插入相应的图像，如图2-55所示。转换到外部CSS样式表文件，创建名为#pic04和#pic05的CSS规则，如图2-56所示。

```
#pic04{
    width: 180px;
    height: 96px;
    margin: 4px;
    background-color: #CCC;
    padding: 8px;
    float: left;
}
#pic05{
    width: 180px;
    height: 96px;
    margin: 4px;
    background-color: #CCC;
    padding: 8px;
    float: left;
}
```

图2-55 页面效果　　　　　　　　　　　　　　　图2-56 CSS样式代码

10 返回到设计视图中，可以看到页面的效果，如图2-57所示。执行"文件→保存"菜单命令，保存页面和外部CSS样式表文件。按F12键即可在浏览器中预览页面，效果如图2-58所示。

图2-57 页面效果　　　　　　　　　　　　　　　图2-58 预览效果

Q 为什么要设置float属性？

A 因为在网页中分为行内元素和块元素，行内元素是可以显示在同一行上的元素，例如<span>；块元素是占据整行空间的元素，例如<div>。如果需要将两个<div>显示在同一行上，就需要使用float属性。

Q 什么是CSS盒模型？

A CSS中所有的页面元素都包含在一个矩形框内，这个矩形框就称为盒模型。盒模型描述了元素及其属性在页面布局中所占的空间大小，因此盒模型可以影响其他元素的位置及大小。一般来说这些被占据的空间往往都比单纯的内容要大。换句话说，可以通过整个盒子的边框和距离等参数，来调节盒子的位置。

盒模型是由margin（边界）、border（边框）、padding（填充）和content（内容）几个部分组成的。此外，在盒模型中还具备高度和宽度两个辅助属性，盒模型如图2-59所示。

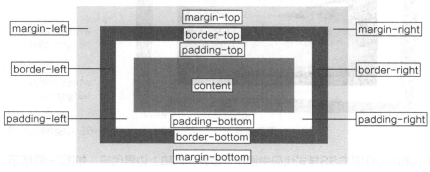

图2-59 盒模型

一个盒子的实际高度或宽度是由content+padding+border+margin组成的。在CSS中，可以通过设置width或height属性来控制content部分的大小，并且对于任何一个盒子，都可以分别设置4个边的border、margin和padding。

实例 014 空白边叠加——控制元素的上下边距

在Dreamweaver中，当两个空白边相遇时，会相互叠加生成一个空白边，而这个空白边的宽度或者高度的大小则取决于这两个发生叠加的空白边中高度或者宽度数值较大的一方。

- **最终文件** | 最终文件\第2章\实例14.html
- **视　频** | 视频第2章\实例14.mp4
- **知 识 点** | 空白边叠加
- **学习时间** | 10分钟

┃ 实例分析 ┃

本实例通过对页面中的元素设置margin属性来向大家讲述空白边叠加的效果，并对Div进行定位，页面的最终效果如图2-60所示。

图2-60 最终效果

┃ 知识点链接 ┃

当页面中的一个元素出现在另一个元素上面时，上面元素的底空白边与下面元素的顶空白边会发生空白边叠加。

┤ 制作步骤 ├

01 执行"文件→打开"菜单命令，打开页面"源文件\第2章\实例14.html"，页面效果如图2-61所示。转换到该文件链接的外部CSS样式表文件中，可以看到名为#pic和#pic01的CSS样式代码，如图2-62所示。

```
#pic{
    width:700px;
    height:200px;
}
#pic01{
    width:700px;
    height:200px;
}
```

图2-61 页面效果   图2-62 CSS样式代码

02 分别在名为#pic和#pic01的CSS样式代码中添加下边界代码和上边界代码，如图2-63所示。返回到设计视图中，选中名为pic的Div，可以看到所设置的下边界效果，如图2-64所示。

```
#pic{
    width:700px;
    height:200px;
    margin-bottom:20px;
}
#pic01{
    width:700px;
    height:200px;
    margin-top:10px;
}
```

图2-63 CSS样式代码   图2-64 下边界效果

03 选中名为pic01的Div，可以看到所设置的上边界效果，如图2-65所示。执行"文件→保存"菜单命令，保存页面和外部CSS样式表文件。按F12键即可在浏览器中预览该页面，效果如图2-66所示。

图2-65 上边界效果   图2-66 预览效果

Q 出现空白边叠加时，空白边的高度究竟取决于哪个元素？

A 空白边的高度取决于两个发生叠加的空白边中高度较大者。

Q 空白边叠加在什么情况下才会发生？

A 空白边叠加只会发生在普通文档流中块框的垂直空白边中。行内框、浮动框或者是定位框之间的空白边是不会叠加的。

实例 015 流体网格布局——制作个人作品展示页面

如今，随着网络及移动设备的迅速发展，可以浏览网页的设备也越来越多，为了满足各种不同设备对网页浏览的需求，使用Dreamweaver CC中的流体网格布局的功能，可以制作出适用于目前流行的智能手机、平板电脑和桌面电脑3种设备浏览的网页。

● **最终文件**｜最终文件\第2章\实例15.html

● **视　　频**｜视频\第2章\实例15.mp4

● **知 识 点**｜流体网格布局

● **学习时间**｜30分钟

实例分析

本实例制作的是个人作品展示页面，页面中所有的内容都是通过流体网格布局的形式制作的，页面的最终效果如图2-67所示。

图2-67　最终效果

知识点链接

通过流体网格布局功能制作的页面能够适应3种不同的设备，并且可以随时在3种不同的设备中查看页面的效果。

制作步骤

01 执行"文件→新建"菜单命令，弹出"新建文档"对话框，选择"流体网格布局"选项卡，如图2-68所示。单击"创建"按钮，弹出"将样式表文件另存为"对话框，设置如图2-69所示。

图2-68　"新建文档"对话框

图2-69　"将样式表文件另存为"对话框

02 单击"保存"按钮，保存外部样式表文件，并新建流体网格布局页面，如图2-70所示。执行"文件→保存"菜单命令，将其保存为"源文件\第2章\实例15.html"，单击"保存"按钮，弹出提示对话框，如图2-71所示。

图2-70 页面效果

图2-71 "复制相关文件"对话框

03 单击"确定"按钮，即可将相关文件复制到站点根目录中。转换到所链接的CSS样式文件2-15.css中，创建body标签的CSS样式，如图2-72所示。返回设计页面中，可以看到页面的效果，如图2-73所示。

```
body{
    font-size: 12px;
    color: #777387;
    background-image: url(../images/21501.jpg);
    background-repeat: no-repeat;
    background-position: center top;
}
```

图2-72 CSS样式代码

图2-73 页面效果

04 单击"文档"工具栏上的"切换到流体网格视图"按钮，取消该按钮的激活状态，如图2-74所示。页面效果如图2-75所示。

图2-74 单击"切换到体网格视图"按钮

图2-75 页面效果

05 将光标移至页面中默认的名为div1的Div中，将多余的文字删除，插入图像"源文件\第2章\images\21502.png"，如图2-76所示。切换到2-15.css文件中，找到名为#div1的CSS样式代码，添加相应的CSS样式设置，注意针对3种不同设备，在3个位置都需要设置CSS样式代码，如图2-77所示。

图2-76 插入图像

```
#div1 {
    clear: both;
    float: left;
    margin-left: 0;
    width: 100%;
    display: block;
    text-align: center;
}
```

图2-77 CSS样式代码

提示

由于流体网格布局是针对不同的浏览器设备而存在的，因此在其链接的CSS样式表中，同一个CSS样式设置在针对不同的设备时都有独立的CSS样式代码。在修改时也需要注意，针对不同设备的CSS样式代码都需要修改。

06 返回到设计视图，可以看到页面的效果，如图2-78所示。将光标移至名为div1的Div之后，单击"插入"面板上的"Div"按钮，如图2-79所示。

图2-78 页面效果　　　　　　　　　　　　图2-79 单击"Div"按钮

07 弹出"插入Div"对话框，设置如图2-80所示。单击"确定"按钮，即可在光标所在位置插入名为menu的div，如图2-81所示。

图2-80 "插入Div"对话框　　　　　　　　图2-81 页面效果

> **提示**
>
> 流体网格布局目前不支持嵌套的 Div 标签，并且所有插入的 Div 标签都必须位于默认的名为 gridContainer 的 Div 标签中。

08 切换到2-15.css文件中，创建刚插入的ID名为menu的Div的CSS样式，注意，针对不同设备的3个位置都需要创建相应的CSS样式，如图2-82所示。返回设计视图，页面效果如图2-83所示。

```css
#menu {
    clear: both;
    margin-left: 0;
    display: block;
    height: 39px;
    line-height: 39px;
    background-image: url(../images/21503.png);
    background-repeat: repeat-x;
}
```

图2-82 CSS样式代码　　　　　　　　　　图2-83 页面效果

09 将光标移至名为menu的Div中，将多余文字删除，并输入相应的文字，如图2-84所示。转换到代码视图，为文字添加<span></span>标签，如图2-85所示。

```html
<body>
<div class="gridContainer clearfix">
  <div id="div1" class="fluid"><img src=
"images/21502.png"   alt=""/></div>
  <div id="menu" class="fluid"><span></span>首页<span>
</span>作品展示<span></span>设计理念<span></span>团队合作
<span></span>联系我们<span></span>留言板</div>
</div>
</body>
```

图2-84 输入文字　　　　　　　　　　　　图2-85 添加相应的标签

10 切换到2-15.css文件中，创建名为#menu span的CSS规则，如图2-86所示。返回设计视图，页面效果如图2-87所示。

```
#menu span{
    margin-left: 12px;
    margin-right: 12px;
}
```

图2-86 CSS样式代码

图2-87 页面效果

11 将光标移至名为menu的Div后，单击"插入"面板中的"Div"按钮，在弹出的"插入Div"对话框中进行设置，如图2-88所示。设置完成后，单击"确定"按钮，页面效果如图2-89所示。

图2-88 "插入Div"对话框

图2-89 页面效果

12 切换到2-15.css文件中，创建刚插入的ID名为pic1的Div的CSS样式，注意，针对不同设备的3个位置都需要创建相应的CSS样式，如图2-90所示。返回到设计视图，页面效果如图2-91所示。

```
#pic1 {
    clear: none;
    width: 180px;
    padding: 5px;
    margin: 15px 8px;
    text-align: center;
    color: #FFF;
    font-size: 14px;
    line-height: 25px;
    background-color: #2e2b3b;
}
```

图2-90 CSS样式代码

图2-91 CSS样式代码

13 将光标移至名为pic1的Div中，将多余文字删除，插入相应的图像并输入文字，如图2-92所示。切换到2-15.css文件中，创建名为#pic1:hover的CSS样式，如图2-93所示。

图2-92 页面效果

```
#pic1:hover{
    background-color: #4c4762;
    cursor: pointer;
}
```

图2-93 CSS样式代码

提示

定义名为 pic1 的 Div 的 hover 状态的 CSS 样式，是为了实现当鼠标移至该 Div 上方时出现简单的交互效果，从而使页面具有一定的互动性。

14 返回到设计视图，单击文档工具栏上的"实时视图"按钮，可以预览到页面的效果，如图2-94所示。将光标移至名为pic1的Div后，单击"插入"面板上的"Div"按钮，在弹出的"插入Div"对话框中进行设置，如图2-95所示。

图2-94　预览效果　　　　　　　　　　　　　　图2-95　"插入Div"对话框

15 单击"确定"按钮，即可在光标所在位置插入名为pic2的Div，如图2-96所示。切换到2-15.css文件中，创建刚插入的ID名为pic2的Div的CSS样式，注意，针对不同设备的3个位置都需要创建相应的CSS样式，如图2-97所示。

```
#pic2 {
    clear: none;
    width: 180px;
    padding: 5px;
    margin: 15px 8px;
    text-align: center;
    color: #FFF;
    font-size: 14px;
    line-height: 25px;
    background-color: #2e2b3b;
}
```

图2-96　页面效果　　　　　　　　　　　　　　图2-97　CSS样式代码

16 返回到设计视图，页面效果如图2-98所示。使用相同的方法，可以完成该Div中内容的制作，如图2-99所示。

图2-98　页面效果　　　　　　　　　　　　　　图2-99　页面效果

17 切换到2-15.css文件中，创建名为#pic2:hover的CSS样式，如图2-100所示。返回到设计视图，单击文档工具栏上的"实时视图"按钮，可以预览到页面的效果，如图2-101所示。

```
#pic2:hover{
    background-color: #4c4762;
    cursor: pointer;
}
```

图2-100　CSS样式代码　　　　　　　　　　　　图2-101　页面效果

18 使用相同的制作方法，完成页面其他内容的制作，效果如图2-102所示。执行"文件→保存"菜单命令，保存该页面，并保存外部的CSS样式表文件。单击"实时视图"按钮，在实时视图中即可预览页面效果，如图2-103所示。

图2-102 页面效果

图2-103 手机大小预览效果

19 单击"状态"栏中的"平板电脑大小"按钮，即可查看该页面在平板电脑中显示的效果，如图2-104所示。单击"状态"栏中的"桌面电脑大小"按钮，即可查看页面在桌面电脑中显示的效果，如图2-105所示。

图2-104 平板电脑大小的显示效果

图2-105 桌面电脑大小的显示效果

20 保存该页面，在浏览器中预览页面，效果如图2-106所示。

图2-106 预览效果

Q 在制作流体网格布局页面时需要注意什么？

A 注意在制作流体网格布局页面时，目前不支持嵌套的Div标签，并且所有插入的Div标签都必须位于页面中默认的Div 标签中。

Q 为什么制作流体网格布局页面时所插入的Div需要定义3次CSS样式？

A 因为创建流体网格布局页面后，在所链接的外部CSS样式表文件中已经为用户定义好了分别针对3种不同设备的CSS样式代码区域，这3部分代码区域分别针对3种不同的设备，当用户使用不同的设备浏览网页时，CSS样式会自动判断当前的设备并调用相应部分的CSS样式，所以制作流体网格布局页面时所插入的Div需要定义3次CSS样式。

第

03 章

使用CSS控制
网页背景

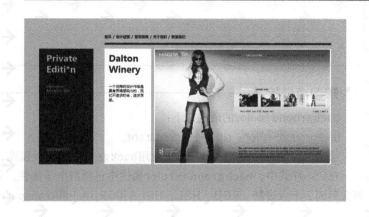

在Dreamweaver中，使用CSS样式可以轻松地控制网页的背景图像和背景颜色。在制作网页时，这种方法十分方便、简洁，并且能够有效地避免HTML对页面元素控制带来的不必要的麻烦。

使用CSS控制网页背景可以使网页的视觉效果更加丰富多彩，但是使用的背景图像和背景颜色一定要与网页中的内容相匹配。另外，背景图像和背景颜色还要能够传达网页的主体信息，可以在网页中起到画龙点睛的作用。

实例 016 定义页面背景颜色——制作个人作品网站页面

在Dreamweaver中，只需要在CSS样式代码中添加background-color属性，即可定义网页的背景颜色，该属性接受任何有效的颜色值。如果没有对背景颜色进行任何定义，则其默认值为透明。

- **最终文件** | 最终文件\第3章\实例16.html
- **视 频** | 视频\第3章\实例16.mp4
- **知 识 点** | background-color属性
- **学习时间** | 10分钟

实例分析

在本案例的制作过程中向大家介绍了通过定义background-color属性对整个页面以及Div的背景颜色进行设置，页面的最终效果如图3-1所示。

图3-1 最终效果

知识点链接

background-color的语法如下：

background-color: color | transparent;

通常情况下，如果在body标签中应用background-color属性，即可将该颜色应用于整个页面。

在CSS样式中，background-color属性中包括两个子属性，分别为color（设置背景的颜色，它可以采用英文单词、十六进制、RGB、HSL、HSLA和GRBA）和transparent（默认值，表示透明）。

制作步骤

01 执行"文件→打开"菜单命令，打开页面"源文件\第3章\实例16.html"，如图3-2所示。转换到外部CSS样式表3-16.css文件中，在名为body的标签CSS样式内添加相应的CSS样式代码，如图3-3所示。

图3-2 打开页面

```
body{
    font-family: 微软雅黑;
    font-size: 12px;
    background-color: #E8C11C;
}
```

图3-3 CSS样式代码

02 返回到设计视图中，可以看到页面的背景效果，如图3-4所示。转换到外部CSS样式表3-16.css文件中，在名为#left的CSS样式中添加相应的CSS样式代码，如图3-5所示。

图3-4 页面效果　　　　　图3-5 CSS样式代码

03 返回到设计视图中，可以看到页面的背景效果，如图3-6所示。转换到外部CSS样式表3-16.css文件中，在名为#middle的CSS样式中添加相应的CSS样式代码，如图3-7所示。

04 保存外部样式表文件。返回到设计视图，按F12键即可在浏览器中预览该页面的效果，可以看到为页面添加背景颜色代码后的效果，如图3-8所示。

图3-6 页面效果　　　　　图3-7 CSS样式代码　　　　　图3-8 预览效果

Q 除了颜色值外，background-color属性还包括哪些属性值？

A 还可以使用transparent和inherit值。transparent值实际上是所有元素的默认值，其意味着显示已经存在的背景；若确实需要继承background-color属性，则可以使用inherit值。

Q background-color属性与bgcolor属性有什么不同？

A background-color属性类似于HTML中的bgcolor属性，但是bgcolor属性只能对\<body>\<table>\<tr>\<th>\<td>标签进行设置。

实例 017　定义背景图像——为网页添加背景图像

在Dreamweaver中，只需要在CSS样式代码中添加background-image属性，即可定义网页的背景图像。

- **最终文件**｜最终文件\第3章\实例17.html
- **视　频**｜视频\第3章\实例17.mp4
- **知识点**｜background-image属性
- **学习时间**｜5分钟

┃实例分析┃

　　本实例主要向大家介绍的是通过在CSS样式代码中添加background-image属性并进行相应的设置，从而为网页定义背景图像，使得原本空荡的网页界面焕发活力和生机，最终效果如图3-9所示。

图3-9 最终效果

知识点链接

background-image的语法如下：

background-image: none | url（url）;

通常情况下，如果将background-image属性在body标签中应用，即可将该图像应用于整个页面。

在CSS样式中，background-image属性中包含两个子属性，分别为none（默认属性是无背景图片）和url（链接所需要使用的背景图片地址，url可以使用相对路径，也可以使用绝对路径）。

制作步骤

01 执行"文件→打开"菜单命令，打开页面"源文件\第3章\实例17.html"，如图3-10所示。转换到外部CSS样式表3-187.css文件中，可以看到名为body标签的CSS样式代码，如图3-11所示。

```
body {
    font-size: 15px;
    line-height: 25px;
    color: #CCC;
}
```

图3-10 打开页面　　　　　　　　　　图3-11 CSS样式代码

02 在该CSS样式中添加背景图像的CSS样式设置代码，如图3-12所示。返回到设计视图中，可以看到页面的效果，如图3-13所示。

```
body {
    font-size: 15px;
    line-height: 25px;
    color: #CCC;
    background-image: url(../images/31701.jpg);
}
```

图3-12 CSS样式代码

图3-13 页面效果

03 执行"文件→保存"菜单命令，保存外部CSS样式表。返回到设计视图，按F12键即可在浏览器中预览页面的效果。添加代码之前的页面效果，如图3-14所示。添加代码之后的页面效果，如图3-15所示。

图3-14 预览效果

图3-15 预览效果

Q 如何控制背景图像的平铺？

A 为页面或元素添加背景图像后，图像在默认情况下会以平铺的方式重复显示。如果需要背景图像以其他方式显示，可以通过background-repeat属性进行控制。

background-repeat属性具有5个属性值可供选择。

inherit：从父元素继承background-repeat属性的设置。

no-repeat：背景图像只显示一次，不重复。

repeat：在水平和垂直（指竖直方向，以下同）方式上重复显示背景图像。

repeat-x：只沿x轴水平方式重复显示背景图像。

repeat-y：只沿y轴垂直方式重复显示背景图像。

Q 为网页的背景图像设置重复的作用是什么？

A 为背景图像设置重复方式，图像会沿x轴或y轴进行平铺。在网页设计中，这是一种很常见的方式，该方法一般用于设置渐变类背景图像。通过这种方法可以使渐变图像沿设置的方式进行平铺，形成渐变背景的效果，从而达到减小背景图像大小、加快网页下载速度的目的。

实例 018 背景图像的位置——控制网页中背景图像的位置

在Dreamweaver中，传统的表格布局不能实现精确到像素单位的定位，但是CSS样式代码可以做到。通过设置background-position属性，可以对指定的背景图像进行精确的定位，从而改变背景图像在页面中的位置。

● **最终文件** | 最终文件\第3章\实例18.html

● **视　　频** | 视频\第3章\实例18.mp4

● **知 识 点** | background-position属性

● **学习时间** | 5分钟

▍实例分析▕

本实例通过为页面添加和定位背景图像的操作向大家讲述了如何在Dreamweaver中使用background-position属性，页面的最终效果如图3-16所示。

图3-16 最终效果

▍知识点链接▕

background-position的语法如下：

`background-position: length | percentage | top | center | bottom | left | right;`

在CSS样式中，background-position属性中包含7个属性值，分别为length（设置背景图像与页面边距水平和垂直方向的距离，单位为cm、mm、px等）、percentage（根据页面元素框的宽度或高度的百分比放置背景图像）、top（设置背景图像顶部居中显示）、center（设置背景图像居中显示）、bottom（设置背景图像底部居中显示）、left（设置背景图像左部居中显示）和right（设置背景图像右部居中显示）。

┤ 制作步骤 ├

01 执行"文件→打开"菜单命令，打开页面"源文件\第3章\实例18.html"，如图3-17所示。转换到外部CSS样式表3-18.css文件中，在名为#box的CSS样式代码中添加定义背景图像的CSS样式代码，如图3-18所示。

```
#box{
    width: 100%;
    height: 600px;
    background-image: url(../images/31802.png);
    background-repeat: no-repeat;
    background-position: 180px 30px;
}
```

图3-17 打开页面　　　　　　　　　　　　图3-18 CSS样式代码

02 返回到设计视图中，可以看到页面的效果，如图3-19所示。执行"文件→保存"菜单命令，保存该页面。按F12键即可在浏览器中预览页面的效果，如图3-20所示。

图3-19 页面效果　　　　　　　　　　　　图3-20 预览效果

提示

在定位页面的背景图像时，还可以通过 background-position 属性的默认值进行简单的定位，其默认值为"top left"，与"0% 0%"是一样的。background-position 属性还可以与 background-repeat 属性一起使用，在页面上水平或者垂直放置重复的图像。

Q background-position属性的设置可以使用哪些值？

A 可以使用百分比值或单词值。百分比值表示在背景图像上的水平距离，例如，"20% 70%"即表示水平距左边20%、垂直距上边70%；若使用单词值，例如，"right center"即表示水平居右、垂直居中。

Q 如何通过background-position属性将暗淡的图像用作水印效果？

A 在Dreamweaver中，可以通过应用background-repeat的属性值no-repeat和background-position的属性值"center center"，将暗淡的图像用作水印效果。

实例 019　固定背景图像——控制网页的背景图像固定不动

我们所浏览的大部分网页在拖曳浏览器的滚动条时，页面的背景便会随着页面的内容一起滚动。若想网页的背景不受滚动条的影响，保持在固定的位置，可以通过在CSS样式代码中添加background-attachment属性进行定义。

● **最终文件** ▎最终文件\第3章\实例19.html

● **视　　频** ▎视频\第3章\实例19.mp4

● **知 识 点** ▎background-attachment属性

● **学习时间** ▎5分钟

▌实例分析▐

  本实例通过在CSS代码中添加background-attachment属性的设置，控制页面背景始终固定在一个位置，实现固定背景的效果，页面的最终效果如图3-21所示。

图3-21 最终效果

▌知识点链接▐

background-attachment的语法如下：

background-attachment: scroll | fixed;

  在CSS样式中，background-attachment属性中包含两个属性值，分别为scroll（默认值，当页面滚动时，背景图像跟随着页面一起滚动）和fixed（将背景图像固定在页面的可见区域）。

▌制作步骤▐

01 执行"文件→打开"菜单命令，打开页面"源文件\第3章\实例19.html"，如图3-22所示。转换到外部CSS样式表3-19.css文件中，在body标签的CSS样式代码中添加定义背景图像固定的CSS样式代码，如图3-23所示。

图3-22 打开页面

```
body{
    font-size: 12px;
    color: #FFF;
    line-height: 25px;
    background-image: url(../images/31901.jpg);
    background-position: left top;
    background-attachment: fixed;
}
```

图3-23 CSS样式代码

02 执行"文件→保存"菜单命令，保存外部CSS样式表。返回到设计视图，按F12键即可在浏览器中预览页面，如图3-24所示。

图3-24 预览效果

Q 背景的CSS样式可以缩写吗？如何缩写？

A 可以的，background属性也可以将各种有关背景的样式设置集成到一个语句上，这样不仅可以节省大量的代码，而且加快了网络下载页面的速度。例如，下面的CSS样式设置代码：

```css
.img01 {
    background-image: url(images/bg.jpg);
    background-repeat: no-repeat;
    background-attachment: scroll;
    background-position: center center;
}
```

以上的CSS样式代码可以简写为如下的形式：

```css
.img01 {
    background: url(images/bg.jpg) no-repeat scroll center center;
}
```

两种属性声明的方式在显示效果上是完全一致的，第一种方法虽然代码较长，但可读性较高。

Q 使用CSS定义样式的好处是什么？

A 使用CSS样式不仅可以控制传统的格式属性，例如字体、字体大小、背景颜色、对齐等，还可以控制诸如位置、特殊效果、鼠标滑过之类的HTML属性。使用CSS样式可以更加全面地对网页进行控制。

实例 020 RGBA与HSLA颜色值（CSS3.0）——设置半透明背景颜色

RGB色彩是通过对红（R）、绿（G）和蓝（B）3个颜色的变化及它们之间的叠加来得到各式各样的颜色的，而RGBA在RGB的基础上多了控制alpha透明度的参数。

在网页制作中，还可以使用HSL和HSLA颜色定义方式定义相应的颜色，HSL是目前运用最广的颜色系统之一。

- **最终文件** | 最终文件\第3章\实例20.html
- **视　　频** | 视频\第3章\实例20.mp4
- **知　识　点** | RGBA颜色值、HSLA颜色值
- **学习时间** | 10分钟

实例分析

在本实例中将使用CSS3.0新增的RGBA和HSLA颜色设置方式来设置元素的半透明背景颜色效果，通过RGBA或HSLA颜色设置方式可以轻松地在网页中实现半透明的背景颜色效果，页面的最终效果如图3-25所示。

图3-25 最终效果

知识点链接

RGBA是在RGB的基础上多了控制Alpha透明度的参数，RGBA色彩的定义语法如下：

rgba (r,g,b,<opacity>);

其中r、g、b分别表示红色、绿色和蓝色3种原色所占的比重。

CSS3.0中还新增了HSL颜色表现方式，HSL颜色值的定义语法如下：

hsl (<length>,<percentage>,<percentage>);

length：表示Hue（色调），0（或360）表示红色，120表示绿色，240表示蓝色，当然也可以取其他的数值来确定其他颜色。

percentage：表示Saturation（饱和度），取值为0~100%的值。

percentage：表示Lightness（亮度），取值为0~100%之间的值。

HSLA是HSL颜色定义方法的扩展，在色相、饱和度、亮度三要素的基础上增加了不透明度的设置。使用HSLA颜色定义方法，能够灵活的设置各种不同的透明效果。HSLA颜色定义的语法如下：

hsla (<length>,<percentage>,<percentage>,<opacity>);

前3个属性与HSL颜色定义方法的属性相同，第4个属性<opacity>表示不透明度，取值范围为0~1。

制作步骤

01 执行"文件→打开"菜单命令，打开页面"源文件\第3章\实例20.html"，如图3-26所示。转换到外部CSS样式表3-20.css文件中，可以看到名为#text的CSS样式代码，如图3-27所示。

图3-26　打开页面　　　　　　　　　图3-27　CSS样式代码

02 将CSS样式中的background-color属性的设置方式修改为RGBA颜色设置方式，如图3-28所示。执行"文件→保存"菜单命令，保存外部CSS样式表。返回到设计视图，按F12键即可在浏览器中预览页面，可以看到使用RGBA颜色设置方式实现的半透明背景颜色效果，如图3-29所示。

图3-28　CSS样式代码　　　　　　　　图3-29　预览页面

03 转换到外部CSS样式表3-20.css文件中，将名为#text的CSS样式代码的background-color属性的设置方式修改为HSLA颜色设置方式，如图3-30所示。执行"文件→保存"菜单命令，保存外部CSS样式表。返回到设计视图，按F12键即可在浏览器中预览页面，可以看到使用HSLA颜色设置方式实现的半透明背景颜色效果，如图3-31所示。

```
#text {
    position: absolute;
    bottom: 0px;
    width: 100%;
    height: 100px;
    line-height: 100px;
    font-size: 42px;
    color: #FFF;
    font-weight: bold;
    text-align: center;
    background-color: hsla(215,99%,14%,0.5);
}
```

图3-30 CSS样式代码　　　　　　　　　　图3-31 预览页面

Q RGBA颜色定义方式各颜色的取值范围是什么？

A RGBA是在RGB的基础上多了控制Alpha透明度的参数。R、G、B 3个参数，正整数值的取值范围为0~255，百分比数值的取值范围为0~100%，超出范围的数值将被截至其最接近的取值极限。注意，并不是所有的浏览器都支持使用百分比数值。A参数的取值范围为0~1，不可以为负值。

Q 什么是HSL色彩？

A HSL色彩模式是工业界的一种颜色标准，它通过对色调（H）、饱和度（S）、亮度（L）3个颜色通道的改变以及它们之间的叠加来获得各种颜色。这个标准几乎包括了人类视力可以感知的所有颜色，是目前运用最广的颜色系统之一。

实例 021　渐变背景颜色（CSS3.0）——为网页设置渐变背景颜色

以前，必须使用图像来实现渐变效果。但是，在CSS3.0中新增了渐变设置属性gradients，通过该属性可以在网页中实现渐变颜色填充的效果，避免了过多地使用渐变图片所带来的麻烦，而且在放大页面的情况下一样过渡自然。

- **最终文件** | 最终文件\第3章\实例21.html
- **视　　频** | 视频\第3章\实例21.mp4
- **知 识 点** | gradient属性
- **学习时间** | 20分钟

┃实例分析┃

在网页中可以实现线性渐变和径向渐变两种方式的渐变填充效果，但目前浏览器还没有统一的标准对渐变gradients属性提供支持，所以目前还只能使用浏览器提供的私有化属性来实现渐变颜色填充效果，页面的最终效果如图3-32所示。

图3-32 最终效果

知识点链接

基于Webkit内核的线性渐变，语法如下：

`-webkit-gradient ( linear,<point>,<point>,from(<color>),to(<color>) [ , color-stop(<percent>, <color>)]*);`

linear：表示线性渐变类型。

<point>：定义渐变的起始点和结束点：第1个表示起始点，第2个表示结束点。该坐标点的取值，支持数值、百分比和关键字，如（0.5，0.5）、（50%，50%）、（left，top）等。关键字包括：定义横坐标的left和right，定义纵坐标的top和bottom。

<color>：表示任意CSS颜色值。

<percent>：表示百分比值，用于确定起始点和结束点之间的某个位置。

from()：定义起始点的颜色。

to()：定义结束点的颜色。

color-stop()：可选函数，在渐变中多次添加过滤颜色，可以实现多种颜色的渐变。

基于Gecko内核的线性渐变，语法如下：

`-moz-linear-gradient ( [ <point> || <angle>,] ? <color> [, (<color>) [<percent>]?]*,<color>);`

<point>：定义渐变的起始点，该坐标的取值支持数值、百分比和关键字，关键字包括：定义横坐标的left、center和right，定义纵坐标的top、center和bottom。默认坐标为（top center）。当制定一个值时，另一个值默认为center。

<color>：表示渐变使用的CSS颜色值。

<angle>：定义线性渐变的角度，单位可以是deg（角度）、grad（梯度）、rad（弧度）。

<percent>：表示百分比值，用于确定起始点和结束点之间的某个位置。

提示

这里没有函数作为参数，可以直接在某个百分比位置添加过渡颜色。第1个颜色值为渐变开始的颜色，最后一个颜色值为渐变结束的颜色。基于 Gecko 内核的线性渐变的实现，比较符合 W3C 语法标准。

制作步骤

01 执行"文件→打开"菜单命令，打开页面"源文件\第3章\实例21.html"，如图3-33所示。转换到外部CSS样式表3-21.css文件中，找到名为body的CSS样式代码，如图3-34所示。

```css
body {
    font-family: 微软雅黑;
    font-size: 14px;
    color: #FFF;
    line-height: 30px;
    background-color: rgb(188,210,200);
}
```

图3-33 打开页面　　　　　　　　　　图3-34 CSS样式代码

02 删除background-color属性设置代码，并添加线性渐变设置代码，如图3-35所示。保存外部CSS样式文件，在Chrome浏览器中预览页面，可以看到所设置的从上至下的线性渐变背景效果，如图3-36所示。

```
body {
    font-family: 微软雅黑;
    font-size: 14px;
    color: #FFF;
    line-height: 30px;
    /*基于Webkit内核的实现*/
    background: -webkit-gradient(linear,left top,left
bottom,from(#87DED5),to(#CA669F));
    /*基于Gecko内核的实现*/
    background: -moz-linear-gradient(top,#87DED5,#CA669F);
}
```

图3-35 CSS样式代码

图3-36 预览效果

提示

此处是实现了基于Webkit和Gecko两种内核浏览器的线性渐变,其中基于Gecko内核的渐变实现,应用了其默认的设置:
当不设置起点和弧度方向时,默认的是从上至下的渐变,IE浏览器显示不出效果,在Chrome或Firefox浏览器中可以
显示效果。

---

03 转换到外部样式表文件中,修改刚刚所设置的渐变颜色代码,如图3-37所示。保存外部CSS样式文件,在
Chrome浏览器中预览页面,可以看到所设置的从左至右的线性渐变背景效果,如图3-38所示。

```
body {
    font-family: 微软雅黑;
    font-size: 14px;
    color: #FFF;
    line-height: 30px;
    /*基于Webkit内核的实现*/
    background: -webkit-gradient(linear,left top,right top,
from(#87DED5),to(#CA669F));
    /*基于Gecko内核的实现*/
    background: -moz-linear-gradient(left,#87DED5,#CA669F);
}
```

图3-37 CSS样式代码

图3-38 预览效果

04 转换到外部样式表文件中,修改刚刚所设置的渐变颜色代码,如图3-39所示。保存外部CSS样式文件,在
Chrome浏览器中预览页面,可以看到所设置的从左上角至右下角的线性渐变背景效果,如图3-40所示。

```
body {
    font-family: 微软雅黑;
    font-size: 14px;
    color: #FFF;
    line-height: 30px;
    /*基于Webkit内核的实现*/
    background: -webkit-gradient(linear,left top,right bottom,
from(#87DED5),to(#CA669F));
    /*基于Gecko内核的实现*/
    background: -moz-linear-gradient(left top,#87DED5,#CA669F);
}
```

图3-39 CSS样式代码

图3-40 预览效果

05 转换到外部样式表文件中,修改刚刚所设置的渐变颜色代码,如图3-41所示。保存外部CSS样式文件,在
Chrome浏览器中预览页面,可以看到所设置的多种颜色的线性渐变背景效果,如图3-42所示。

第1篇 第2篇 第3篇 第4篇

```
body {
        font-family: 微软雅黑;
        font-size: 14px;
        color: #FFF;
        line-height: 30px;
        /*基于Webkit内核的实现*/
        background: -webkit-gradient(linear,left top,right bottom,
from(#87DED5),to(#CA669F),color-stop(50%,blue));
        /*基于Gecko内核的实现*/
        background: -moz-linear-gradient(left top,#87DED5,blue,#CA669F);
}
```

图3-41 CSS样式代码　　　　　　　　　　图3-42 预览效果

Q Webkit内核与Gecko内核的渐变实现有什么不同？

A Webkit内核与Gecko内核的渐变实现方法分别针对不同核心的浏览器。从此案例可以看出，基于Gecko内核的渐变实现比较容易，但不易理解；基于Webkit内核的渐变实现代码较长，但逻辑层次比较清晰。

Q 实现径向渐变颜色的语法是什么？

A 基于Webkit内核的径向渐变，语法如下：

```
-webkit-gradient ( radial [,<point>,<radius>]{2},from(<color>),to(<color>) [, color-stop(<percent>,
<color>)]*)
```

基于Gecko内核的径向渐变，语法如下：

```
-moz-linear-gradient ( [ <point> || <angle>,] ? <shape> || <radius>] ? <color> [, (<color>)
[<percent>]?]*,<color> )
```

实例 022　background-size属性（CSS3.0）——控制背景图像大小

在CSS3.0中，新增的background-size属性可以控制背景图像的大小，从而使得在进行网页设计时能够更加灵活地运用各种尺寸的图像来作为网页的背景图像，极大地扩展了网页背景图像的使用范围。

● **最终文件** | 最终文件\第3章\实例22.html

● **视　频** | 视频\第3章\实例22.mp4

● **知识点** | background-size属性

● **学习时间** | 10分钟

实例分析

本实例通过在CSS样式中对background-size属性进行相应的设置来控制页面中背景图像的显示大小，页面的最终效果如图3-43所示。

图3-43 最终效果

知识点链接

background-size语法格式如下：

background-size: [<length> | <percentage> | auto]{1,2} | cover | contain;

在CSS样式中，background-size属性包含4个属性值，分别为length（由浮点数字和单位标识符组成的长度值，不可以为负值）、percentage（可以取0~100%的值，不可以为负值）、cover（保持背景图像本身的宽高比，将背景图像缩放到正好完全覆盖所定义的背景区域）和contain（保持背景图像本身的宽高比，将图片缩放到宽度和高度正好适应所定义的背景区域）。

制作步骤

01 执行"文件→打开"菜单命令，打开页面"源文件\第3章\实例22.html"，如图3-44所示。转换到外部CSS样式表3-22.css文件中，在名为#bg的CSS样式代码中添加定义背景图像的CSS样式代码，如图3-45所示。

图3-44 打开页面

```
#bg{
    width: 960px;
    height: 480px;
    margin-bottom: 20px;
    background-image: url(../images/32203.jpg);
    background-repeat: no-repeat;
}
```

图3-45 CSS样式代码

02 返回到设计视图中，将名为bg的Div中多余的文字删除，效果如图3-46所示。执行"文件→保存"菜单命令，保存该页面，在IE浏览器中预览页面，效果如图3-47所示。

图3-46 页面效果

图3-47 预览效果

03 返回到外部CSS样式表文件中，在名为#bg的CSS样式代码中添加背景图像大小的属性设置，如图3-48所示。执行"文件→保存"菜单命令，保存该页面。在Chrome浏览器中预览页面效果，可以看到控制背景图像大小后的效果，如图3-49所示。

```
#bg{
    width: 960px;
    height: 480px;
    margin-bottom: 20px;
    background-image: url(../images/32203.jpg);
    background-repeat: no-repeat;
    background-size: 80% 350px;
}
```

图3-48 CSS样式代码

图3-49 预览效果

Q 在不同引擎类型的浏览器下，background-size是什么形式？

A 如果在Webkit核心的浏览器中预览，则需要在属性名称前面加"-webkit-"；如果在Presto核心的浏览器中预览，则需要在属性名称前面加"-o-"；如果在Gecko核心的浏览器中预览，则需要在属性名称前面加"-moz-"。

Q 使用background-size属性设置背景图像大小时，可以使用百分比值吗？

A 可以，使用background-size属性设置背景图像的大小，可以以像素或百分比的方式指定背景图像的尺寸大小。当使用百分比值时，大小会由所在区域的宽度、高度和位置决定。

实例 023 background-origin 属性（CSS3.0）——控制背景图像显示区域

默认情况下，background-position属性以元素左上角的原点为基准来定位背景图像。在CSS3.0中，新增的background-origin属性可以改变这种定位方式，使用其他方式控制背景图像的显示区域，在网页设计中能够更加灵活地对背景图像进行定位。

- **最终文件**｜最终文件\第3章\实例23.html
- **视　频**｜视频\第3章\实例23.mp4
- **知 识 点**｜background-origin属性
- **学习时间**｜5分钟

┨ 实例分析 ┠

本实例通过在CSS样式代码中添加background-size属性和background-origin属性的设置来控制页面背景的显示效果，页面的最终效果如图3-50所示。

图3-50 最终效果

┨ 知识点链接 ┠

background-origin语法格式如下：

```
background-origin: border-box | padding-box | content-box;
```

┨ 制作步骤 ┠

01 执行"文件→打开"菜单命令，打开页面"源文件\第3章\实例23.html"，如图3-51所示。转换到外部CSS样式表3-23.css文件中，可以看到名为#pic的CSS样式代码，如图3-52所示。

图3-51 打开页面

```
#pic{
    width: 620px;
    height: 342px;
    border: ridge #FFF 10px;
    padding: 15px;
    background-image: url(../images/32302.jpg);
    background-repeat: no-repeat;
}
```

图3-52 CSS样式代码

02 将该页面在浏览器中预览，可以看到背景图像的效果，如图3-53所示。返回到外部CSS样式表文件中，在名为#pic的CSS样式代码中添加背景图像大小和背景图像显示区域的CSS样式设置，如图3-54所示。

图3-53 页面效果

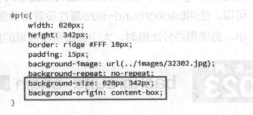

```
#pic{
    width: 620px;
    height: 342px;
    border: ridge #FFF 10px;
    padding: 15px;
    background-image: url(../images/32302.jpg);
    background-repeat: no-repeat;
    background-size: 620px 342px;
    background-origin: content-box;
}
```

图3-54 CSS样式代码

03 执行"文件→保存"菜单命令，保存外部CSS样式表文件。在浏览器中预览该页面，效果如图3-55所示。

图3-55 页面效果

Q background-origin属性的各属性值分别表示什么？

A background-origin属性值说明如下：

bBorder-box：从border区域开始显示背景。

padding-box：从padding区域开始显示背景。

content-box：从content区域开始显示背景。

Q 目前常用的浏览器都是以什么为内核引擎的？

A IE浏览器采用的是自己的IE内核，包括国内的遨游、腾讯TT等浏览器都是以IE为内核的。而以Gecko为引擎的浏览器主要有Netscape、Mozilla和Firefox。以Webkit为引擎核心的浏览器主要有Safari和Chrome。以Presto为引擎核心的浏览器主要有Opera。

实例 024 **background-clip 属性（CSS3.0）——控制背景图像的裁剪区域**

在Dreamweaver中，可以通过CSS3.0中新增的background-clip属性来定义背景图像的裁剪区域。

background-clip属性与background-origin属性不同，区别在于background-clip属性是用来判断背景图像是否包含边框区域，而background-origin属性是用来决定background-position属性定位的参考位置。

- **最终文件** | 最终文件\第3章\实例24.html
- **视 频** | 视频\第3章\实例24.mp4
- **知 识 点** | background-clip属性
- **学习时间** | 5分钟

实例分析

在本实例的制作过程中，主要运用了background-clip属性对页面的背景图像进行进一步控制，使其符合用户的需求，页面的最终效果如图3-56所示。

图3-56 最终效果

知识点链接

background-clip语法格式如下：

background-clip: border-box | padding-box | content-box | no-clip;

制作步骤

01 执行"文件→打开"菜单命令，打开页面"源文件\第3章\实例24.html"，如图3-57所示。转换到外部CSS样式表3-24.css文件中，可以看到名为#bg的CSS样式代码，如图3-58所示。

图3-57 打开页面

```css
#bg{
    padding: 15px;
    border: 15px solid #533d1d;
    width: 605px;
    height: 278px;
    margin-left: 15px;
    margin-top: 10px;
    background-image: url(../images/32409.jpg);
    background-repeat: no-repeat;
}
```

图3-58 CSS样式代码

02 将该页面在浏览器中预览，可以看到背景图像的效果如图3-59所示。返回到外部CSS样式表文件中，在名为#bg的CSS样式代码中添加背景图像裁剪区域的CSS样式设置，如图3-60所示。

图3-59 预览页面

```css
#bg{
    padding: 15px;
    border: 15px solid #533d1d;
    width: 605px;
    height: 278px;
    margin-left: 15px;
    margin-top: 10px;
    background-image: url(../images/32409.jpg);
    background-repeat: no-repeat;
    background-clip: content-box;
}
```

图3-60 CSS样式代码

03 保存外部CSS样式表文件，在浏览器中预览页面，效果如图3-61所示。

图3-61 预览页面

提示

注意比较两次在浏览器中预览页面的效果，可以发现，默认情况下，背景图像是在边框以内开始显示，通过 background-clip 属性，并设置其属性值为 content-box，则从 content 区域向外裁剪掉多余的背景图像，只显示 content 区域中的背景图像。

Q background-clip属性的各属性值分别表示什么？

A background-clip属性说明如下：

border-box：从border区域向外裁剪背景图像。

padding-box：从padding区域向外裁剪背景图像。

content-box：从content区域向外裁剪背景图像。

no-clip：与border-box属性值相同，从border区域向外裁剪背景图像。

Q 在CSS3.0中可以为页面元素定义多重背景图像吗？

A 在CSS3.0中允许使用background属性定义多重背景图像，可以把不同的背景图像只放到一个块元素中。其定义语法如下：

background: [background-image] | [background-origin] | [background-clip] | [background-repeat] | [background-size] | [background-position]

<background-image>：指定对象的背景图像。

<background-origin>：指定背景图像的显示区域。

<background-clip>：指定背景图像的裁剪区域。

<background-repeat>：指定背景图像重复的方式。

<background-size>：指定背景图像的大小。

<background-position>：指定背景图像的位置。

在CSS3.0中允许为容器设置多层背景图像，多个背景图像的url之间使用逗号（,）隔开；如果有多个背景图像，而其他属性只有一个（例如background-repeat属性只有一个），则表示所有背景图像都应用这一个background-repeat属性值。

第 04 章

使用CSS控制文本

Welcome!

AN ALPHABETICAL

ADVENTURE

这是一个神奇的网站，让我们一起来看看吧！

文字是网页中必不可少的元素之一。在网页中文字不但起着传达信息的作用，还要能够美化网页界面，不论在颜色、字体还是字号上，都要与网页的整体结构和风格相匹配。

网站的页面越大，文字和图片等元素就越多，因此需要管理的样式也就越多。在Dreamweaver中可以通过定义CSS样式对文字的样式进行设置，这种方法不但简单明了，而且方便修改，最大的好处是可以同时为多段文字赋予同一CSS样式，在修改时只需要修改某一个CSS样式设置，即可同时修改应用该CSS样式的所有文字。下面我们将通过实例向大家进行详细讲解。

实例 025 定义字体——制作网站欢迎页面

在Dreamweaver中，既在HTML代码中提供了字体样式设置的功能，也在CSS样式中提供了字体样式设置的功能。在CSS样式中，通过font-family属性可以对文字的字体样式进行设置，通过font-size属性可以对文字的大小进行设置，通过font-weight属性可以对字体的粗细进行设置，通过color属性可对文字的颜色进行设置，接下来通过实例来为大家进行详细讲解。

- ● **最终文件** | 最终文件\第4章\实例25.html
- ● **视　　频** | 视频\第4章\实例25.mp4
- ● **知 识 点** | font-family属性、font-size属性、font-weight属性、color属性
- ● **学习时间** | 10分钟

实例分析

本实例主要是通过设置相应的属性对网页中文字的字体、大小、颜色和粗细等样式进行设置，从而使网页的视觉效果更佳，页面的最终效果如图4-1所示。

图4-1 最终效果

知识点链接

在CSS样式中，font-family属性的语法格式如下：

font-family：name1,name2,name3,…;

可以看出，font-family属性可以为网页中的文字定义多种字体样式，并按定义的先后顺序排列，且以逗号隔开；预览时，当系统中没有第1个字体时便会自动应用第2个字体，以此类推。

注意，如果使用的字体名称中包含空格，则需要用英文的双引号将该字体名称括起来。切记，不能使用中文双引号。

制作步骤

01 执行"文件→打开"菜单命令，打开页面"源文件\第4章\实例25.html"，如图4-2所示。转换到外部CSS样式表4-25.css文件中，定义一个名为.font01的类CSS样式，如图4-3所示。

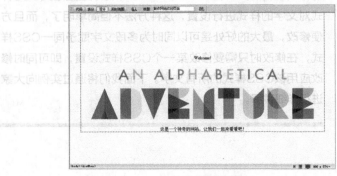

图4-2 打开页面

```
.font01 {
    font-family: "Arial Black";
    font-size: 60px;
    color: #F9E12B;
}
```

图4-3 CSS样式代码

02 返回到设计视图中，选中页面中相应的文字，在"属性"面板上的"类"下拉列表中选择刚定义的CSS样式，如图4-4所示。可以看到页面中字体的效果，如图4-5所示。

图4-4 应用CSS样式

图4-5 文字效果

03 转换到外部CSS样式表4-25.css文件中，定义一个名为.font02的类CSS样式，如图4-6所示。返回到设计视图中，选中页面中相应的文字，在"属性"面板上的"类"下拉列表中选择刚定义的CSS样式，如图4-7所示。

```
.font02 {
    font-family: 微软雅黑;
    font-size: 20px;
    color: #3F898B;
}
```

图4-6 CSS样式代码

图4-7 应用CSS样式

04 可以看到页面中字体的效果，如图4-8所示。保存外部样式表文件，返回到设计视图，按F12键即可在浏览器中预览该页面的效果，如图4-9所示。

图4-8 文字效果

图4-9 预览效果

Q 中文操作系统中默认的字体有哪些？

A 默认情况下，中文操作系统中默认的字体只有宋体、黑体、幼圆、微软雅黑等几种。如果需要使用一些特殊的字体时，可以通过图像来实现，否则有些浏览器可能无法显示所设置的特殊字体。

Q 在西方国家的罗马字母中，serif种类的字体与sans-serif种类的字体有什么区别？

A serif种类的字体在笔画的开始以及结束的地方有额外的装饰，而且笔画的粗细会因为横竖的不同而不同；相反，sans-serif种类的字体则没有这些额外的装饰，并且笔画粗细大致相同。

实例 026 定义英文字体大小写——制作英文网站页面

在Dreamweaver中，定义英文字体大小写的转换是CSS样式中一种非常实用的功能，主要通过设置英文段落的text-transform属性对英文字体的大小写进行控制，该属性设置简单明了，便于理解和使用。

- **最终文件** | 最终文件\第4章\实例26.html
- **视　频** | 视频\第4章\实例26.mp4
- **知 识 点** | text-transform属性
- **学习时间** | 10分钟

实例分析

本实例制作的是一个英文网站页面，主要向大家介绍了通过定义text-transform属性对页面中的英文字体的样式进行设置，页面的最终效果如图4-10所示。

图4-10 最终效果

知识点链接

text-transform属性的语法如下：

```
text-transform: capitalize | uppercase | lowercase;
```

在CSS样式中，text-transform属性中包括3个属性值，分别为capitalize（定义单词首字母大写）、uppercase（定义单词全部大写）和lowercase（定义单词全部小写）。

制作步骤

01 执行"文件→打开"菜单命令，打开页面"源文件\第4章\实例26.html"，页面效果如图4-11所示。转换到该文件所链接的外部CSS样式表4-26.css文件中，定义一个名为.font01的类CSS样式，如图4-12所示。

图4-11 页面效果

```
.font01{
    text-transform:lowercase;
}
```

图4-12 CSS样式代码

02 返回到设计视图，选中页面中相应的文字，在"类"下拉列表中选择刚定义的CSS样式，如图4-13所示。可以看到应用该类CSS样式的英文字母全部小写，如图4-14所示。

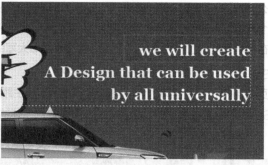

图4-13 应用CSS样式　　　　　　　　　　　　　　图4-14 文字效果

03 转换到4-26.css文件中，定义一个名为.font02的类CSS样式，如图4-15所示。返回到设计视图，选中页面中相应的文字，在"类"下拉列表中选择刚定义的CSS样式，如图4-16所示。

```css
.font02 {
    text-transform: capitalize;
}
```

图4-15 CSS样式代码　　　　　　　　　　　　　图4-16 应用CSS样式

04 应用该CSS样式后，可以看到英文单词首字母大写效果，如图4-17所示。转换到4-26.css文件中，定义一个名为.font03的类CSS样式，如图4-18所示。

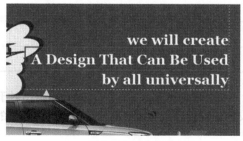

```css
.font03 {
    text-transform: uppercase;
}
```

图4-17 文字效果　　　　　　　　　　　　　　图4-18 CSS样式代码

05 返回设计页面中，为相应的文字应用名为font03的类CSS样式，可以看到所有英文字母大写的效果，如图4-19所示。执行"文件→保存"菜单命令，保存该页面按F12键即可在浏览器中预览该页面，效果如图4-20所示。

图4-19 应用CSS样式　　　　　　　　　　　　　图4-20 预览效果

Q 在什么情况下不能实现首字母大写的效果？解决方法是什么？

A 当两个单词之间有标点符号，比如逗号、句号等，那么标点符号后的英文单词便不能实现首字母大写的效果；可以在该单词前面加一个空格，便可以实现首字母大写的样式。

Q 在CSS样式中，字体大小的单位都有哪些？

A 在网页应用中，改变字体的大小可以起到突出网站主题的作用。字体大小可以是相对大小也可以是绝对大小，在CSS中可以通过对font-size属性的设置来控制字体的大小。表4-1所示的是文字绝对大小的单位。

表4-1 文字绝对大小的单位

单 位	描 述	示 例
in	英寸（inch）	font-size: 12in
cm	厘米（centimeter）	font-size: 10cm
mm	毫米（millimeter）	font-size: 3mm
pt	点/磅（point），印刷的点数	font-size: 32pt
pc	派卡（pica），印刷上使用的单位	font-size: 64pc

设置文字绝对大小需要使用绝对单位，使用绝对大小设置的文字在任何分辨率下显示出来的字体大小都是一样的。

由于相对大小设置的文字要比绝对大小设置的文字的灵活性高，因此这种方法一直很受网页设计者的青睐，表4-2所示的是文字相对大小的单位。

表4-2 文字相对大小的单位

单 位	描 述	示 例
px	像素	font-size: 1px
%	百分比	font-size: 100%
em	相对长度单位，默认1em=16px	font-size: 1em

使用像素（px）设置的字体大小与显示器的大小及分辨率有关系；而%或者em则是相对于父元素来说的比例，显示器的默认显示比例是1em=16px，如果父标记被更改，那么通过%或者em单位设置的文字也会受到影响。

实例 027 定义字体下划线、顶划线和删除线——网页文字修饰

在CSS中，除了可以为文字定义字体、大小和颜色等属性，还可以通过设置text-decoration属性为文字添加下划线、顶划线和删除线，从而进一步装饰和美化网页的视觉效果。

● **最终文件** | 最终文件\第4章\实例27.html

● **视　　频** | 视频\第4章\实例27.mp4

● **知 识 点** | text-decoration属性

● **学习时间** | 10分钟

实例分析

本实例制作的是一个美容网站的页面，字体颜色运用的是自然、清爽的绿色，贴合网页的主题。下面我们将为大家介绍的是如何为文字添加下划线、顶划线和删除线，页面的最终效果如图4-21所示。

图4-21 最终效果

知识点链接

text-decoration属性的语法如下：

text-decoration: underline | overline | line-throgh;

在CSS样式中，text-decoration属性包含3个属性值，分别为underline（为文字定义下划线）、overline（为文字定义顶划线）和line-throgh（为文字定义删除线）。

制作步骤

01 执行"文件→打开"菜单命令，打开页面"源文件\第4章\实例27.html"，页面效果如图4-22所示。转换到该文件所链接的外部CSS样式表4-27.css文件中，定义一个名为.font01的类CSS样式，如图4-23所示。

图4-22 页面效果

```
.font01 {
    text-decoration: underline;
}
```

图4-23 CSS样式代码

02 返回到设计视图，选中页面中的第1段文字，在"属性"面板上的"类"下拉列表中选择刚定义的CSS样式font01应用，如图4-24所示。可以看到为页面中的文字应用下划线样式的效果，如图4-25所示。

图4-24 应用CSS样式

图4-25 文字效果

03 切换到4-27.css文件中，定义一个名为.font02的类CSS样式，如图4-26所示。返回到设计视图，选中页面中的第2段文字，在"属性"面板上的"类"下拉列表中选择刚定义的CSS样式font02应用，如图4-27所示。

```
.font02 {
    text-decoration: overline;
}
```

图4-26 CSS样式代码　　　　　　　　图4-27 应用CSS样式

04 由于该属性设置在设计视图中看不出效果，因此需要在浏览器中预览页面效果，预览效果如图4-28所示。切换到4-27.css文件中，定义一个名为.font03的类CSS样式，如图4-29所示。

```
.font03 {
    text-decoration: line-through;
}
```

图4-28 文字效果　　　　　　　　　图4-29 CSS样式代码

05 返回到设计视图，选中页面中其他部分的文字，在"属性"面板上的"类"下拉列表中选择刚定义的CSS样式font03应用，如图4-30所示。可以看到为页面中的文字应用删除线样式的效果，如图4-31所示。

图4-30 应用CSS样式　　　　　　　图4-31 文字效果

Q 如何实现文字既有下划线也有顶划线的效果？

A 可以将下划线和顶划线的值同时赋予到text-decoration属性上，CSS样式写法如下：text-decoration: underline overline；表示为下划线和顶划线同时应用。

Q 如何使用CSS样式设置字体样式？

A 字体样式，也就是我们所说的字体风格，在Dreamweaver中有3种不同的字体样式，分别是正常、斜体和偏斜体。在CSS中，字体的样式是通过font-style属性进行定义的。

font-style: normal | italic | oblique

normal：默认值，显示的是标准的字体样式。

italic：显示的是斜体的字体样式。

oblique：显示的是倾斜的字体样式。

实例 028　定义字间距和行间距——制作网站公告

在Dreamweaver中，字间距是指两个文字之间的距离，可以通过letter-spacing属性进行设置；行间距是指两行文字基线之间的距离，通过line-height属性即可对其进行设置。

在CSS中，这两种属性既可以设置相对数值，也可以设置绝对数值，但在大多数情况下使用相对数值进行设置。

- **最终文件** | 最终文件\第4章\实例28.html
- **视　　频** | 视频\第4章\实例28.mp4
- **知 识 点** | letter-spacing、line-height属性
- **学习时间** | 10分钟

┤ 实例分析 ├

本实例通过定义网页中文字的字间距和行间距来为浏览者提供更加舒适的阅读效果，但是需要注意文字与其他页面元素之间的协调，页面的最终效果如图4-32所示。

图4-32 最终效果

┤ 知识点链接 ├

一般在静态的网页中，大多数使用的是绝对数值的方式设置字体大小，但在一些论坛或者博客等用户可以自由定义字体大小的网页中，使用相对数值的方式进行定义能够便于用户通过设置字体的大小而改变相应的行距，因此相对数值的定义方式在网页中也较为广泛地被运用。

┤ 制作步骤 ├

01 执行"文件→打开"菜单命令，打开页面"源文件\第4章\实例28.html"，页面效果如图4-33所示。转换到该文件所链接的外部CSS样式表4-28.css文件中，定义一个名为.font01的类CSS样式，如图4-34所示。

图4-33 页面效果

```
.font01{
    letter-spacing: 0.5em;
}
```

图4-34 CSS样式代码

02 返回到设计视图，选中页面中相应的文字，在"属性"面板上的"类"下拉列表中选择刚定义的CSS样式font01应用，如图4-35所示。可以看到设置字间距的效果，如图4-36所示。

图4-35 应用CSS样式　　　　　　　　　　图4-36 文字效果

03 切换到4-28.css文件中，定义一个名为.font02的类CSS样式，如图4-37所示。返回到设计视图，选中页面中相应的文字，在"属性"面板上的"类"下拉列表中选择刚定义的CSS样式font02应用，如图4-38所示。

```
.font02{
        line-height: 25px;
}
```

图4-37 CSS样式代码　　　　　　图4-38 应用CSS样式

04 可以看到为文字设置行间距的效果，如图4-39所示。执行"文件→保存"菜单命令，保存该页面按F12键即可在浏览器中预览该页面，效果如图4-40所示。

图4-39 文字效果　　　　　　　　　　图4-40 预览效果

Q 在为网页中的文字设置字间距时应考虑到哪些方面？

A 需要考虑到页面整体的布局和构图，以及网页中文本内容的性质，从而进行适当的设置。

Q 使用相对行距的方法设置行间距的优势是什么？

A 通过相对行距设置的行间距会随着文字大小的改变而改变，不会出现因为文字变大而使间距过宽或者过窄的情况。

实例 029 定义段落首字下沉——制作企业介绍页面

段落首字下沉的排版方式经常出现在报纸、杂志和网站上的文章段落中，同样通过这种排版方式可以吸引浏览者的目光，从而增加网页的点击率。

- **最终文件**┃最终文件\第4章\实例29.html
- **视　　频**┃视频\第4章\实例29.mp4
- **知 识 点**┃设置段落首字下沉
- **学习时间**┃10分钟

实例分析

本实例制作的是一个企业网站的介绍页面，并为页面中的两段介绍文字运用了首字下沉的效果来吸引浏览者的注意力，页面的最终效果如图4-41所示。

图4-41 最终效果

知识点链接

在CSS样式表中，首字下沉是通过为段落中的第1个文字单独应用样式来实现的，设置段落首字下沉的语法如下：

```
font-size:2em;
float:left;
```

制作步骤

01 执行"文件→打开"菜单命令，打开页面"源文件\第4章\实例29.html"，页面效果如图4-42所示。转换到该文件所链接的外部CSS样式表4-29.css文件中，定义一个名为.font01的类CSS样式，如图4-43所示。

图4-42 页面效果

```
.font01 {
    font-size: 24px;
    float: left;
}
```

图4-43 CSS样式代码

02 返回到设计视图，选中段落中的第1个字，在"属性"面板上的"类"下拉列表中选择刚定义的CSS样式font01应用，如图4-44所示。可以看到段落首字下沉的效果，如图4-45所示。

图4-44 应用CSS样式   图4-45 文字效果

03 使用相同的方法，对另一个段落中的第1个字进行同样的操作，页面效果如图4-46所示。执行"文件→保存"菜单命令，保存该页面。按F12键在浏览器中进行预览，效果如图4-47所示。

图4-46 页面效果   图4-47 预览效果

Q 什么是首字下沉？

A 在CSS样式中，首字下沉是通过定义段落中第1个文字的大小并将其设置为左浮动而达到的一种页面效果。首字的大小是其他文字大小的一倍，并且可以随意改变，关键是看页面整体布局结构的需要。

Q 在CSS样式中如何定义字体的粗细？

A 在CSS样式中通过font-weight属性对字体的粗细进行控制，font-weight属性的语法如下：

font-weight: normal | bold | bolder | lighter | inherit | 100~900;

normal: 正常的字体，相当于参数为400。

bold: 粗体，相当于参数为700。

bolder: 特粗体。

lighter: 细体。

inherit: 继承。

100~900: 通过100~900的数值来设置字体的粗细。

实例
030 定义段落首行缩进——制作设计公司网站页面

段落首行缩进和段落首字下沉性质相似，同样都是文字的一种排版方式，但是在网站页面中段落首行缩进样式相比段落首字下沉而言运用得更频繁。

● **最终文件** | 最终文件\第4章\实例30.html

● **视　　频** | 视频\第4章\实例30.mp4

● **知 识 点** | text-indent属性

● **学习时间** | 5分钟

实例分析

　　本实例制作的是设计公司的网站页面，通过定义text-indent属性将页面中的一段文字实现首行缩进的显示效果，页面的最终效果如图4-48所示。

图4-48 最终效果

知识点链接

　　段落首行缩进是指将段落的第1行文字缩进两个字符显示，在CSS样式中可以通过text-indent属性进行设置，设置段落首行缩进的语法如下：

```
text-indent: 24px;
```

制作步骤

01 执行"文件→打开"菜单命令，打开页面"源文件\第4章\实例30.html"，页面效果如图4-49所示。转换到该文件所链接的外部CSS样式表4-30.css文件中，定义一个名为.font01的类CSS样式，如图4-50所示。

图4-49 页面效果

```
.font01 {
    text-indent: 24px;
}
```

图4-50 CSS样式代码

02 返回到设计视图，将光标放置在该段落中，在"属性"面板上的"类"下拉列表中选择刚定义的CSS样式font01应用，如图4-51所示。可以看到该段落文本首行缩进24像素的效果，如图4-52所示。

图4-51 应用CSS样式

图4-52 页面效果

> **提示**
>
> 段落首行缩进的 CSS 样式设置必须应用于段落文本，也就是 <p> 标签包含的文本才会起作用；如果不是段落文本，则并不会起到任何的作用。

Q 首行缩进通常使用在什么地方？

A 通常，文章段落的首行缩进在两个字符的位置，因此使用CSS样式对段落进行首行缩进的属性设置时，应根据该段落字体的大小设置首行缩进的数值。例如，当段落中字体大小为12px时，应设置首行缩进的值为24px。

Q 使用CSS样式设置颜色时，颜色值可以简写吗？

A 可以，在HTML页面中每一种颜色都是由RGB 3种颜色（"红绿蓝"三原色）按不同的比例调和而成的。在网页中，默认的颜色表现方式是十六进制的表现方式，比如#000000，前两位数字是红色的分量，中间两位数字是绿色的分量，最后两位数字则是蓝色的分量。

十六进制的表现手法还可以简写，比如#F90，该颜色的完整写法是#FF9900。

实例 031 定义段落水平对齐——制作网站弹出页面

段落水平对齐是指页面中的文字段落在水平方向上需要实现的对齐方式。在CSS样式中，段落水平对齐的效果可以通过设置text-align属性进行实现。

- **最终文件** | 最终文件\第4章\实例31.html
- **视　　频** | 视频\第4章\实例31.mp4
- **知 识 点** | text-align属性
- **学习时间** | 10分钟

实例分析

　　本实例制作的是一个蛋糕网站的弹出页面，运用了色彩丰富的产品图片来吸引浏览者的注意力，并添加了文字进行简单的介绍，下面我们将对文字的对齐方式进行相应的设置，页面的最终效果如图4-53所示。

图4-53 最终效果

知识点链接

设置段落水平对齐的语法如下：

`text-align: left | center | right | justify;`

在CSS样式中，text-align属性包含4个属性值，分别为left（定义段落左对齐）、center（定义段落居中对齐）、right（定义段落右对齐）和justify（定义段落两端对齐）。

制作步骤

01 执行"文件→打开"菜单命令，打开页面"源文件\第4章\实例31.html"，页面效果如图4-54所示。转换到该文件所链接的外部CSS样式表4-31.css文件中，定义一个名为.font01的类CSS样式，如图4-55所示。

图4-54 页面效果

```
.font01 {
    text-align: left;
}
```

图4-55 CSS样式代码

02 返回4-31.html页面中，选中页面中第1张图片下面的文字，在"类"下拉列表中选择刚定义的CSS样式font01应用，如图4-56所示。可以看到文字水平左对齐的效果，如图4-57所示。

图4-56　应用CSS样式　　　　　　图4-57　文字效果

03 转换到4-31.css文件中，定义一个名为.font02的类CSS样式，如图4-58所示。返回4-31.html页面中，选中页面中第2张图片下面的文字，在"类"下拉列表中选择刚定义的CSS样式font02应用，如图4-59所示。

```css
.font02 {
    text-align: center;
}
```

图4-58　CSS样式代码　　　　　　图4-59　应用CSS样式

04 可以看到文字水平居中对齐的效果，如图4-60所示。转换到4-31.css文件中，定义一个名为.font03的类CSS样式，如图4-61所示。

```css
.font03 {
    text-align: right;
}
```

图4-60　文字效果　　　　　　图4-61　CSS样式代码

05 返回4-31.html页面中，选中页面中第3张图片下面的文字，在"类"下拉列表中选择刚定义的CSS样式font03应用，如图4-62所示。可以看到文字水平右对齐的效果，如图4-63所示。

图4-62　应用CSS样式　　　　　　图4-63　文字效果

06 执行"文件→保存"菜单命令，保存该页面。按F12键即可在浏览器中预览该页面，效果如图4-64所示。

图4-64 预览效果

Q 当设置对齐的文本超过两段时，页面会有哪些变化？

A 根据不同的文字，页面的变化也有所不同。如果是英文，那么段落中每一个单词的位置都会相对于整体而发生一些变化；如果是中文，那么除了最后一行文字的位置发生变化之外，其他文字的位置相对于整体不会发生变化。

Q 中文可以设置为两端对齐吗？

A 两端对齐是美化段落文本的一种方法，可以使段落的两端与边界对齐。但两端对齐的方式只对整段的英文起作用，对于中文来说没有什么作用。这是因为英文段落在换行时为保留单词的完整性，整个单词会一起换行，所以会出现段落两端不对齐的情况。两端对齐只能对这种两端不对齐的段落起作用，而中文段落由于每一个文字与符号的宽度相同，在换行时段落是对齐的，因此自然不需要使用两端对齐。

实例 032 定义文本垂直对齐——制作产品介绍页面

文本垂直对齐是指页面中的文本内容在垂直方向上需要实现对齐的方式。在CSS样式中，文本垂直对齐的效果可以通过设置vertical-align属性进行实现。

- **最终文件** | 最终文件\第4章\实例32.html
- **视 频** | 视频\第4章\实例32.mp4
- **知 识 点** | vertical-align属性
- **学习时间** | 10分钟

┃实例分析┃

本实例主要通过设置文本垂直对齐属性来控制文本与图片之间的排列方式，通常在大型的购物网站上会用这样的方式来使页面看起来更加整齐、清晰，页面的最终效果如图4-65所示。

图4-65 最终效果

┃知识点链接┃

设置文本垂直对齐的语法如下：

```
vertical-align: top | middle | bottom;
```

在CSS样式中，vertical-align属性包含3个属性值，分别为top（定义文本顶端对齐）、middle（定义文本垂直居中对齐）和bottom（定义文本底端对齐）。

┤ 制作步骤 ┣

01 执行"文件→打开"菜单命令，打开页面"源文件\第4章\实例32.html"，页面效果如图4-66所示。转换到该文件所链接的外部CSS样式表4-32.css文件中，定义一个名为.font01的类CSS样式，如图4-67所示。

```
.font01 {
    vertical-align: top;
}
```

图4-66 页面效果　　　　　　　　　　图4-67 CSS样式代码

02 返回设计视图，选中页面中第1张图片，在"属性"面板上的Class下拉列表中选择刚定义的CSS样式font01应用，如图4-68所示。可以看到该图像右侧的文字与图像垂直顶部对齐的效果，如图4-69所示。

图4-68 应用CSS样式　　　　　　　　图4-69 页面效果

03 切换到4-32.css文件中，定义一个名为.font02的类CSS样式，如图4-70所示。返回设计视图，选中页面中第2张图片，在"属性"面板上的Class下拉列表中选择刚定义的CSS样式font02应用，如图4-71所示。

```
.font02 {
    vertical-align: middle;
}
```

图4-70 CSS样式代码　　　　　　　　图4-71 应用CSS样式

04 可以看到该图像右侧的文字与图像垂直居中对齐的效果，如图4-72所示。切换到4-32.css文件中，定义一个名为.font03的类CSS样式，如图4-73所示。

```
.font03 {
    vertical-align: bottom;
}
```

图4-72 页面效果　　　　　　　　　图4-73 CSS样式代码

05 返回设计视图，选中页面中第3张图片，在"属性"面板上的"类"下拉列表中选择刚定义的CSS样式font03应用，如图4-74所示。可以看到该图像右侧的文字与图像垂直底部对齐的效果，如图4-75所示。

图4-74 应用CSS样式

图4-75 页面效果

06 执行"文件→保存"菜单命令，保存该页面。按F12键即可在浏览器中预览该页面，效果如图4-76所示。

图4-76 预览效果

Q 在设置文本垂直对齐属性时，为什么要选择一个页面元素（行内元素）作为参照物？

A 由于文字并不属于行内元素，因此不能直接对文字应用该属性设置，只能通过对图片进行垂直对齐定义，从而达到文字对齐的效果。

Q 为什么在有些情况下应用的文本段落垂直对齐不起作用？

A 段落垂直对齐只对行内元素起作用，行内元素也称为内联元素，在没有任何布局属性作用时默认排列方式是同行排列，直到宽度超出包含的容器宽度时才会自动换行。段落垂直对齐需要在行内元素中进行，如<span></span>、<p></p>及图片等，否则段落垂直对齐不会起作用。

实例 033 Web字体——在网页中使用特殊字体

Web字体功能是从Dreamweaver CS6版本开始新增的一项功能，通过该功能可以加载特殊字体，并在网页中实现特殊的文字效果。以前没有这项功能时，如果想要在网页中实现特殊字体，只能通过图片的方式来实现。

● **最终文件** | 最终文件\第4章\实例33.html
● **视　　频** | 视频\第4章\实例33.mp4
● **知 识 点** | Web字体
● **学习时间** | 10分钟

┃实例分析┃

　　本实例通过为网页中的文字定义特殊字体后，在视觉上丰富了网页的画面效果，使得页面极富观赏性，从而脱离了千篇一律的字体样式，更能吸引浏览者的目光，页面的最终效果如图4-77所示。

图4-77 最终效果

知识点链接

通过使用Web字体功能可以在网页中使用特殊的字体，从而不需要使用图片来代替特殊字体效果的显示。可以在Dreamweaver中通过"管理字体"对话框，将网站中需要用到的特殊字体添加到网站站点中，即可通过CSS样式设置使用相应的特殊字体。

制作步骤

01 执行"文件→打开"菜单命令，打开页面"源文件\第4章\实例33.html"，页面效果如图4-78所示。执行"修改→管理字体"菜单命令，弹出"管理字体"对话框，如图4-79所示。

图4-78　页面效果　　　　　　　　　　　　　　图4-79　"管理字体"对话框

02 单击"本地Web字体"选项卡，切换到"本地Web字体"选项设置界面，如图4-80所示。单击"TTF字体"选项后的"浏览"按钮，弹出"打开"对话框，选择需要添加的字体，如图4-81所示。

图4-80　"本地Web字体"选项卡　　　　　　　　　图4-81　"打开"对话框

03 单击"打开"按钮，即可添加该字体，单击选中相应的复选框，如图4-82所示。单击"添加"按钮，即可将所选择的字体添加到"本地Web字体的当前列表"列表框中，如图4-83所示。

图4-82　"本地Web字体"选项卡　　　　　　　　　图4-83　添加Web字体

04 单击"确定"按钮，完成对字体的管理。打开"CSS设计器"面板，单击"选择器"选项区右上角的"添加选择器"按钮 ■■，创建名为.font01的类CSS样式，如图4-84所示。单击"CSS设计器"面板中"属性"选项区中的"文本"按钮，设置相应的CSS样式，如图4-85所示。

图4-84 创建类CSS样式　　　　　　　图4-85 设置CSS样式

05 转换到外部CSS样式表文件中，可以看到自动添加的代码，如图4-86所示。返回到设计视图，选中相应的文字，在"属性"面板上的"类"下拉列表中选择刚定义的名为.font01的类CSS样式应用，如图4-87所示。

```
@import url("../../webfonts/FZJZJW/stylesheet.css");

.font01 {
    font-family: FZJZJW;
    font-size: 42px;
    line-height: 80px;
}
```

图4-86 CSS样式代码　　　　　　　　图4-87 应用CSS样式

> **提示**
>
> 若在 CSS 样式中定义的字体为所添加的 Web 字体，则会在当前站点的根目标中自动创建名为 webfonts 的文件夹，并在该文件夹中创建以 Web 字体名称命令的文件夹，如图 4-88 所示。在该文件夹中自动创建了所添加的 Web 字体文件和 CSS 样式表文件，如图 4-89 所示。

图4-88 源文件中的文件夹　　　　　　图4-89 源文件中的文件夹

06 执行"文件→保存"菜单命令，保存该页面。在Chrome浏览器中预览页面，可以看到使用Web字体的效果，如图4-90所示。执行"修改→管理字体"菜单命令，弹出"管理字体"对话框，使用相同的方法添加另一种Web字体，如图4-91所示。

图4-90 页面效果　　　　　　　　　　图4-91 添加Web字体

07 创建名称为.font02的类CSS样式，并为页面中相应的文字应用该类CSS样式，在Chrome浏览器中预览页面，可以看到使用Web字体的效果，如图4-92所示。

图4-92 预览效果

Q 最多可定义几种不同格式的字体？

A 在"添加Web字体"对话框中，最多可以添加4种不同格式的字体文件，只要分别单击各字体格式选项后的"浏览"按钮，即可添加相应格式的字体。

Q 是不是所有的浏览器都兼容Web字体？

A 如果在网页中使用过多的Web字体则会导致页面的下载速度变慢。另外，有的浏览器并不支持Web字体，在显示上存在着很大的问题，如IE。因此，在网页中还是要尽量少用Web字体。

实例 034 **CSS类选区——应用多个类CSS样式**

在Dreamweaver中，使用CSS类选区功能可以将定义的多个类CSS样式应用在页面中同一个元素上，其操作方法简单易懂，从而为网页制作者省去不少的时间和精力。

● **最终文件** | 最终文件\第4章\实例34.html
● **视　频** | 视频\第4章\实例34.mp4
● **知 识 点** | CSS类选区
● **学习时间** | 5分钟

┃ 实例分析 ┃

本实例通过为页面中的文字应用类CSS样式来控制文字的显示效果，使得文字更加醒目，从而达到突出主题、美化页面的效果，页面的最终效果如图4-93所示。

图4-93 最终效果

┃ 知识点链接 ┃

在"属性"面板的"类"下拉列表中选择"应用多个类"选项，即可在"多类选区"对话框中显示当前页面的CSS样式中所有的类CSS样式，只需要在列表中单击选择需要为选中元素应用的多个类CSS样式即可。

但是，在该对话框中不显示ID样式、标签样式以及复合样式等其他的CSS样式。

┃ 制作步骤 ┃

01 执行"文件→打开"菜单命令，打开页面"源文件\第4章\实例34.html"，页面效果如图4-94所示。转换到该文件所链接的外部CSS样式文件4-34.css中，定义名为.font01和名为.border01的类CSS样式，如图4-95所示。

图4-94 页面效果

```
.font01 {
    color: #FF0;
    font-weight: bold;
}
.border01 {
    border-bottom: dashed 1px #FFF;
}
```

图4-95 CSS样式代码

02 返回到设计视图，选中需要应用类CSS样式的文字，如图4-96所示。在"属性"面板上的"类"下拉列表中选择"应用多个类"选项，如图4-97所示。

图4-96 选中文字

图4-97 "属性"面板

03 弹出"多类选区"对话框，单击选择需要为文字所应用的类CSS样式，如图4-98所示。单击"确定"按钮，即可将选中的多个类CSS样式应用于所选中的文字，文字效果如图4-99所示。

图4-98 "多类选区"对话框

图4-99 文字效果

04 转换到代码视图，可以看到为选中的文字应用多个类CSS样式的代码效果，如图4-100所示。执行"文件→保存"菜单命令，保存该页面。按F12键在浏览器中预览页面，效果如图4-101所示。

```
<div id="text">
    <div id="text01">
        <span class="border01 font01">我们专注于高品质视
觉设计以及品牌推广提供商，多年来活跃在与创意产业相关的
平面设计、网站设计、网络推广、专业品牌设计等各个领域。</span>
    </div>
```

图4-100 代码视图

图4-101 预览效果

Q 在什么情况下应用类CSS样式会发生冲突？

A 当两个类CSS样式中都定义了相同的属性，并且两个属性的值不相同，这时应用这两个类CSS样式，该属性就会发生冲突。

Q 当应用的两个类CSS样式发生冲突时，应如何取决？

A 应用类CSS样式有一个靠近原则，即当两个CSS样式中的属性发生冲突时，将应用靠近元素的CSS样式中的属性，则在此实例中就会应用名为.font02的类CSS样式中定义的color属性。

实例 035 text-shadow属性（CSS3.0）——为网页文字添加阴影

在网页中设置文字的显示属性时，可以根据需要为相应的文字添加阴影效果，从而在视觉上为文字增加立体感，并且提高网页的瞩目性。在Dreamweaver中，可以通过CSS3.0中新增的text-shadow属性进行设置。

- **最终文件** | 最终文件\第4章\实例35.html
- **视　　频** | 视频\第4章\实例35.mp4
- **知 识 点** | text-shadow属性
- **学习时间** | 5分钟

实例分析

本实例主要向大家讲述了如何通过CSS样式属性的设置对页面中的文字外观进行进一步的装饰，从而达到更加完美的视觉效果，页面的最终效果如图4-102所示。

图4-102 最终效果

知识点链接

text-shadow属性的语法如下：

`text-shadow: none | <length> none | [<shadow>,]* <opacity>或none | <color> [,<color>]*;`

制作步骤

01 执行"文件→打开"菜单命令，打开页面"源文件\第4章\实例35.html"，页面效果如图4-103所示。在浏览器中预览页面，可以看到页面中文字的效果，如图4-104所示。

图4-103 页面效果

图4-104 预览效果

02 转换到该文件所链接的外部CSS样式表4-35.css文件中，找到名为#text h1的CSS样式代码，如图4-105所示。在该CSS样式设置中添加文字阴影text-shadow属性的设置，如图4-106所示。

```
#text h1 {
    font-size: 30px;
    font-weight: bold;
    color: #FC0;
    line-height: 60px;
    text-align: center;
}
```
图4-105 CSS样式代码

```
#text h1 {
    font-size: 30px;
    font-weight: bold;
    color: #FC0;
    line-height: 60px;
    text-align: center;
    text-shadow: 3px 3px 3px #C1C1C1;
}
```
图4-106 添加text-shadow属性设置

03 执行"文件→保存"命令，保存外部CSS样式表文件。在浏览器中预览页面，可以看到页面中文字的阴影效果，如图4-107所示。

图4-107 预览效果

Q text-shadow属性的属性值分别表示什么意思？

A text-shadow属性的属性值说明如下：

length：由浮点数字和单位标识符组成的长度值，可以为负值，用于设置阴影的水平延伸距离。

color：用于设置阴影的颜色。

opacity：由浮点数字和单位标识符组成的长度值，不可以为负值。用于指定模糊效果的作用距离。如果仅仅需要模糊效果，将前两个length属性全部设置为0。

实例 036 word-wrap属性（CSS3.0）——控制网页文本换行

当在页面中一个固定大小的区域中放置一段文字时，如果不进行换行操作，文本会超出指定的区域范围。在这种情况下，我们可以使用CSS3.0中新增的word-wrap属性对其进行控制。

- **最终文件**｜最终文件\第4章\实例36.html
- **视　　频**｜视频\第4章\实例36.mp4
- **知 识 点**｜word-wrap属性
- **学习时间**｜5分钟

｜实例分析｜

本实例主要向大家讲述了如何使用word-wrap属性对网页中的文本进行换行控制，该属性为一些文字信息量较大的网页提供了极大的方便，页面的最终效果如图4-108所示。

图4-108 最终效果

知识点链接

设置文本换行的语法格式如下：

```
word-wrap: normal | break-word;
```

制作步骤

01 执行"文件→打开"命令，打开页面"源文件\第4章\实例36.html"，页面效果如图4-109所示。转换到代码视图中，可以看到id名为text01和id名为text02中的内容是相同的，不同的是text1中英文单词与单词之间没有空格，如图4-110所示。

图4-109 页面效果

```
<div id="text01">
Locatedjust200metersfromthebeachinbeauti
fulEriceira,SurfcampPortugalistheperfect
surfholidaygetawayforbothbeginnersandsea
sonedsurfers.</div>
    <div id="text02">Located just 200
meters from the beach in beautiful
Ericeira,Surfcamp Portugal is the
perfect surf holiday getaway for both
beginners and seasoned surfers.</div>
```

图4-110 代码视图

02 在浏览器中预览页面，可以看到id名为text01中的英文内容显示到该Div的右边界后，超出部分内容被隐藏了，并没有自动换行显示；而id名为text02中的英文内容显示正常，如图4-111所示。转换到该文件所链接的外部CSS样式表4-36.css文件中，可以看到名为#text01和名为#text02的CSS样式完全一样，如图4-112所示。

图4-111 预览效果

```
#text01 {
    width: 350px;
    height: 90px;
}
#text02 {
    width: 350px;
    height: 90px;
}
```

图4-112 CSS样式代码

03 在名为#text01的CSS样式代码中添加word-wrap属性设置，如图4-113所示。执行"文件→保存"菜单命令，保存外部CSS样式表文件。按F12键即可在浏览器中预览页面，可以看到强制换行后的效果，如图4-114所示。

```
#text01 {
    width: 350px;
    height: 90px;
    word-wrap: break-word;
}
```

图4-113 添加word-wrap属性设置

图4-114 预览效果

Q word-wrap属性为何对中文的文本内容没有作用？

A word-wrap属性主要是针对英文或阿拉伯数字进行强制换行，而中文内容本身具有遇到容器边界后自动换行的功能，所以将该属性应用于中文的文本内容起不到什么作用。

Q word-wrap属性的属性值分别表示什么意思？

A word-wrap属性的属性值说明如下：

normal：控制连续文本换行。

break-word：内容将在边界内换行。如果需要，词内换行也会发生。

实例 037　text-overflow属性（CSS3.0）——控制文本溢出

　　text-overflow属性是CSS3.0中新增的属性，可以用来将页面中过长的信息进行省略显示。

　　在网页中显示文本信息时，如果需要显示的信息长于固定区域的宽度，那么信息将撑破指定的信息区域，并且会破坏整个网页的布局。除了使用JavaScript将超出的信息进行省略，还可以设置text-overflow属性进行控制。

● **最终文件** | 最终文件\第4章\实例37.html

● **视　　频** | 视频\第4章\实例37.mp4

● **知 识 点** | text-overflow属性

● **学习时间** | 10分钟

┃ 实例分析 ┃

　　在本实例的制作过程中，主要运用了text-overflow属性对页面中溢出的文本进行控制，从而使其能够更加符合页面的整体布局，页面的最终效果如图4-115所示。

图4-115　最终效果

┃ 知识点链接 ┃

　　text-overflow的语法格式如下：

```
text-overflow: clip | ellipsis;
```

┃ 制作步骤 ┃

01 执行"文件→打开"菜单命令，打开页面"源文件\第4章\实例37.html"，页面效果如图4-116所示。转换到代码视图中，可以看到名为text和text01的Div中的代码，如图4-117所示。

图4-116　页面效果

```
<div id="main_text">
  <div id="text">
    <span class="font">真心恒久 金秋送福</span><br>
    <span class="font01">特惠系列蛋糕花样<br>
    精致的蛋糕包含着你难融融的爱蜜送给TA！</span><br>
    美味心语：欧式蛋糕源于欧洲国家，借助果盏、新鲜水果、巧克力等装饰的本身色彩来配色。浓奶的清香、丝滑的口感，无论是好太热腾的生日Party上，还是独享暖阳的午后，都能慢慢地品出它的细腻美味！甜蜜的甜味、经典的款式展现得淋漓尽致，带给你幸福美妙的愿觉！
  </div>
</div>
<div id="main_text01">
  <div id="text01">青青子衿 悠悠我心</span><br>
    <span class="font01">特惠系列蛋糕花样<br>
    精致的蛋糕有对TA的思念！</span><br>
    美味心语：酥软原味蛋胚，鸡蛋含量高达65%以上，进口新西兰奶油浓洇，超新鲜的时令水果，吃起来不会腻而且清甜清香。浅绿色的主色调令人唤起了对大自然特有的愿觉，不论是在视觉上还是口感上，都是上上之选。
  </div>
</div>
```

图4-117　代码视图

02 在浏览器中预览该页面，可以看到溢出的文本被自动截断了，如图4-118所示。转换到该文件所链接的外部CSS样式表4-37.css文件中，可以看到名为#text和名为#text01的CSS样式代码，如图4-119所示。

图4-118　预览效果

```
#text{
    width: 500px;
    height: 150px;
    padding-top: 31px;
    padding-bottom: 32px;
    white-space: nowrap;
    overflow: hidden;
}
#text01{
    width: 360px;
    height: 170px;
    padding-top: 30px;
    padding-bottom: 30px;
    white-space: nowrap;
    overflow: hidden;
}
```

图4-119　CSS样式代码

03 分别在名为#text和#text01的CSS样式中添加text-overflow属性设置，如图4-120所示。执行"文件→保存"菜单命令，保存外部CSS样式表文件。按F12键即可在浏览器中预览页面，可以看到通过text-overflow属性实现的溢出文本显示为省略号的效果，如图4-121所示。

```
#text{
    width:500px;
    height:150px;
    padding-top:31px;
    padding-bottom:32px;
    white-space: nowrap;
    overflow:hidden;
    text-overflow:clip;
}
#text01{
    width:360px;
    height:170px;
    padding-top:30px;
    padding-bottom:30px;
    white-space: nowrap;
    overflow:hidden;
    text-overflow:ellipsis;
}
```

图4-120　CSS样式代码

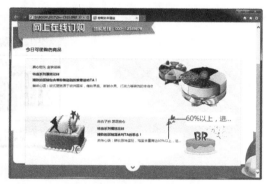

图4-121　预览效果

Q text-overflow属性的属性值分别表示什么意思？

A text-overflow属性的属性值说明如下：

Clip：不显示省略标记（…），而是简单的裁切。

ellipsis：当对象内文本溢出时显示省略标记（…）。

Q 为什么定义了text-overflow属性，但并没有显示省略标记？

A text-overflow属性仅是标注当文本溢出时是否显示省略标记，并不具备其他的样式属性定义。要实现溢出时产生省略号的效果还需要定义，即强制文本在一行内显示（white-space: nowrap;）以及溢出内容为隐藏（overflow: hidden;），只有这样才能实现溢出文本显示省略号的效果。

第 **05** 章

使用CSS控制图片效果

如今，最常使用的网页制作技术之一就是利用CSS样式来控制图片在页面中的显示效果，使用这种方法对页面中的图片元素进行控制，不但可以避免HTML对页面元素控制带来的麻烦，还可以使后期对图片的修改、编辑等操作更加方便、简单，因此这种方法的应用非常普遍。

在网页中使用图片时，不仅要考虑图片是否美观、新颖，还要看其是否能够融入整个页面中及能否生动且形象地表达出网页的主体信息，如果达到了这3个方面的要求，再使用CSS样式对其进行相应的设置，便可以使整个页面更加多姿多彩。

实例 038 图片边框——修饰网页图像

为网页中的图片显示边框效果，可以在视觉上美化网页界面，从而更加能够吸引浏览者驻足浏览。但是，以往的利用HTML定义图片边框的方式只能设置边框的粗细，样式较为单一，并不能够满足缤纷多彩的互联网世界，因此可以使用CSS样式对border属性进行定义，来使图片边框的形式更加丰富。

- **最终文件** | 最终文件\第5章\实例38.html
- **视　　频** | 视频\第5章\实例38.mp4
- **知 识 点** | border属性
- **学习时间** | 5分钟

实例分析

本实例通过定义类CSS样式来设置边框的相关属性，再为图片应用类CSS样式即可，通过为图片设置边框效果，能够在视觉上为浏览者提供更多可以欣赏的元素，页面的最终效果如图5-1所示。

图5-1 最终效果

知识点链接

border的语法如下：

```
border : border-style | border-color | border-width;
```

border-style：用于设置图片边框的样式。

border-color：用于设置图片边框的颜色。

border-width：用于设置图片边框的粗细。

制作步骤

01 执行"文件→打开"菜单命令，打开页面"源文件\第5章\实例38.html"，页面效果如图5-2所示。转换到外部CSS样式表5-38.css文件中，定义一个名为.border01的类CSS样式，如图5-3所示。

图5-2 打开页面

```
.border01 {
    border-width: 3px;
    border-style: solid;
    border-color: #8D4E25;
}
```

图5-3 CSS样式代码

02 返回到设计视图中，选中页面中相应的图片，在"属性"面板上的Class下拉列表中选择刚定义的CSS样式border01应用，如图5-4所示。可以看到页面中图片的效果，如图5-5所示。

图5-4 应用CSS样式　　　　　　　　　图5-5 图片效果

03 使用相同的方法，为其他图片应用该类CSS样式，页面效果如图5-6所示。执行"文件→保存"菜单命令，保存该页面。按F12键即可在浏览器中预览该页面，效果如图5-7所示。

图5-6 页面效果　　　　　　　　　　　　　图5-7 预览效果

Q 图片的边框应如何定义？

A 图片的边框属性可以不完全定义，仅单独定义宽度与样式。不定义边框的颜色，图片边框也会有效果，边框默认颜色为黑色。但是如果单独定义颜色，边框不会有任何效果。

Q 如何使用border-style属性？

A border-style属性用于定义图片边框的样式，即定义图片边框的风格。

border-style的语法如下：

border-style: none | hidden | dotted | dashed | solid | double | groove | ridge | inset | outset

border-style属性的各属性值说明如下：

none：定义无边框。

hidden：与none相同。对于表，用来解决边框的冲突。

dotted：定义点状边框。

dashed：定义虚线边框。

solid：定义实线边框。

double：定义双线边框，双线宽度等于border-width的值。

groove：定义3D凹槽边框，其效果取决于border-color的值。

ridge：定义脊线式边框。

inset：定义内嵌效果的边框。

outset：定义突起效果的边框。

以上所介绍的边框样式属性，还可以定义在一个图片边框中。它是按照顺时针的方向分别对边框的上、右、下、左进行边框样式定义的，可以形成多样化样式的边框。

Q 如何使用border-color属性？

A 在定义页面元素的边框时，不仅可以对边框的样式进行设置，为了突出显示边框的效果，还可以通过CSS样式中的border-color属性来定义边框的颜色。

border-color的语法如下：

`border-color : color;`

border-color属性的属性值说明如下：

color：设置边框的颜色，其颜色值通过十六进制和RGB等方式定义。

border-color与border-style的属性相似，它在为边框设置一种颜色的同时，也可以通过border-top-color、border-right-color、border-bottom-color和border-color-left属性分别进行设置。

Q 如何使用border-width属性？

A 在Dreamweaver中，可以通过CSS样式中的border-width来定义边框的宽度，以增强边框的效果。

border-width的语法如下：

`border-width: medium | thin | thick | length;`

border-width属性的各属性值说明如下：

medium：该值为默认值，中等宽度。

thin：比medium细。

thick：比medium粗。

length：自定义宽度。

实例 039　图片缩放——自适应窗口大小的图片

通常情况下，为了保证图片的像素和质量，在网页上显示的图片都是以图片的原始大小进行显示的。但是，有些特殊情况中需要自定义图片的大小。在CSS样式中，可以通过设置width属性和height属性的相对值或绝对值来控制图片的大小。

- **最终文件**｜最终文件\第5章\实例39.html
- **视　　频**｜视频\第5章\实例39.mp4
- **知 识 点**｜width属性、height属性
- **学习时间**｜15分钟

┃ 实例分析 ┃

本实例制作的是一个化妆品网站页面，并对页面的图片进行缩放控制，使图能够根据不同的要求更加灵活地运用在页面中，页面的最终效果如图5-8所示。

图5-8 最终效果

┃ 知识点链接 ┃

百分比是指基于包含该图片的块级对象的百分比，如果图片置于某个Div元素中，那么图片的块级对象则是包含该图片的Div元素。

另外，使用相对数值控制图片缩放效果时，图片的宽度可以随相对数值的变化而变化，但高度却不会。

制作步骤

01 执行"文件→打开"菜单命令，打开页面"源文件\第5章\实例39.html"，页面效果如图5-9所示。转换到外部CSS样式表5-39.css文件中，定义一个名为.img01的类CSS样式，如图5-10所示。

图5-9 页面效果

```
.img01 {
    width: 960px;
    height: 398px;
}
```

图5-10 CSS样式代码

02 返回到设计视图中，选中页面中插入的图像，在Class下拉列表中选择刚定义的名为img01的类CSS样式应用。保存页面，在浏览器中预览该页面，可以看到使用绝对值控制图片缩放的效果，如图5-11所示。

图5-11 预览使用绝对值控制图片缩放效果

03 转换到外部CSS样式表5-39.css文件中，创建名为.img02的CSS规则，如图5-12所示。返回到设计视图，选中页面中插入的图像，在Class下拉列表中选择刚定义的名为img02的类CSS样式应用，如图5-13所示。

```
.img02 {
    width: 100%;
}
```

图5-12 CSS样式代码

图5-13 应用CSS样式

04 保存页面，在浏览器中预览该页面，可以看到使用相对值控制图片缩放的效果，如图5-14所示。

图5-14　预览使用相对值控制图片缩放效果

05 转换到外部CSS样式表5-39.css文件中，创建名为.img03的CSS规则，如图5-15所示。返回设计视图，选中页面中插入的图像，在Class下拉列表中选择刚定义的名为img03的类CSS样式应用，如图5-16所示。

```
.img03 {
    width: 100%;
    height: 398px;
}
```

图5-15　CSS样式代码　　　　　　　　　　图5-16　应用CSS样式

06 保存页面，在浏览器中预览该页面，可以看到使用相对值与绝对值相配合控制图片缩放的效果，如图5-17所示。

图5-17　预览使用相对值与绝对值相配合控制图片缩放效果

Q 在使用相对数值控制图片缩放效果时需要注意什么？

A 由于图片的宽度可以随着相对数值的变化而发生变化，但高度却不会随着相对数值的变化而发生改变，所以在使用相对数值对图片设置缩放效果时，只需要设置图片宽度的相对数值即可。

实例 040 图片的水平对齐——制作产品展示页面

设置图片水平对齐与设置文字水平对齐的方式一样，都是通过设置text-align属性来实现的，通过设置该属性可以实现图片居左、居中、居右3种对齐效果。

- **最终文件** | 最终文件\第5章\实例40.html
- **视 频** | 视频\第5章\实例40.mp4
- **知 识 点** | text-align属性
- **学习时间** | 5分钟

实例分析

本实例主要是对一个产品展示页面中的产品图片进行水平对齐的控制，通过CSS样式中的text-align属性设置可以实现图片居左、居中和居右3种对齐效果，页面的最终效果如图5-18所示。

图5-18 最终效果

知识点链接

设置图片水平对齐的语法如下：

text-align: left | center | right | justify;

text-align属性的属性值介绍如下：

left：水平居左对齐。

center：水平居中对齐。

right：水平居右对齐。

justify：两端对齐，对图像并不起作用，只针对英文起作用。

制作步骤

01 执行"文件→打开"菜单命令，打开页面"源文件\第5章\实例40.html"，页面效果如图5-19所示。转换到外部CSS样式表5-40.css文件中，可以看到分别放置3张图片的3个Div的CSS样式设置，如图5-20所示。

图5-19 打开页面

```
#pic01{
    padding: 10px;
    border: dashed 1px #369;
    margin: 10px;
}
#pic02{
    padding: 10px;
    border: dashed 1px #369;
    margin: 10px;
}
#pic03{
    padding: 10px;
    border: dashed 1px #369;
    margin: 10px;
}
```

图5-20 CSS样式代码

02 分别在各Div的CSS样式中添加水平对齐的设置代码，如图5-21所示。执行"文件→保存"菜单命令，保存外部CSS样式表文件。在浏览器中预览页面，效果如图5-22所示。

```
#pic01{
    padding: 10px;
    border: dashed 1px #369;
    margin: 10px;
    text-align: left;
}
#pic02{
    padding: 10px;
    border: dashed 1px #369;
    margin: 10px;
    text-align: center;
}
#pic03{
    padding: 10px;
    border: dashed 1px #369;
    margin: 10px;
    text-align: right;
}
```

图5-21 CSS样式代码　　　　　　　　　　　图5-22 预览效果

Q 在定义图片的对齐方式时，为什么要在父标签中对text-align属性进行定义？

A 由于<img>标签本身没有水平对齐属性，因此需要通过该图片的上一个标记级别，即父标签中对text-align属性进行定义，从而让图片继承父标记的对齐方式来实现对齐效果。

实例 041　图片的垂直对齐——制作饮品展示页面

在Dreamweaver中，如果想为网页中的图片定义垂直对齐，那么在CSS样式中设置vertical-align属性即可。
vertical-align属性设置元素的垂直对齐方式，即定义行内元素的基线相对于该元素所在行的基线的垂直对齐，允许指定负长度值和百分比值。

- **最终文件** | 最终文件\第5章\实例41.html
- **视　　频** | 视频\第5章\实例41.mp4
- **知 识 点** | vertical-align属性
- **学习时间** | 15分钟

实例分析

本实例主要向大家介绍了如何通过vertical-align属性的设置来控制页面中图片的垂直对齐，使其更加符合网页的布局方式，页面的最终效果如图5-23所示。

图5-23 最终效果

知识点链接

vertical-align属性的语法格式如下：

`vertical-align: baseline | sub | super | top | text-top | middle | bottom | text-bottom | length;`

在CSS样式中，Vertical-align属性包含9个子属性，分别为baseline（定义图片基线对齐）、sub（定义图片垂直对齐文本的下标）、super（定义图片垂直对齐文本的上标）、top（定义图片顶部对齐）、text-top（定义图片对齐文本顶部）、middle（定义图片居中对齐）、bottom（定义图片底部对齐）、text-bottom（定义图片对齐文本底部）和length（定义具体的长度值或百分数，可以使用正值或负值，定义由基线算起的偏移量。基线对于数值来说为0，对于百分数来说为0%）。

┨ 制作步骤 ┠

01 执行"文件→打开"菜单命令，打开页面"源文件\第5章\实例41.html"，页面效果如图5-24所示。转换到代码视图中，可以看到页面的代码，如图5-25所示。

图5-24 打开页面

```
<div id="main">
<div id="pic"><img src="images/54110.png" width="118" height="180" />酷悦玫瑰</div>
<div id="pic01"><img src="images/54111.png" width="118" height="180" />芒果水晶之恋</div>
<div id="pic02"><img src="images/54112.png" width="118" height="180" />沙漠之源</div>
<div id="pic03"><img src="images/54113.png" width="118" height="180" />青草乐园</div>
<div id="pic04"><img src="images/54114.png" width="118" height="180" />加勒比黄昏</div>
<div id="pic05"><img src="images/54115.png" width="118" height="180" />红粉佳人</div>
<div id="pic06"><img src="images/54116.png" width="118" height="180" />美酒夜光杯</div>
<div id="pic07"><img src="images/54117.png" width="118" height="180" />墨西哥旅程</div>
<div id="pic88"><img src="images/54118.png" width="118" height="180" />玲珑翠玉</div>
</div>
```

图5-25 页面代码

02 转换到外部CSS样式表5-41.css文件中，分别定义多个类CSS样式，在每个类CSS样式中定义不同的图片垂直对齐方式，如图5-26所示。返回设计视图，分别为各个图片应用相应的类CSS样式，保存页面。在浏览器中预览页面，可以看到图片的垂直对齐效果，如图5-27所示。

```
.baseline { vertical-align:baseline; }
.sub { vertical-align:sub; }
.super { vertical-align:super; }
.top { vertical-align:top; }
.text-top { vertical-align:text-top; }
.middle { vertical-align:middle; }
.bottom { vertical-align:bottom; }
.text-bottom { vertical-align:text-bottom; }
.length { vertical-align:-50px; }
```

图5-26 CSS样式代码

图5-27 预览效果

Q vertical-align属性的属性值分别表示什么？

A vertical-align属性的属性值说明如下：

baseline：设置图片基线对齐。

sub：设置垂直对齐文本的下标。

super：设置垂直对齐文本的上标。

top：设置图片顶部对齐。

text-top：设置对齐文本顶部。

middle：设置图片居中对齐。

bottom：设置图片底部对齐。

text-bottom：设置对齐文本底部。

length：设置具体的长度值或百分数，可以使用正值或负值，定义由基线算起的偏移量。基线对于数值来说为0，对于百分数来说为0%。

Q 在网页中使用CSS样式有哪些优点？

A 当用户需要管理一个非常大的网站时，使用CSS样式定义站点，可以体现出非常明显的优越性。使用CSS可以快速格式化整个站点，并且CSS样式可以控制多种不能使用HTML控制的属性。

使用CSS样式具有以下特点：

可以更加灵活地控制网页中文字的字体、颜色、大小、间距、风格及位置。

可以灵活地设置一段文本的行高、缩进，并可以为其加入三维效果的边框。

可以方便地为网页中的任何元素设置不同的背景颜色和背景图像。

可以精确地控制网页中各元素的位置。

可以为网页中的元素设置各种过滤器，从而产生阴影、模糊、透明等效果。

可以与脚本语言相结合，从而产生各种动态效果。

由于是直接的HTML格式的代码，因此可以提高页面的打开速度。

实例 042　实现图文混排效果——制作产品介绍页面

　　页面排版整齐、图文并茂是一个优秀网页必备的条件，图片和文字合理地进行结合可以形成特殊的页面效果。在CSS样式中，可以通过设置float属性来实现图文混排的效果，并通过设置margin属性来控制图片与文字之间的距离。

- **最终文件** | 最终文件\第5章\实例42.html
- **视　　频** | 视频\第5章\实例42.mp4
- **知 识 点** | float属性、margin属性
- **学习时间** | 10分钟

┤ 实例分析 ├

　　本实例的制作主要向大家介绍了如何使用CSS样式的设置来实现图文混排的排版效果，让页面尝试另一种画面风格，页面的最终效果如图5-28所示。

图5-28　最终效果

┤ 知识点链接 ├

　　通常情况下，float属性应用于图像，可以实现文本围绕图像的排版效果，另外还可以定义其他元素浮动。

float属性的语法如下：

```
float : none | left | right ;
```

　　在CSS样式中，float属性包含3个子属性，分别为none（默认值，定义对象不浮动）、left（定义文本围绕在对象的左边）和right（定义文本围绕在对象的右边）。

制作步骤

01 执行"文件→打开"菜单命令，打开页面"源文件\第5章\实例42.html"，页面效果如图5-29所示。转换到该文件所链接外部CSS样式表文件5-42.css中，创建名为#text img的CSS样式，如图5-30所示。

图5-29 打开页面

```
#text img {
    float: left;
}
```

图5-30 CSS样式代码

02 执行"文件→保存"菜单命令，保存外部CSS样式表文件。在浏览器中预览页面，可以看到图文混排的效果，如图5-31所示。返回到5-42.css样式表文件中，对名为#text img的CSS样式进行相应的修改，如图5-32所示。

图5-31 预览效果

```
#text img {
    float: right;
}
```

图5-32 CSS样式代码

03 执行"文件→保存"菜单命令，保存外部CSS样式表文件。在浏览器中预览页面，页面效果如图5-33所示。返回到5-42.css样式表文件中，在名为#text img的CSS样式中添加左边距的设置，使图像左侧与文字内容之间有一定的间距，如图5-34所示。

图5-33 预览效果

```
#text img {
    float: right;
    margin-left: 20px;
}
```

图5-34 CSS样式代码

04 执行"文件→保存"菜单命令，保存外部CSS样式表文件。在浏览器中预览页面，页面效果如图5-35所示。

图5-35 预览效果

Q 图文混排的排版方式在什么情况下会出现错误？

A 由于需要设置的图文混排中的文本内容需要在行内元素中才能正确显示，如<p></p>。因此，当该文本内容没有在行内元素中进行时，则有可能会出现错行的情况。

Q 如何调整图文混排中的文字是左边环绕还是右边环绕？

A 图文混排的效果是随着float属性的改变而改变的。因此，当float的属性值设置为right时，图片则会移至文本内容的右边，从而使文字形成左边环绕的效果；反之，当float的属性值设置为left时，图片则会移至文本内容的左边，从而使文字形成右边环绕的效果。

实例 043 border-colors属性（CSS3.0）——为图像添加多种色彩边框

在Dreamweaver中，可以通过CSS3.0中新增的border-colors属性为元素的边框设置多种颜色。如果设置border的宽度为Npx，则可以在border上使用N种颜色，每种颜色显示1px的宽度。

- **最终文件** | 最终文件\第5章\实例43.html
- **视　　频** | 视频\第5章\实例43.mp4
- **知 识 点** | border-colors属性
- **学习时间** | 10分钟

实例分析

通常，在一些比较传统、页面内容较多的页面中，为了避免给浏览者浏览网页的内容时带来干扰，边框的颜色会以单一的颜色进行显示。但是在一些较为创新并且页面内容较少的页面中，则可以使用多种颜色的边框来增添画面的饱和度，从而不会显得页面太空荡，页面的最终效果如图5-36所示。

图5-36 最终效果

知识点链接

border-colors属性的语法格式如下：

border-colors: <color> <color> <color>...;

如果所设置的border的宽度为10像素，但只声明了5或6种颜色，那么最后一个颜色将被添加到剩下的宽度。

制作步骤

01 执行"文件→打开"菜单命令，打开页面"源文件\第5章\实例43.html"，页面效果如图5-37所示。转换到该文件所链接外部CSS样式表文件5-43.css中，创建名为.img01的类CSS样式，如图5-38所示。

图5-37 打开页面

```
.img01{
    border: 5px solid #FFF;
    -moz-border-top-colors: #0FF #00CCFF #0099FF #0066FF #0033FF;
    -moz-border-right-colors: #0F0 #00CC00 #009900 #006600 #003300;
    -moz-border-bottom-colors: #FF0 #FFCC00 #FF9900 #FF6600 #FF3300;
    -moz-border-left-colors: #FCF #FF99FF #FF66FF #FF33FF #FF00FF;
}
```

图5-38 CSS样式代码

02 返回到设计视图，选中相应的图像，在Class下拉列表中选择刚定义的名为img01的类CSS样式应用，如图5-39所示。执行"文件→保存"菜单命令，保存页面和外部样式表文件。在Firefox浏览器中预览页面，可以看到为图像添加的多种颜色的边框效果，如图5-40所示。

图5-39 应用CSS样式

图5-40 预览效果

Q border-colors属性可以分开进行设置吗？

A border-colors属性可以分开进行设置，分别为四边设置多种颜色，分别为border-top-colors（定义顶部的边框颜色）、border-right-colors（定义右侧的边框颜色）、border-bottom-colors（定义底部的边框颜色）和border-left-colors（定义左侧的边框颜色）。

Q CSS样式的基本语法是什么？

A CSS语言由选择符和属性构成，CSS样式的基本语法如下：

```
CSS选择符 {
属性1: 属性值1;
    属性2: 属性值2;
    属性3: 属性值3;
    ……
}
```

实例 044 border-radius属性（CSS3.0）——实现圆角边框

在Dreamweaver中，可以通过CSS3.0中新增的border-radius属性来实现网页元素圆角边框的特殊效果。但是在CSS3.0之前，一般是通过图像来实现。

- **最终文件** | 最终文件\第5章\实例44.html
- **视　　频** | 视频\第5章\实例44.mp4
- **知 识 点** | border-radius属性
- **学习时间** | 10分钟

实例分析

本实例通过使用CSS3.0中的border-radius属性设置为页面元素实现圆角边框的效果，从而给浏览者带来新颖、独特的视觉感受，页面的最终效果如图5-41所示。

图5-41 最终效果

border-radius属性的语法格式如下：

border-radius: none | <length>{1,4} [/ <length>{1,4}]?;

制作步骤

01 执行"文件→打开"菜单命令，打开页面"源文件\第5章\实例44.html"，页面效果如图5-42所示。转换到该文件所链接的外部CSS样式表文件5-44.css，找到名为#pic01的CSS规则，如图5-43所示。

图5-42 打开页面

```
#pic01{
    float: left;
    width: 260px;
    height: 285px;
    background-color: #FFF;
    margin-left: 20px;
    margin-right: 20px;
    padding-top: 15px;
    background-color: #a4ac2d;
}
```

图5-43 CSS样式代码

02 在该CSS样式中添加圆角边框的CSS样式设置，如图5-44所示。执行"文件→保存"菜单命令，保存外部样式表文件。在浏览器中预览页面，可以看到所实现的圆角边框效果，如图5-45所示。

```
#pic01{
    float: left;
    width: 260px;
    height: 285px;
    background-color: #FFF;
    margin-left: 20px;
    margin-right: 20px;
    padding-top: 15px;
    background-color: #a4ac2d;
    border-radius: 15px;
}
```

图5-44 CSS样式代码

图5-45 预览效果

03 转换到该文件所链接外部CSS样式表文件5-44.css中，找到名为#pic02的CSS规则，如图5-46所示。在该CSS样式中添加圆角边框的CSS样式设置，如图5-47所示。

```
#pic02{
    float: left;
    width: 260px;
    height: 285px;
    background-color: #FFF;
    margin-left: 20px;
    margin-right: 20px;
    padding-top: 15px;
    background-color: #a4ac2d;
}
```

图5-46 CSS样式代码

```
#pic02{
    float: left;
    width: 260px;
    height: 285px;
    background-color: #FFF;
    margin-left: 20px;
    margin-right: 20px;
    padding-top: 15px;
    background-color: #a4ac2d;
    border-radius: 15px 0px 15px 0px;
}
```

图5-47 CSS样式代码

提示

第1个值是水平半径值，如果第2个值省略，则它等于第1个值，这时这个角就是一个四分之一圆角。如果任意一个值为0，则这个角是矩形，不会是圆角。

04 执行"文件→保存"菜单命令，保存外部样式表文件。在浏览器中预览页面，可以看到所实现的圆角边框效果，如图5-48所示。转换到该文件所链接外部CSS样式表文件5-44.css中，找到名为#pic03的CSS规则，如图5-49所示。

图5-48 预览效果

```css
#pic03{
    float: left;
    width: 260px;
    height: 285px;
    background-color: #FFF;
    margin-left: 20px;
    margin-right: 20px;
    padding-top: 15px;
    background-color: #a4ac2d;
}
```

图5-49 CSS样式代码

05 在该CSS样式中添加圆角边框的CSS样式设置，如图5-50所示。执行"文件→保存"菜单命令，保存外部样式表文件。在浏览器中预览页面，可以看到所实现的圆角边框效果，如图5-51所示。

```css
#pic03{
    float: left;
    width: 260px;
    height: 285px;
    background-color: #FFF;
    margin-left: 20px;
    margin-right: 20px;
    padding-top: 15px;
    background-color: #a4ac2d;
    border-radius: 15px 15px 15px 0px;
}
```

图5-50 CSS样式代码

图5-51 预览效果

Q border-radius属性的属性值分别表示什么？

A border-radius属性的属性值说明如下：

none：为默认值，表示不设置圆角效果。

length：用于设置圆角数值，由浮点数字和单位标识符组成，不可以设置为负值。

Q border-radius属性可以分开进行设置吗？

A border-radius属性可以分开进行设置，分别为4个角设置相应的圆角值，分别写为border-top-right-radius（右上角）、border-bottom-right-radius（右下角）、border-bottom-left-radius（左下角）、border-top-left-radius（左上角）。

实例 045 **border-image属性（CSS3.0）——实现图像边框**

使用CSS3.0中新增的border-image属性可以实现用图像作为对象边框的效果，从而增强了网页元素的边框效果。但是，如果<table>标签设置了"border-collapse: collapse"，那么border-image属性的设置将无法显示。

● **最终文件** | 最终文件\第5章\实例45.html
● **视　　频** | 视频\第5章\实例45.mp4
● **知 识 点** | border-image属性
● **学习时间** | 10分钟

┃ 实例分析 ┃

本实例通过在CSS样式中为Div元素定义border-image属性来实现图像边框的效果，从而为网页的制作省去了许多其他步骤，使得页面结构变得更加清晰、有条理，页面的最终效果如图5-52所示。

图5-52 最终效果

┃ 知识点链接 ┃

border-image属性的语法格式如下：

```
border-image: none | <image> [ <number> | <percentage>]{1,4}[ / <border-width>{1,4} ]? [stretch |
repeat | round] {0,2};
```

┃ 制作步骤 ┃

01 执行"文件→打开"菜单命令，打开页面"源文件\第5章\实例45.html"，页面效果如图5-53所示。转换到该文件所链接外部CSS样式表文件5-45.css中，找到名为#top的CSS样式，添加图像边框的CSS样式设置，如图5-54所示。

图5-53 打开页面

```
#top{
    width: 400px;
    height: 45px;
    line-height: 45px;
    margin: 185px auto 20px auto;
    font-size: 26px;
    font-weight: bold;
    letter-spacing: 0.5em;
    border-width: 12px;
    -webkit-border-image: url(../images/54506.gif) 0 12
0 12 stretch stretch;
}
```

图5-54 CSS样式代码

02 在这里所设置的边框图像是一个比较小的图像，如图5-55所示。执行"文件→保存"菜单命令，保存外部样式表文件。在Chrome浏览器中预览页面，可以看到所实现的图像边框效果，如图5-56所示。

图5-55 边框图像效果

图5-56 预览效果

Q border-image属性的属性值分别表示什么？

A border-image属性的各属性值说明如下：

none：为默认值，表示无图像。

image：用于设置边框图像，可以使用绝对地址或相对地址。

number：边框宽度或者边框图像的大小，使用固定像素值表示。

percentage：用于设置边框图像的大小，即边框宽度，用百分比表示。

stretch | repeat | round：拉伸 | 重复 | 平铺（其中stretch是默认值）。

Q border-image属性可以派生出相应的属性吗？都有哪些？

A 为了能够更加方便、灵活地定义边框图像，CSS3.0允许从border-image属性派生出众多的子属性。

border-top-image：定义上边框图像。

border-right-image：定义右边框图像。

border-bottom-image：定义下边框图像。

border-left-image：定义左边框图像。

border-top-left-image：定义边框左上角图像。

border-top-right-image：定义边框右上角图像。

border-bottom-left-image：定义边框左下角图像。

border-bottom-right-image：定义边框右下角图像。

border-image-source：定义边框图像源，即图像的地址。

border-image-slice：定义如何裁切边框图像。

border-image-repeat：定义边框图像重复属性。

border-image-width：定义边框图像的大小。

border-image-outset：定义边框图像的偏移位置。

第 **06** 章

使用CSS控制列表样式

在网页界面中经常涉及项目列表的使用，项目列表是用来整理网页界面中一系列相互关联的文本信息的，其中包括有序列表、无序列表和自定义列表3种。在Dreamweaver中，用户可以通过CSS属性对列表样式进行更好的控制，从而达到美化网页界面、提高网站使用性的作用。

列表元素是网页中非常重要的应用形式之一，在网页界面的设计中，通过使用CSS属性控制列表可以轻松实现网页整洁、直观的页面效果。列表形式的布局在网页界面中占有很大部分的比重，页面信息的显示非常清晰，浏览者能够很方便地查看网页。下面我们将通过实例的制作向大家进行详细的讲解。

实例 046 ul无序列表——制作新闻栏目

无序列表是网页中常见的元素之一，作用是将一组相关的列表项目排列在一起，并且列表中的项目没有特别的先后顺序。无序列表使用<li>标记来罗列各个项目，并且每个项目前面都带有特殊符号，比如黑色实心圆等。

- **最终文件** | 最终文件\第6章\实例46.html
- **视　　频** | 视频\第6章\实例46.mp4
- **知 识 点** | list-style-type属性
- **学习时间** | 10分钟

实例分析

本实例主要是通过对页面中的段落文字应用相应的项目列表，制作出新闻栏目的效果。通过对CSS样式的控制，可以使新闻浏览起来更简洁、方便，页面的最终效果如图6-1所示。

图6-1 最终效果

知识点链接

在CSS中，可以通过list-style-type属性对无序列表前面的符号进行控制，list-style-type属性的语法格式如下：

```
list-style-type：参数1,参数2, ...
```

表6-1所示的是在无序列表中list-style-type属性包含的各个参数值的含义。

表6-1 无序列表常用属性值

属　　性	方　　式	说　　明
disc	list-style-type: disc	实心圆
circle	list-style-type: circle	空心圆
square	list-style-type: square	实心方块
none	list-style-type: none	不使用任何项目符号

制作步骤

01 执行"文件→打开"菜单命令，打开页面"源文件\第6章\实例46.html"，页面效果如图6-2所示。光标移至名为news的Div中，将多余文字删除，输入相应的段落文字，如图6-3所示。

图6-2 打开页面

图6-3 输入文字

02 选中页面中所有的段落文字，单击"属性"面板上的"项目列表"按钮，如图6-4所示，为文字创建项目列表。切换到代码视图，可以看到代码的效果，如图6-5所示。

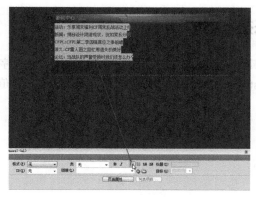

图6-4 创建项目列表

```
<div id="news">
    <ul>
        <li>活动：乐享周末福利CF周末乱战活动上线</li>
        <li>新闻：揭秘设计网游现状，犹如菜系分明</li>
        <li>CFPL：CFPL第二季四强席位之争前瞻</li>
        <li>游久：CF雷人图之回忆那遗失的美好</li>
        <li>论坛：当战队的声誉受损时我们该怎么办？</li>
    </ul>
</div>
```

图6-5 代码视图

03 返回到设计视图中，可以看到页面效果，如图6-6所示。切换到该文件所链接的外部CSS样式表6-46.css文件中，创建一个名为#news li的CSS规则，如图6-7所示。

图6-6 页面效果

```
#news li {
    list-style-position: inside;
    border-bottom: dashed 1px #33CCFF;
    padding-left: 5px;
}
```

图6-7 CSS样式代码

04 返回到设计视图中，可以看到页面中的项目列表效果，如图6-8所示。执行"文件→保存"菜单命令保存页面文件。按F12键即可在浏览器中预览该页面，效果如图6-9所示。

图6-8 页面效果

图6-9 预览效果

Q 为什么创建出来的项目列表只有一个，而不是每个新闻标题都是一个项目列表？

A 如果需要通过单击"属性"面板上的"项目列表"按钮在网页中创建项目列表，则需要在页面中选中段落文本。段落文本的输入方法是在段落后按键盘上的Enter键，即可在页面中插入一个段落。也就是说，每个新闻标题都需要是一个独立的段落，这样创建出来的项目列表才是正确的。

Q 网页中文本分行与分段的区别？

A 遇到文本末尾的地方，Dreamweaver会自动进行分行操作。然而在某些情况下，我们需要进行强迫分行，将某些文本放到下一行去，此时在操作上读者可以有两种选择：按键盘上的Enter键（为段落标签），或者在"代码"视图中显示为<P>标签。

也可以按Shift+Enter组合键（为换行符也被称为强迫分行），在"代码"视图中显示为
，可以将文本放到下一行去，在这种情况下被分行的文本仍然在同一段落中。

实例 047 ol有序列表——制作音乐排行列表

有序列表与无序列表相反，有序列表可以创建具有先后顺序的列表，比如在每条信息前加上序号1、2、3、……等。在CSS中，与无序列表一样，可以通过list-style-type属性对有序列表进行控制，只是属性值不同而已。

● **最终文件** ┃ 最终文件\第6章\实例47.html
● **视　　频** ┃ 视频\第6章\实例47.mp4
● **知 识 点** ┃ list-style-type属性
● **学习时间** ┃ 5分钟

┃ 实例分析 ┃

本实例制作的是一个音乐排行列表，通过对list-style-type属性值的设置为段落文本应用了相应的有序列表样式，使得网页浏览看起来一目了然，也更加整齐、美观，页面的最终效果如图6-10所示。

图6-10 最终效果

┃ 知识点链接 ┃

list-style-type属性的语法格式如下：

list-style-type：参数1,参数2, ...

表6-2所示的是在有序列表中list-style-type属性中包含的各个参数值的含义。

表6-2 有序列表常用属性值

属　　性	方　　式	说　　明
decimal	list-style-type: decimal	十进制数字标记（1，2，3，……）
decimal-leading-zero	list-style-type: decimal-leading-zero	有前导零的十进制数字标记（01，02，03，……）
lower-roman	list-style-type: lower-roman	小写罗马数字
upper-roman	list-style-type: upper-roman	大写罗马数字
lower-alpha	list-style-type: lower-alpha	小写英文字母
upper- alpha	list-style-type: upper- alpha	大写英文字母
none	list-style-type: none	不使用任何项目符号
inherit	list-style-type: inherit	使用包含盒子的list-style-type的值

┃ 制作步骤 ┃

01 执行"文件→打开"菜单命令，打开页面"源文件\第6章\实例47.html"，页面效果如图6-11所示。将光标移至名为box的Div中，删除多余文字，输入相应的段落文字，如图6-12所示。

图6-11　页面效果

图6-12　输入文字

02 返回到设计视图中，选中页面中相应的文字，单击"属性"面板上的"编号列表"按钮，如图6-13所示。切换到代码视图，可以看到代码的效果，如图6-14所示。

图6-13　创建编号列表

```
<div id="box">
    <ol>
        <li>生如夏花</li>
        <li>梦娜丽莎的微笑</li>
        <li>You are beautiful</li>
        <li>睡在我上铺的兄弟</li>
        <li>风吹麦浪</li>
        <li>你是我的眼</li>
        <li>背对背拥抱</li>
        <li>有多少爱可以重来</li>
        <li>Set fair to the rain</li>
        <li>对不起我爱你</li>
        <li>我的歌声里</li>
    </ol>
</div>
```

图6-14　代码视图

03 返回到设计视图中，可以看到页面中有序列表的效果，如图6-15所示。切换到该文件所链接的外部CSS样式表6-47.css文件中，创建一个名为#box li的CSS规则，如图6-16所示。

图6-15　页面效果

```
#box li{
    border-bottom: #F6c 1px dashed;
    padding-left: 5px;
    list-style-position: inside;
}
```

图6-16　CSS样式代码

04 返回到设计视图中，可以看到页面的效果，如图6-17所示。执行"文件→保存"命令保存页面文件。按F12键即可在浏览器中预览该页面，效果如图6-18所示。

图6-17　页面效果

图6-18　预览效果

109

Q 如何不通过CSS样式更改项目列表前的符号效果？

A 在设计视图中选中已有列表的其中一项，执行"格式→列表→属性"菜单
命令，弹出"列表属性"对话框，在"列表类型"下拉列表中选择"项目
列表"选项，此时"列表属性"对话框上除"列表类型"下拉列表框外，
只有"样式"下拉列表框和"新建样式"下拉列表框可用。在"样式"下
拉列表框中共有3个选项，分别为"默认""项目符号"和"正方形"，它
们用来设置项目列表里每行开头的列表标志，如图6-19所示。

图6-19 "列表属性"对话框

默认的列表标志是项目符号，也就是圆点。在"样式"下拉列表框中选择"默认"或"项目符号"选项都将
设置列表标志为项目符号。

Q 如何不通过CSS样式更改有序列表前的编号符号？

A 如果在"列表属性"对话框中的"列表类型"下拉列表中选择"编号列表"选项，如图6-20所示，在"样
式"下拉列表框有6个选项，分别为"默认""数字""小写罗马字母""大写罗马字母""小写字母"和
"大写字母"，如图6-21所示，这是用来设置编号列表里每行开头的编号符号。

图6-20 "列表属性"对话框　　图6-21 "样式"下拉列表框选项

实例 048　更改列表项目样式——制作方块列表效果

当给\<ul\>标签或者\<ol\>标签设置list-style-type属性时，那么标签中的所有\<li\>标签都将应用该设置。如果
想要\<li\>标签具有单独的样式，则可以对\<li\>标记单独设置list-style-type属性值，那么该样式只会对该条项目
起作用。

● **最终文件**┃最终文件\第6章\实例48.html
● **视　　频**┃视频\第6章\实例48.mp
● **知 识 点**┃list-style-type属性、\<li\>标签
● **学习时间**┃10分钟

┃ 实例分析 ┃

本实例制作的是一个动漫网站的小页面，字体颜色运用的是
与页面整体颜色相搭配的蓝色，使得网页看起来整洁、美观，下
面我们将为大家介绍的是如何通过修改CSS规则来改变列表项目
的样式，页面的最终效果如图6-22所示。

图6-22 最终效果

┃ 知识点链接 ┃

在CSS样式中，通过对\<li\>标记进行修改设置list-style-type属性，则该样式就会应用到设计页面中，从而
改变页面效果；也可以单独创建\<li\>标签，然后为特定内容应用样式。

┤ **制作步骤** ├

01 执行"文件→打开"菜单命令，打开页面"源文件\第6章\实例48.html"，页面效果如图6-23所示。光标移至名为news的Div中，将多余文字删除，输入相应的段落文字，如图6-24所示。

图6-23 页面效果

图6-24 输入文字

02 选中页面中所有段落文字，单击"属性"面板上的"项目列表"按钮，为文字创建无序列表，如图6-25所示。切换到代码视图，可以看到代码的效果，如图6-26所示。

图6-25 创建项目列表

```
<div id="news">
  <ul>
    <li>超畅更体验，91wan百炼成仙双端时代降临</li>
    <li>《神魔仙界》、《怪物世界》漫画直击荣誉巅峰</li>
    <li>赛尔号黄金十二宫巨蟹富凯斯尔打法攻略</li>
    <li>日漫风来袭冰川《神器》原创漫画曝光好评如潮</li>
  </ul>
</div>
```

图6-26 代码视图

03 返回到设计视图中，可以看到页面中无序列表的效果，如图6-27所示。切换到该文件所链接的外部CSS样式表6-48.css文件中，创建一个名为#news li的CSS规则，如图6-28所示。

图6-27 页面效果

```
#news li {
    list-style-position: inside;
    border-bottom: solid 1px #0099FF;
}
```

图6-28 CSS样式代码

04 返回到设计视图中，可以看到页面的效果，如图6-29所示。在浏览器中浏览该页面，效果如图6-30所示。

图6-29 页面效果

图6-30 预览效果

05 切换到该文件所链接的外部CSS样式表6-48.css文件中，找到名为#news li的CSS样式，并修改其代码，如图6-31所示。返回到设计视图，执行"文件→保存"命令保存文件。按F12键在浏览器中预览该页面，效果如图6-32所示。

图6-32 预览效果

```
#news li {
    list-style-type: square;
    list-style-position: inside;
    border-bottom: solid 1px #0099FF;
}
```

图6-31 修改CSS样式

Q list-style-image属性的作用是什么？

A list-style-image属性用于设置项目符号图像，通过该属性的设置可以选择相应的图像作为项目列表前的项目符号图像。

Q list-style-position属性的作用是什么？

A list-style-position属性用于设置列表图像位置，决定列表项目缩进的程度。选择outside（外），则列表贴近左侧边框；选择inside（内）则列表缩进，该项设置效果不明显。

实例 049 使用图片作为列表样式——制作图像列表

使用图片作为列表样式在网页界面中经常使用，可以用来作为美化网页界面、提升网页整体视觉效果的一种方式。在Dreamweaver中，使用CSS样式将项目符号替换为特定图像符号的方法很简单。

● **最终文件** | 最终文件\第6章\实例49.html

● **视　　频** | 视频\第6章\实例49.mp4

● **知 识 点** | list-style-type属性、<li>标签

● **学习时间** | 10分钟

┃ 实例分析 ┃

本实例通过为网页中文字创建项目列表，并为其创建<li>标签，将默认项目符号替换为图片样式，使得网页中的社区消息更整洁、一目了然，页面的最终效果如图6-33所示。

图6-33 最终效果

┃ 知识点链接 ┃

如果想要为网页添加图像作为列表样式的方法很简单，首先在列表项左边添加填充，为图像符号留出需要占用的空间，然后将图像符号作为背景图像应用于列表项即可。

┃ 制作步骤 ┃

01 执行"文件→打开"菜单命令，打开页面"源文件\第6章\实例49.html"，页面效果如图6-34所示。光标移至名为news的Div中，将多余文字删除，输入相应的段落文字，如图6-35所示。

图6-34 页面效果

图6-35 输入文字

02 选中所有的段落文字，单击"属性"面板上的"项目列表"按钮，为文字创建项目列表，如图6-36所示。在设计视图中可以看到页面效果，如图6-37所示。

图6-36 创建项目列表

图6-37 页面效果

03 切换到6-48.css文件中，创建一个名为#news li的CSS规则，如图6-38所示。返回到设计视图中，可以看到页面的效果，页面效果如图6-39所示。

```css
#news li {
    list-style-type: none;
    background-image: url(../images/4903.gif);
    background-repeat: no-repeat;
    background-position: left;
    padding-left: 15px;
}
```

图6-38 CSS样式代码

图6-39 页面效果

04 执行"文件→保存"菜单命令保存文件。按F12键即可在浏览器中预览该页面，效果如图6-40所示。

图6-40 预览效果

Q 使用list-style-image属性为列表项设置自定义符号的方法是什么？

A 如果需要使用自定义图片作为列表项目的符号，则需要设置list-style-type属性为none，清除默认的列表符号效果，再通过list-style-image属性设置自定义列表符号图片，例如，下面的设置代码。

list-style-type: none;   /*清除默认的列表符号*/

list-style-image: url(../image/4903.gif); /*使用自定义图片作为列表符号*/

Q 除了可以通过list-style-image属性设置自定义列表符号，还有其他方法吗？

A 除了可以通过list-style-image属性设置自定义列表符号，还可以通过设置背景图像的方式来实现自定义列表符号的效果，首先在列表项左侧添加填充，为图像符号留出需要占用的空间，然后将图像符号作为背景图像应用于列表项即可。

实例 050 定义列表——制作复杂新闻列表

定义列表是一种比较特殊的列表形式，相对于有序列表和无序列表来说，应用的较少。定义列表的<dl>标签是成对出现的，并且需要网页设计者在代码视图中手动添加。

● **最终文件** | 最终文件\第6章\实例50.html
● **视　　频** | 视频\第6章\实例50.mp4
● **知 识 点** | <dl>、<dt>和<dd>标签
● **学习时间** | 15分钟

实例分析

本实例制作的是一个复杂的新闻列表效果，通过创建成对的<dl>标签、<dt>标题标签和用于描述列表中元素的标签<dd>，并创建相应的CSS规则，从而使得该新闻列表变得更加美观，页面的最终效果如图6-41所示。

图6-41 最终效果

知识点链接

从<dl>开始到</dl>结束，列表中每个元素的标题使用<dt>definition term</dt>，后面跟随<dd>definition term</dd>用于描述列表中元素的内容。

制作步骤

01 执行"文件→打开"菜单命令，打开页面"源文件\第6章\实例50.html"，页面效果如图6-42所示。将光标移至名为news的Div中，将多余文字删除，输入相应的文字，如图6-43所示。

图6-42 页面效果

图6-43 输入文字

02 切换到代码视图，为文字添加相应的定义列表标签，如图6-44所示。切换到6-50.css文件中，创建名为#news dt和#news dd的CSS规则，如图6-45所示。

```
<div id="news">
  <dl>
    <dt>【重要】关于游戏暂不支持win1e操作系统的公告</dt><dd>08/05</dd>
    <dt>《激烈空战》第二届媒体赛打响！</dt><dd>08/05</dd>
    <dt>《激烈空战》C3亮点多 外籍解说中文水平如开挂</dt><dd>08/04</dd>
    <dt>UMG与SMG5对比 谁才是新版本的狙枪之王</dt><dd>08/04</dd>
    <dt>【超玩】激烈空战坠机之地sd模式常用穿射点位</dt><dd>08/04</dd>
    <dt>战神排位8月1日延长开放时间公告</dt><dd>07/31</dd>
    <dt>8月1日准点在线送永久黄金 错过不再有</dt><dd>07/31</dd>
    <dt>皇族2M收割者刷新击杀记录 首领模式今晚直播开战</dt><dd>07/25</dd>
  </dl>
</div>
```

图6-44 代码视图

```
#news dt {
    width: 330px;
    float: left;
    line-height: 33px;
    background-image: url(../images/5004.png);
    background-repeat: no-repeat;
    background-position: left center;
    padding-left: 20px;
}
#news dd {
    width: 75px;
    float: left;
    color: #425767;
    line-height: 33px;
    text-align: right;
}
```

图6-45 CSS样式代码

03 返回到设计视图中，可以看到页面中定义列表的效果，如图6-46所示。执行"文件→保存"菜单命令保存文件。按F12键即可在浏览器中预览该页面，效果如图6-47所示。

图6-46 页面效果

图6-47 预览效果

Q 在Dreamweaver中可以通过可视化操作自动创建定义列表吗？

A 不可以，在Dreamweaver中并没有提供定义列表的可视化创建操作，设计者可以转换到代码视图中，手动添加相关的<dl>、<dt>和<dd>标签来创建定义列表。注意，<dl>、<dt>和<dd>标签都是成对出现的。

Q 在网页中如何输入一些特殊的字符？

A 特殊字符在HTML中是以名称或数字的形式表示的，它们被称为实体，其中包含注册商标、版权符号、商标符号等字符的实体名称。

　　首先将光标移至需要插入特殊字符的位置，单击"插入"面板"常用"选项卡中的"字符"按钮旁的三角图标，如图6-48所示。在弹出菜单中可以选择需要插入的特殊字符，如图6-49所示。单击"其他字符"按钮图，在弹出的"插入其他字符"对话框中可以选择更多特殊字符，单击需要的字符按钮，或直接在"插入"文本框中输入特殊字符的编码，然后单击"确定"按钮，即可插入相应的特殊字符，如图6-50所示。

图6-48 "插入"面板

图6-49 弹出菜单

图6-50 "插入其他字符"对话框

实例 051 列表的应用——制作横向导航菜单

　　在Dreamweaver中，由于项目列表的项目符号可以通过list-style-type属性将其设置为none，因此我们可以利用这一优势轻松地制作各种各样的菜单和导航条。通过CSS属性对项目列表进行控制可以达到很多意想不到的效果，从而丰富网页内容。

- **最终文件** | 最终文件\第6章\实例51.html
- **视　　频** | 视频\第6章\实例51.mp4
- **知 识 点** | list-style-type属性、float属性
- **学习时间** | 10分钟

实例分析

本实例制作的是旅游公司页面的横向导航菜单，通过对list-style-type属性的设置，制作出导航菜单，最终效果如图6-51所示。

图6-51 最终效果

知识点链接

通过list-style-type属性，可以将该属性值设置为none，从而去除项目列表前的项目符号；再通过设置float属性为left，可以将项目列表显示在一行中；再通过其他的一些CSS样式属性设置，即可制作出横向导航菜单的效果。

制作步骤

01 执行"文件→打开"菜单命令，打开页面"源文件\第6章\实例51.html"，页面效果如图6-52所示。光标移至名为menu的Div中，将多余文字删除，输入相应的段落文字，如图6-53所示。

图6-52 页面效果

图6-53 输入文字

02 选中页面中所有的段落文字，单击"属性"面板上的"项目列表"按钮，为文字创建项目列表，如图6-54所示。切换到6-51.css文件中，创建名为#menu li的规则，如图6-55所示。

图6-54 创建项目列表

```
#menu li {
    list-style-type: none;
    float: left;
}
```

图6-55 CSS样式代码

03 返回到设计视图中，可以看到页面的效果，如图6-56所示。选中"网站首页"文本，在"属性"面板上的"链接"文本框中输入"#"，为文字设置空链接，如图6-57所示。

图6-56 页面效果　　　　　　　　　　　　　　　图6-57 "属性"面板

04 使用相同的方法，为其他文字添加空链接，效果如图6-58所示。切换到6-51.css文件中，创建名为#menu li a 的CSS规则，如图6-59所示。

```
#menu li a {
    display: block;
    padding-left: 40px;
    padding-right: 40px;
    text-decoration: none;
    border-right: solid 1px #888;
}
```

图6-58 页面效果　　　　　　　　　　　　　　　图6-59 CSS样式代码

05 返回到设计视图中，可以看到页面效果，如图6-60所示。切换到6-51.css文件中，创建名为#menu li a:link和#menu li a:hover的CSS规则，如图6-61所示。

```
#menu li a:link {
    color: #FFF;
    text-decoration: none;
}
#menu li a:hover {
    color: #FFF;
    text-decoration: none;
    background-image: url(../images/5105.jpg);
    background-repeat: repeat-x;
}
```

图6-60 页面效果　　　　　　　　　　　　　　　图6-61 CSS样式代码

06 返回到设计视图，可以看到页面的效果，如图6-62所示。执行"文件→保存"菜单命令，保存该页面。在浏览器中预览该页面，可以看到所实现的导航菜单效果，如图6-63所示。

图6-62 页面效果　　　　　　　　　　　　　　　图6-63 预览效果

提示

在 Dreamweaver 中使用项目列表制作横向导航菜单时，如果不设置 <ul> 或者 <ol> 标签的宽度属性的话，那么当浏览器的宽度缩小时，该导航菜单就会自动换行，这是使用 <table> 标签制作导航菜单无法实现的效果。

Q 横向导航菜单的优点是什么？

A 横向导航菜单一般用作网站的主导航菜单，门户类网站更是如此。由于门户网站的分类导航较多，且每个频道均有不同的样式区分，因此在网站顶部固定一个区域设计统一样式且不占用过多空间的横向导航菜单是最理想的选择。

Q 在网页中使用CSS样式是不是所有浏览器都能够正常显示？

A CSS样式比HTML出现得要晚，这就意味着一些较老的浏览器不能够识别使用CSS编写的样式，并且CSS在简单文本浏览器中的用途也有限，例如为手机或移动设备编写的简单浏览器等。

　　CSS样式是可以实现向后兼容的，例如，较老的浏览器虽然不能够显示样式，但是却能够正常地显示网页。如果使用默认的HTML表达，并且设计者合理地设计了CSS和HTML，即使CSS样式不能显示，页面的内容还是可用的。

实例 052 列表的应用——制作纵向导航菜单

　　在网页界面中，不仅仅只有横向排列的导航菜单，为了使网页界面结构设计多样化，很多时候也要求导航菜单能够在垂直方向上显示。在Dreamweaver中，我们可以通过设置CSS属性轻松实现导航菜单的横纵转换。

- **最终文件** | 最终文件\第6章\实例52.html
- **视　频** | 视频\第6章\实例52.mp4
- **知识点** | list-style-type属性
- **学习时间** | 10分钟

实例分析

　　本实例制作的是一个音乐网站的页面，该页面的导航菜单的制作与上个实例的操作基本相似。通过对<li>标签的设置，实现纵向导航菜单的制作，最终效果如图6-64所示。

图6-64 最终效果

知识点链接

　　在CSS样式中，<li>标记的左浮动实现的是让导航菜单横向显示，也就是上个实例的横向导航菜单的制作；当删除<li>标记的左浮动时，即可实现导航菜单的纵向显示，即纵向导航菜单。

制作步骤

01 执行"文件→打开"菜单命令，打开页面"源文件\第6章\实例52.html"，页面效果如图6-65所示。光标移至名为text的Div中，将多余文字删除，输入相应的段落文字，如图6-66所示。

图6-65 页面效果　　　　　图6-66 输入文字

02 选中页面中所有的段落文字，单击"属性"面板上的"项目列表"按钮，为文字创建项目列表，如图6-67所示。切换到6-52.css文件中，创建名为#text li的规则，如图6-68所示。

图6-67 创建项目列表

```
#text li {
    list-style-type: none;
    font-family: 微软雅黑;
    font-size: 14px;
    font-weight: bold;
    border-bottom: dashed 1px #CCC;
    margin-right: 30px;
}
```

图6-68 CSS样式代码

03 返回到设计视图中，可以看到页面的效果，如图6-69所示。选中"网站首页"文本，在"属性"面板上的"链接"文本框中输入"#"，为文字添加空链接，如图6-70所示。

图6-69 页面效果

图6-70 "属性"面板

04 使用相同的方法，为其他文字设置空链接，效果如图6-71所示。切换到6-52.css文件中，创建名为#text li a 的CSS规则，如图6-72所示。

图6-71 页面效果

```
#text li a {
    display: block;
    padding-left: 20px;
    text-decoration: none;
}
```

图6-72 CSS样式代码

05 返回到设计视图中，可以看到页面效果，如图6-73所示。切换到6-52.css文件中，创建名为#text li a:link和#text li a:hover的CSS规则，如图6-74所示。

图6-73 页面效果

```
#text li a:link{
    color: #FFF;
    text-decoration: none;
}
#text li a:hover{
    color: #F60;
    text-decoration: none;
    background-image: url(../images/5204.png);
    background-repeat: no-repeat;
    background-position: left center;
}
```

图6-74 CSS样式代码

06 返回到设计视图，可以看到页面的效果，如图6-75所示。执行"文件→保存"命令，保存该页面。在浏览器中预览该页面，可以看到所实现的导航菜单效果，如图6-76所示。

图6-75 页面效果　　　　　　　　　　　　图6-76 预览效果

Q 纵向导航菜单通常用在什么类型的网站中？

A 纵向导航菜单很少用于门户网站中，纵向导航菜单更倾向于表达产品分类。例如，很多购物网站和电子商务网站的左侧都提供了对全部的商品进行分类的导航菜单，以方便浏览者快速找到想要的内容。

Q CSS样式不能做什么？

A CSS的功能虽然很强大，但是它也有某些局限性。CSS样式表的主要不足是它局限于对标签文件中的显示内容起作用。显示顺序在某种程度上可以改变，可以插入少量文本内容，但是在源HTML（或XML）中做较大改变，用户需要使用另外的方法，例如使用XSL转换（XSLT）。

实 例 053 content属性（CSS3.0）——赋予Div内容

content属性用于在网页中插入生成内容。content属性与"：before"以及"：after"伪元素配合使用，可以将生成的内容放在一个元素内容的前面或后面。

- ● **最终文件** | 最终文件\第6章\实例53.html
- ● **视　　频** | 视频\第6章\实例53.mp4
- ● **知 识 点** | content属性
- ● **学习时间** | 5分钟

┃ 实例分析 ┃

　　本实例通过使用CSS3.0中新增的content属性，为网页中相应的Div赋予内容。如果需要修改该Div中的内容，则只需要修改CSS样式表中定义的content属性值即可，页面的最终效果如图6-77所示。

图6-77 最终效果

┃ 知识点链接 ┃

content属性的语法格式如下：

```
content: normal | string | attr() | url() | counter();
```

┨ 制作步骤 ┠

01 执行"文件→打开"菜单命令，打开页面"源文件\第6章\实例53.html"，页面效果如图6-78所示。在页面中可以看到一个id名为title的Div，转换到代码视图中，将该div中的提示文字内容删除，如图6-79所示。

图6-78　页面效果

```
<div id="box">
  <div id="top">
    <div id="title"></div>
    <div id="logo"><img src="images/5303.png" width=
"233" height="77" alt="" /></div>
  </div>
  <div id="banner"><img src="images/5305.jpg" width=
"900" height="400" alt="" /></div>
</div>
```

图6-79　删除提示文字

02 转换到6-53.css文件中，创建一个名为#title:before的CSS样式，如图6-80所示。返回到设计视图中，在设计视图中看不出任何效果，如图6-81所示。

```
#title:before {
    content: "卡通形象设计";
}
```

图6-80　CSS样式代码

图6-81　页面设计视图

03 执行"文件→保存"菜单命令，保存页面，并保存外部CSS样式表文件。在IE浏览器中预览效果，可以看到通过content属性为id名为title的Div赋予文字内容的效果，如图6-82所示。

图6-82　预览效果

Q content属性的各属性值分别表示什么？

A content属性的各属性值的介绍如表6-3所示。

表6-3　content属性值

属　性　值	说　　　明
normal	默认值，表示不赋予内容
string	赋予文本内容
attr()	赋予元素的属性值
url()	赋予一个外部资源（图像、声音、视频或浏览器支持的其他任何资源）
counter()	计数器，用于插入赋予标识

Q CSS1.0、CSS2.0和CSS3.0分别有哪些特点？

A CSS1.0主要定义了网页的基本属性，如字体、颜色、空白边等。CSS2.0在此基础上添加了一些高级功能，如浮动和定位，以及一些高级选择器，如子选择器、相邻选择器等。CSS3.0开始遵循模块化开发，这将有助于理清模块化规范之间的不同关系，减少完整文件的大小。以前的规范是一个完整的模块，太过于庞大，而且比较复杂，所以，新的CSS3.0规范将其分成了多个模块。

实例 054 opacity属性（CSS3.0）——实现元素的半透明效果

如果需要实现网页中元素的半透明效果，可以通过CSS样式中的alpha滤镜来实现，但在CSS3.0中新增了opacity属性，使用该属性能够更加方便、快捷地实现网页元素的半透明效果。

- **最终文件** | 最终文件\第6章\实例54.html
- **视　频** | 视频\第6章\实例54.mp4
- **知 识 点** | opacity属性
- **学习时间** | 10分钟

实例分析

本实例通过使用CSS3.0中新增的opacity属性，来实现网页中元素的半透明效果，opacity的取值为1的元素是完全不透明的；反之，取值为0的元素是完全透明的。1到0之间的任何值都表示该元素的透明度，本实例的最终效果如图6-83所示.

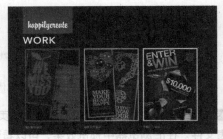

图6-83 最终效果

知识点链接

opacity属性的语法格式如下：
opacity: <length> | inherit;

制作步骤

01 执行"文件→打开"菜单命令，打开页面"源文件\第6章\实例54.html"，页面效果如图6-84所示。转换到该文件所链接的外部CSS样式文件6-54.css中，创建名为.img01、.img02和.img03的3个类CSS样式，如图6-85所示。

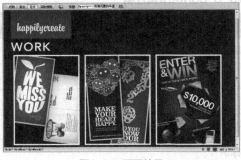

图6-84 页面效果

```css
.img01 {
    opacity: 0.3;
}
.img02 {
    opacity: 0.6;
}
.img03 {
    opacity: 0.8;
}
```

图6-85 CSS样式代码

02 返回到设计视图中，分别为3张图像应用刚刚定义的3个类CSS样式，如图6-86所示。执行"文件→保存"菜单命令，保存页面，并保存外部CSS样式表文件。在浏览器中预览效果，可以看到通过opacity属性所实现的透明度效果，如图6-87所示。

图6-86 应用CSS样式

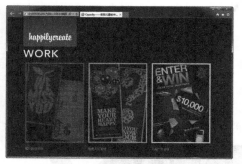

图6-87 在浏览器中预览页面效果

Q opacity属性的各属性值分别表示什么？

A opacity属性的各属性值介绍如表6-4所示。

表6-4 opacity属性值

属 性 值	说 明
length	由浮点数字和单位标识符组成的长度值，不可以为负值，默认值为1
inherit	默认继承，继承父级元素的opacity属性设置

Q 什么是CSS选择符？

A 选择符也称为选择器，HTML中的所有标签都是通过不同的CSS选择符进行控制的。选择符不只是HTML文档中的元素标签，它还可以是类（class）、ID（元素的唯一标识名称）或是元素的某种状态（如a:hover）。根据CSS选择符的用途可以把选择符分为标签选择器、类选择器、全局选择器、ID选择器和伪类选择器。

第 **07** 章

使用CSS美化表格和表单元素

网页中表格的应用无处不在，在HTML中，最初希望用于纯数据，却发展为基本页面布局子语言；但是在Web标准中，正在渐渐地恢复表格原来的用途，即只用来显示表格数据。如今，表格已经成为可视化构成与格式化输出的主要方式。接下来我们将向大家详细讲述使用CSS样式设置表格的方法，使读者能够迅速掌握Web标准网站的页面中数据的制作方法，并能够使用CSS样式表对数据表格进行综合运用。

创建数据表格——制作新闻列表

HTML 中的数据表格是网页中常见的元素，表格在网页中是用来显示二维关系数据的，并且还可以为网页进行排版、布局，但是使用表格布局的网页不能达到内容与表现的分离，因此不建议使用在Web标准中。

- **最终文件**｜最终文件\第7章\实例55.html
- **视　　频**｜视频\第7章\实例55.mp4
- **知 识 点**｜表格、表格相关标签
- **学习时间**｜20分钟

---┃ **实例分析** ┃---

　　本实例制作一个企业网站新闻页面，在该新闻页面中使用数据表格的形式来表现新闻标题内容，为页面中的数据进行合理、清晰的排版，使浏览者能够对页面中的数据一目了然，页面的最终效果如图7-1所示。

图7-1　最终效果

---┃ **知识点链接** ┃---

　　HTML表格通过<table>标签定义。在<table>的打开和关闭标签之间，可以发现许多由<tr>标签指定的表格行，每一行由一个或者多个表格单元格组成。表格单元格可以是表格数据<td>，或者表格标题<th>。通常将表格标题认为是表达对应表格数据单元格的某种信息。

　　通过使用<thead>、<tbody>和<tfood>元素，将表格行聚集为组，可以构建更复杂的表格。每个标签定义包含一个或者多个表格行，并且将它们标识为一个组的盒子。<thead>标签用于指定表格标题行，如果打印的表格超过一页纸，<thead>应该在每个页面的顶端重复。<tfood>是表格标题行的补充，它是一组作为脚注的行，如果表格横跨多个页面，也应该重复。用<tbody>标签标记的表格正文部分，将相关行集合在一起，表格可以有一个或者多个<tbody>部分。

---┃ **制作步骤** ┃---

01 执行"文件→打开"菜单命令，打开页面"源文件\第7章\实例55.html"，页面效果如图7-2所示。将光标置于页面中，单击"插入"面板上的"表格"按钮，弹出"表格"对话框，设置如图7-3所示。

图7-2　打开页面

图7-3　"表格"对话框

提示

可以在"表格"对话框中直接为数据表格设置"标题",也可以转换到代码视图,在表格 <table> 标签中加入标题标签 <caption> 来设置表格的标题。

02 单击"确定"按钮,完成"表格"对话框的设置,即可在页面中插入表格,效果如图7-4所示。选中刚刚插入的表格,在"属性"面板上的"表格"下拉列表框中输入表格的id为table01,如图7-5所示。

图7-4 插入表格　　　　　　　　　图7-5 "属性"面板

03 转换到该文件所链接的外部样式表7-55.css文件中,创建名为#table01的CSS规则,如图7-6所示。返回设计页面中,页面效果如图7-7所示。

```
#table01 {
    width: 660px;
    margin: 160px auto 0px auto;
    border: solid 1px #C30;
    border-collapse: collapse;
}
```

图7-6 CSS样式代码　　　　　　　　　图7-7 页面效果

04 切换到7-55.css文件中,创建名为caption的CSS规则,如图7-8所示。返回到设计视图,可以看到表格标题的效果,如图7-9所示。

```
caption {
    font-size: 14px;
    color: #930;
    font-weight: bold;
    text-align: left;
    padding-left: 15px;
    border-top:  solid 1px #C30;
    border-right: solid 1px #C30;
    border-left: solid 1px #C30;
}
```

图7-8 代码视图　　　　　　　　　图7-9 CSS样式代码

05 转换到代码视图中,修改表格第1行单元格的代码,如图7-10所示。切换到7-55.css文件中,创建名为thead th的CSS规则,如图7-11所示。

```
<table cellpadding="0" cellspacing="0" id="table01">
  <caption>
    新闻公告
  </caption>
  <thead>
    <tr>
      <th id="title" scope="col">标题</th>
      <th id="time" scope="col">时间</th>
    </tr>
  </thead>
  <tr>
    <td> </td>
    <td> </td>
  </tr>
```

```
thead th {
    font-weight: bold;
    color: #F66;
    border: solid 1px #C30;
}
```

图7-10 修改代码　　　　　　　　　图7-11 CSS样式代码

提示

　　<thead>、<tbody> 和 <tfoot> 标签使设计者能够将表格划分为逻辑部分，例如将所有列标题放在 <thead> 标签中，这样就能够对这个特殊区域单独的应用样式表。如果在一个表格中使用了 <thead> 或 <tfoot> 标签，那么在这个表格中至少使用一个 <tbody> 标签。一个表格中只能使用一个 <thead> 和 <tfoot> 标签，但却可以使用多个 <tbody> 标签将复杂的表格划分为更容易管理的部分。

06 返回到设计视图，可以看到表格头部的效果，如图7-12所示。切换到7-55.css文件中，创建名为#title和名为#time的CSS规则，如图7-13所示。

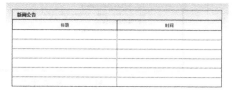

图7-12 页面效果

```css
#title {
    width: 580px;
    text-align: left;
    padding-left: 15px;
}
#time {
    width: 80px;
}
```

图7-13 CSS样式代码

07 返回到设计视图，可以看到页面中表格的效果，如图7-14所示。转换到代码视图，在表格中添加<tbody>标签标识出表格中数据部分，如图7-15所示。

图7-14 页面效果

```html
<thead>
  <tr>
    <th id="title" scope="col">标题</th>
    <th id="time" scope="col">时间</th>
  </tr>
</thead>
<tbody>
  <tr>
    <td> </td>
    <td> </td>
  </tr>
```

图7-15 代码视图

提示

　　<tbody> 标签里包含表格中所有的数据内容，在此由于截图篇幅所限，所以只截取了 <tbody> 的开始标签，在数据表格内容结束后，还应该加入结束标签 </tbody>。

08 返回到设计视图，在各个单元格中填入相应的数据内容，如图7-16所示。切换到7-55.css文件中，创建名为td的CSS规则，如图7-17所示。

图7-16 页面效果

```css
td {
    padding-left: 20px;
    border-bottom: dashed 1px #CC9966;
}
```

图7-17 CSS样式代码

09 返回到设计视图，单击"实时视图"按钮，切换到实时视图，可以看到页面中表格的效果，如图7-18所示。切换到7-55.css文件中，创建名为.font01的类CSS样式，如图7-19所示。

图7-18 页面效果

```css
.font01 {
    color: #930;
}
```

图7-19 CSS样式代码

10 返回到设计视图，为表格中第2列的文字应用名为font01的类CSS样式，效果如图7-20所示。完成数据表格的创建后，执行"文件→保存"菜单命令，保存外部样式表和页面。按F12键即可在浏览器中预览该页面，效果如图7-21所示。

图7-20 页面效果　　　　　　　　　　　　　　图7-21 预览效果

Q 默认情况下，Web浏览器如何显示表格数据？

A Web浏览器通过基于浏览器对表格标记理解的默认样式设计来显示表格，即单元格之间或者表格周围没有边框；表格数据单元格使用普通文本并且左对齐；表格标题单元格居中对齐，并设置为粗体字体；标题在表格中间。

Q 为什么需要使用CSS对表格数据进行控制？

A 表格在网页中主要用于表现表格式数据，Web标准是为了实现网页内容与表现的分离，这样可以使网页的内容和结构更加整洁，便于更新和修改。如果直接在表格的相关标签中添加属性设置，会使得表格结构复杂，不能够实现内容与表现的分离，不符合Web标准的要求，所以建议使用CSS样式对表格数据进行控制。

实例 056 设置表格边框和背景——制作精美表格

在网页中，通常会为表格添加边框和背景，以此来界定和区分不同单元格中的数据内容，如果表格的border值大于0，则显示边框；如果border值为0，则不显示边框。

● **最终文件** | 最终文件\第7章\实例56.html
● **视　　频** | 视频\第7章\实例56.mp4
● **知 识 点** | border属性、border-collapse属性和background-color属性
● **学习时间** | 20分钟

┨ 实例分析 ┠

本实例通过设置表格的边框、背景颜色以及背景图片来对表格进行进一步的装饰和美化，使得页面中的内容能够更加丰富多彩，从而增强网页的吸引力，页面的最终效果如图7-22所示。

图7-22 最终效果

┨ 知识点链接 ┠

在CSS样式中，通过定义border属性、border-collapse属性和background-color属性可以对表格的边框和背景进行设置，border-collapse属性主要用来设置表格的边框是否被合并为一个单一的边框。

border-collapse属性的语法格式如下：

```
border-collapse: separate | collapse;
```

在CSS样式中，border-collapse属性包含了两个子属性，分别为separate（为默认值，表示边框会被分开，不会忽略border-spacing和empty-cells属性）和collapse（表示边框会合并为一个单一的边框，会忽略border-spacing和empty-cells属性）。

▌制作步骤 ▐

01 执行"文件→新建"菜单命令，弹出"新建文档"对话框，设置如图7-23所示。单击"创建"按钮，新建一个空白文档，将该页面保存为"源文件\第7章\实例56.html"。使用相同的方法，新建一个CSS样式表文件，并将其保存为"源文件\第7章\style\7-56.css"，如图7-24所示。

图7-23　"新建文档"对话框　　　　　　　　　　　图7-24　"新建文档"对话框

02 单击"CSS设计器"面板上"源"选项区右侧的"添加CSS源"按钮，在弹出菜单中选择"附加现有的CSS文件"选项，弹出"使用现有的CSS文件"对话框，设置如图7-25所示，单击"确定"按钮。切换到7-56.css文件中，创建名为"*"的通配符CSS规则和名为body的标签CSS规则，如图7-26所示。

```
* {
    margin: 0px;
    padding: 0px;
}
body {
    font-family: 微软雅黑;
    font-size: 12px;
    color: #737373;
    text-align: center;
}
```

图7-25　"使用现有的CSS文件"对话框　　图7-26　CSS样式代码

03 返回到设计视图，将光标移至页面中，插入名为list_title的Div，如图7-27所示。切换到7-56.css文件中，创建名为#list_title的CSS规则，如图7-28所示。

```
#list_title {
    background-image: url(../images/5601.jpg);
    background-repeat: no-repeat;
    text-align: right;
    height: 22px;
    width: 580px;
    padding-top: 13px;
    padding-right: 19px;
    margin: 100px auto 5px auto;
}
```

图7-27　页面效果　　　　　　　　　　　　　　图7-28　CSS样式代码

04 返回设计视图中，可以看到页面的效果，如图7-29所示。将光标移至名为list_title的Div中，将多余文字删除，插入图片"源文件\第7章\images\5602.gif"，如图7-30所示。

图7-29　页面效果　　　　　　　　　　　　　　图7-30　插入图像

05 在名为list_title的Div后，插入名为table_bg的Div。切换到7-56.css文件中，创建名为#table_bg的CSS规则，如图7-31所示。返回到设计视图中，可以看到页面的效果，如图7-32所示。

```
#table_bg {
    background-color: #EEE4FD;
    padding: 5px;
    height: 132px;
    width: 587px;
    border: 1px solid #D5B8FB;
    margin: 0 auto;
}
```

图7-31 CSS样式代码

图7-32 页面效果

06 将光标移至名为table_bg的Div中，将多余文字删除，单击"插入"面板上的"表格"按钮，弹出"表格"对话框，设置如图7-33所示。设置完成后，单击"确定"按钮，即可在页面中插入表格，效果如图7-34所示。

图7-33 "表格"对话框

图7-34 插入表格

07 选中刚插入的表格，在"属性"面板上的"表格"下拉列表框中输入表格id为table_list，如图7-35所示。切换到7-56.css文件，创建名为#table_list的CSS规则，如图7-36所示。

图7-35 "属性"面板

```
#table_list {
    background-color: #F8F2FE;
    text-align: left;
    height: 132px;
    width: 100%;
}
```

图7-36 CSS样式代码

08 返回到设计视图，可以看到表格的效果，如图7-37所示。将光标移至id名为table_list的表格中，转换到代码视图，在<table>标签中添加summary属性和<tbody>标签，并在<td>标签中加入id属性，如图7-38所示。

图7-37 页面效果

图7-38 代码视图

09 切换到7-56.css文件中，创建名为#type的CSS规则，如图7-39所示。返回到设计视图，可以看到表格第1列单元格的效果，如图7-40所示。

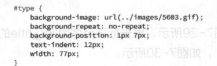

```
#type {
    background-image: url(../images/5603.gif);
    background-repeat: no-repeat;
    background-position: 1px 7px;
    text-indent: 12px;
    width: 77px;
}
```

图7-39 CSS样式代码

图7-40 页面效果

10 使用相同的制作方法，在7-56.css文件中创建名为#name、#list、#game和#down的CSS规则，如图7-41所示。返回设计视图，可以看到页面中表格的效果，如图7-42所示。

```
#name {
    color: #40403E;
    text-align: center;
    width: 197px;
}
#list {
    width: 102px;
    text-align: center;
}
#game {
    text-align: center;
    width: 136px;
}
#down {
    color: #40403E;
    text-align: center;
}
```

图7-41 CSS样式代码　　　　　　　　　图7-42 页面效果

11 将光标移至表格单元格中，在各单元格中输入相应的内容，如图 7-43 所示。切换到7-56.css文件中，创建名为td的标签CSS规则，如图7-44所示。

```
td {
    border-bottom-width: 1px;
    border-bottom-style: dashed;
    border-bottom-color: #D4C1EF;
}
```

图7-43 输入文字　　　　　　　　　图7-44 CSS样式代码

12 返回到设计视图，页面效果如图7-45所示。执行"文件→保存"菜单命令，保存该页面，并保存外部样式表文件。按F12键即可在浏览器中预览页面效果，如图7-46所示。

图7-45 页面效果　　　　　　　　　图7-46 预览效果

Q border-collapse属性的各属性值分别表示什么？

A border-collapse属性的各属性值介绍如表7-1所示。

表7-1 border-collapse属性值

属 性 值	说 明
separate	该属性值为默认值，表示边框会被分开，不会忽略border-spacing和empty-cells属性
collapse	该属性值表示边框会合并为一个单一的边框，会忽略border-spacing和empty-cells属性

Q 如何设置表格标题？

A <caption>标签是表格标题标签，<caption>标签出现在<table>标签之间，作为第1个子元素，它通常在表格之前显示。包含<caption>标签的显示盒子的宽度和表格本身宽度相同。

标题的位置并不是固定的，可以使用caption-side属性将标题放在表格盒子的不同边，只能对<caption>标签设置这个属性，默认值是top。caption-side属性的值如表7-2所示。

表7-2 caption-side属性的值

属　性　值	效　　果
bottom	标题出现在表格之后
top	标题出现在表格之前
inherit	使用包含盒子设置的caption-side值

在大多数的浏览器中，<caption>标签的默认样式设计是默认字体，在表格上面居中显示。

实例 057 为单元行应用类CSS样式——实现隔行变色的单元格

对于一些信息量较大的网站，可以为网页中的表格数据使用隔行变色的显示方式，将表格的奇数行和偶数行设置不一样的背景色，使页面中数据信息的显示效果更加清晰、有条理，从而方便浏览者查看数据信息。

● **最终文件** | 最终文件\第7章\实例57.html
● **视　　频** | 视频\第7章\实例57.mp4
● **知 识 点** | 设置单元行背景色
● **学习时间** | 5分钟

┤ 实例分析 ├

本实例通过为表格中的单元行设置背景颜色来实现单元格隔行变色的效果，不仅为单一的表格页面增添了活跃画面的元素，更主要的是能够为浏览者提供更加舒适的浏览效果，页面的最终效果如图7-47所示。

图7-47 最终效果

┤ 知识点链接 ├

如果想实现隔行变色的单元格效果，首先需要在CSS样式表中创建设置了背景颜色的类CSS样式；其次，为了产生灰色和白色的交替行效果，将新建的类CSS样式应用于数据表格中每一个偶数行即可。

┤ 制作步骤 ├

01 执行"文件→打开"菜单命令，打开页面"源文件\第7章\实例57.html"，页面效果如图7-48所示。在浏览器中预览该页面，效果如图7-49所示。

图7-48 打开页面

图7-49 预览效果

02 切换到该文件所链接的外部样式表7-57.css文件中，创建名为.bg01的CSS规则，如图7-50所示。返回到设计视图中，转换到代码视图，在表格偶数行的单元行标签<tr>中应用刚创建的CSS样式bg01，如图7-51所示。

```
.bg01 {
    background-color: #F1F1F1;
}
```

图7-50 CSS样式代码

```
<table cellpadding="0" cellspacing="0">
    <tr>
        <td class="td02">开展学科教研 彰显北城风采</td>
        <td class="td01">2016-09-24</td>
    </tr>
    <tr class="bg01">
        <td class="td02">加强校际交流 共谱教育华章——我校教育人员莅临县级中学督导教学</td>
        <td class="td01">2016-09-22</td>
    </tr>
    <tr>
        <td class="td02">互通交流经验 科学调研共谋发展——调研活动在我校顺利举行</td>
        <td class="td01">2016-09-20</td>
    </tr>
    <tr class="bg01">
        <td class="td02">国艺兰之室，久而沐其香——我校高二年纪开展"班级文化环境创设"活动</td>
        <td class="td01">2016-09-19</td>
    </tr>
    <tr>
        <td class="td02">我校重新定好位"心理活动开展</td>
        <td class="td01">2016-09-18</td>
    </tr>
    <tr class="bg01">
        <td class="td02">我校优秀教师出席"我心中的好老师"新书首发仪式</td>
        <td class="td01">2016-09-16</td>
    </tr>
</table>
```

图7-51 应用CSS样式

03 返回页面设计视图，效果如图7-52所示。执行"文件→保存"菜单命令，保存该页面。按F12键即可在浏览器中预览页面的效果，如图7-53所示。

图7-52 页面效果

图7-53 在浏览器中预览页面效果

Q 如何控制表格单元格中的水平对齐？

A 在表格单元格中，默认的水平对齐方式为左对齐。表格单元格内元素的对齐可以通过text-align属性设置。使用text-align属性可以使单元格中的元素向左、向右或者居中排列，使表格更加容易阅读。

Q 如何控制表格单元格中的垂直对齐？

A 默认情况下，表格单元格的垂直对齐方式是垂直居中对齐，可以使用vertical-align属性改变单元格的垂直对齐方式，vertical-align属性相当于HTML文档中的valign属性。

实例 058　应用CSS样式的hover伪类——实现交互的变色表格

通常，浏览者在面对大量的信息时都会感到非常枯燥和疲惫，因此可以通过为表格设置交互变色的效果，使得数据行能够根据鼠标的悬浮位置来改变背景颜色，从而让页面充满动态效果，减少浏览者在阅读信息时产生的乏味感。

- **最终文件** | 最终文件\第7章\实例58.html
- **视　　频** | 视频\第7章\实例58.mp4
- **知 识 点** | 控制单元行交互变色
- **学习时间** | 5分钟

实例分析

　　本实例将页面中存储数据的表格使用交互变色的方式展现出来，为整个页面增添了不少动态效果，也增强了页面的交互性，页面的最终效果如图7-54所示。

图7-54　最终效果

知识点链接

在CSS样式中，变色表格的特殊功能主要是通过hover伪类来实现的。在CSS规则中定义的就是<tbody>标签中的<tr>标签的hover伪类，其中分别定义了背景颜色和光标指针的形状。

制作步骤

01 执行"文件→打开"菜单命令，打开页面"源文件\第7章\实例58.html"，页面效果如图7-55所示。切换到该文件所链接的外部样式表7-58.css文件中，创建名为tbody tr:hover的CSS规则，如图7-56所示。

图7-55　页面效果

```
tbody tr:hover {
    background-color: #E8E5AE;
    cursor: pointer;
}
```

图7-56　CSS样式代码

02 执行"文件→保存"菜单命令，保存页面，并保存外部CSS样式表文件。在浏览器中预览页面，可以看到变色表格的效果，如图7-57所示。

图7-57 在浏览器中预览页面效果

Q 如果需要为表格添加标题，需要怎么添加？

A 为表格添加表格标题有两种方法，分别介绍如下：

在"表格"对话框中设置"标题"，可以直接为数据表格设置标题。

转换到代码视图中，在表格<table>标签中加入标题标签<caption>设置表格的标题。

Q <th>标签与<td>标签的区别？

A 行和列的标题应该使用<th>标记而不是<td>标记，但是如果某些内容既是标题又是数据，那么它仍然应该使用<td>标记。表格标题可以设置值为row或col的scope属性，定义它们是行标题还是列标题。它们还可以设置值rowgroup或colgroup，表示它们与多行或多列相关。

实例 059　设置表单元素的背景颜色——美化文本域

在制作网页时，刚插入的表单元素默认的背景颜色为白色。但是，在这样丰富多彩的网络世界中，单一的白色明显不能满足网页设计者的设计需求和浏览者的视觉感受，因此可以通过设置CSS属性来控制表单元素的背景颜色，从而提高页面的审美效果。

● **最终文件**▏最终文件\第7章\实例59.html

● **视　　频**▏视频\第7章\实例59.mp4

● **知 识 点**▏设置表单元素背景颜色

● **学习时间**▏10分钟

│ 实例分析 │

本实例制作的是一个登录页面，该页面中主要运用了文本域、复选框和提交按钮，为了丰富文本域的视觉效果，通过CSS样式为文本域进行相应的美化，以此来吸引浏览者的目光，页面的最终效果如图7-58所示。

图7-58 最终效果

知识点链接

其实，在CSS样式中设置表单元素的背景颜色和设置其他元素的背景颜色一样，都是通过background-color属性进行设置的，但是在此例中该属性需要在类CSS样式中定义，然后再通过为表单元素应用该类CSS样式即可。

制作步骤

01 执行"文件→打开"菜单命令，打开页面"源文件\第7章\实例59.html"，页面效果如图7-59所示。切换到该文件所链接的外部样式表7-59.css文件中，创建名为.bg的类CSS样式，如图7-60所示。

图7-59 页面效果

```
.bg {
    background-color: #DAF5FE;
}
```

图7-60 CSS样式代码

02 返回到设计视图，选中页面中的文本字段，在"属性"面板上的class下拉列表中选择刚定义的CSS样式bg应用，如图7-61所示。执行"文件→保存"菜单命令，保存页面，并保存外部CSS样式表文件。按F12键即可在浏览器中预览页面，效果如图7-62所示。

图7-61 "属性"面板

图7-62 预览效果

Q 什么是表单？网页中的表单起到什么作用？

A 表单是Internet用户同服务器进行信息交流的最重要工具。通常，一个表单中会包含多个对象，有时它们也被称为控件，如用于输入文本的文本域、用于发送命令的按钮、用于选择项目的单选按钮和复选框，以及用于显示选项列表的列表框等。

大量的表单元素使得表单的功能更加强大，在网页界面中起到的作用也不容忽视，主要是用来实现用户数据的采集，比如采集浏览者的姓名、邮箱地址、身份信息等数据。

Q 在网页中可以插入的表单元素有哪些？

A 在Dreamweaver CC的"插入"面板上有一个"表单"选项卡，单击选中"表单"选项卡，可以看到在网页中插入的表单元素按钮，如图7-63所示。

图7-63 "表单"选项卡

● "表单"按钮■：单击该按钮，在网页中插入一个表单域。所有表单元素想要实现的作用，就必须存在于表单域中。

● "文本"按钮□：单击该按钮，在表单域中插入一个可以输入一行文本的文本域。文本域可以接受任何类型的文本、字母与数字内容。

● "电子邮件"按钮@：该按钮为HTML5新增功能，单击该按钮，可以在表单域中插入电子邮件类型元素。电子邮件类型用于应该包含 e-mail 地址的输入域，在提交表单时，会自动验证 email 域的值。

● "密码"按钮▥：单击该按钮，在表单域中插入密码域。密码域可以接受任何类型的文本、字母与数字内容，以密码域方式显示的时候，输入的文本都会以星号或项目符号的方式显示，这样可以避免别的用户看到这些文本信息。

● Url按钮⑧：该按钮为HTML5新增功能，单击该按钮，在表单域中插入Url类型元素。Url属性可返回当前文档的URL。

● Tel按钮☏：该按钮为HTML5新增功能，单击该按钮，在表单域中插入Tel类型元素，应用于电话号码的文本字段。

● "搜索"按钮🔍：该按钮为HTML5新增功能，单击该按钮，在表单域中插入搜索类型元素。该按钮用于搜索的文本字段。search 属性是一个可读可写的字符串，可设置或返回当前 URL 的查询部分（问号?之后的部分）。

● "数字"按钮▦：该按钮为HTML5新增功能，单击该按钮，在表单域中插入数字类型元素，带有 spinner控件的数字字段。

● "范围"按钮▤：该按钮为HTML5新增功能，单击该按钮，在表单域中插入范围类型元素。Range 对象表示文档的连续范围区域，如用户在浏览器窗口中用鼠标拖动选中的区域。

● "颜色"按钮▪：该按钮为HTML5新增功能，单击该按钮，在表单域中插入颜色类型元素，color 属性设置文本的颜色（元素的前景色）。

● "月"按钮▦：该按钮为HTML5新增功能，单击该按钮，在表单域中插入月类型元素，日期字段的月（带有 calendar 控件）。

● "周"按钮▦：该按钮为HTML5新增功能，单击该按钮，在表单域中插入周类型元素，日期字段的周（带有 calendar 控件）。

● "日期"按钮▦：该按钮为HTML5新增功能，单击该按钮，在表单域中插入日期类型元素，日期字段（带有 calendar 控件）。

● "时间"按钮◷：该按钮为HTML5新增功能，单击该按钮，在表单域中插入时间类型元素。日期字段的时、分、秒（带有 time 控件）。<time>标签定义公历的时间（24小时制）或日期，时间和时区偏移是可选的。该元素能够以机器可读的方式对日期和时间进行编码。

● "日期时间"按钮▦：该按钮为HTML5新增功能，单击该按钮，在表单域中插入日期时间类型元素。日期字段（带有 calendar 和 time 控件），datetime 属性规定文本被删除的日期和时间。

● "日期时间（当地）"按钮▦：该按钮为HTML5新增功能，单击该按钮，在表单域中插入日期时间（当地）类型元素。日期字段（带有 calendar 和 time 控件）。

● "文本区域"按钮□：单击该按钮，在表单域中插入一个可输入多行文本的文本区域。

● "按钮"按钮▭：单击该按钮，在表单域中插入一个普通按钮，单击该按钮，可以执行某一脚本或程序，并且用户还可以自定义按钮的名称和标签。

- "提交按钮"按钮 : 单击该按钮,在表单域中插入一个提交按钮,该按钮用于向表单处理程序提交表单域中所填写的内容。

- "重置按钮"按钮 : 单击该按钮,在表单域中插入一个重置按钮,重置按钮会将所有表单字段重置为初始值。

- "文件"按钮 : 单击该按钮,在表单中插入一个文本字段和一个"浏览"按钮。浏览者可以使用文件域浏览本地计算机上的某个文件并将该文件作为表单数据上传。

- "图像域"按钮 : 单击该按钮,在表单域中插入一个可放置图像的区域。放置的图像用于生成图形化的按钮,例如"提交"或"重置"按钮。

- "隐藏域"按钮 : 单击该按钮,在表单中插入一个隐藏域。可以存储用户输入的信息,如姓名、电子邮件地址或常用的查看方式,在用户下次访问该网站的时候使用这些数据。

- "选择"按钮 : 单击该按钮,在表单域中插入选择列表或菜单。"列表"选项在一个列表框中显示选项值,浏览者可以从该列表框中选择多个选项。"菜单"选项则是在一个菜单中显示选项值,浏览者只能从中选择单个选项。

- "单选按钮"按钮 : 单击该按钮,在表单域中插入一个单选按钮。单选按钮代表互相排斥的选择。在某一个单选按钮组(由两个或多个共享同一名称的按钮组成)中选择一个按钮,就会取消选择该组中的其他按钮。

- "单选按钮组"按钮 : 单击该按钮,在表单域中插入一组单选按钮,也就是直接插入多个(两个或两个以上)单选按钮。

- "复选框"按钮 : 单击该按钮,在表单域中插入一个复选框。复选框允许在一组选项框中选择多个选项,也就是说用户可以选择任意多个适用的选项。

- "复选框组"按钮 : 单击该按钮,在表单域中插入一组复选框,复选框组能够一起添加多个复选框。

- "域集"按钮 : 单击该按钮,可以在表单域中插入一个域集<fieldset>标签。<fieldset>标签将表单中的相关元素分组。<fieldset> 标签将表单内容的一部分打包,生成一组相关表单的字段。<fieldset> 标签没有必需的或唯一的属性。当一组表单元素放到 <fieldset> 标签内时,浏览器会以特殊方式来显示它们。

- "标签"按钮 : 单击该按钮,可以在表单域中插入<label>标签。label 元素不会向用户呈现任何特殊的样式。不过,它为鼠标用户改善了可用性,因为如果用户点击 label 元素内的文本,则会切换到控件本身。<label> 标签的 for 属性应该等于相关元素的 id 元素,以便将它们捆绑起来。

实例 060 设置表单元素的边框——美化登录框

设置表单元素的边框同样能够对表单元素的外观进行相应的美化和装饰,在Dreamweaver中可以通过border属性的设置对表单元素的边框进行控制,从而达到赏心悦目的画面效果。

- **最终文件** ┃ 最终文件\第7章\实例60.html
- **视 频** ┃ 视频\第7章\实例60.mp4
- **知 识 点** ┃ border属性
- **学习时间** ┃ 5分钟

实例分析

本实例主要向大家介绍了如何对表单元素的边框样式进行设置。另外需要注意的是,在设置的同时应考虑到边框的样式与页面整体的色调、大小是否相协调,页面的最终效果如图7-64所示。

图7-64 最终效果

知识点链接

在CSS样式中，border属性包含3个参数，分别为style（定义边框的样式）、color（定义边框的颜色）和width（定义边框的宽度），只要对这3个参数进行相应的设置，即可很好地控制表单元素的显示效果。

制作步骤

01 执行"文件→打开"菜单命令，打开页面"源文件\第7章\实例60.html"，页面效果如图7-65所示。切换到该文件所链接的外部样式表7-60.css文件中，创建名为.border的类CSS样式，如图7-66所示。

图7-65　页面效果

```
.border{
    background-color: #FFF8F8;
    border: solid 1px #ad737a;
}
```

图7-66　CSS样式代码

02 返回到设计视图，选中页面中的文本字段，在"属性"面板上的Class下拉列表中选择刚定义的CSS样式border应用，如图7-67所示。执行"文件→保存"菜单命令，保存页面，并保存外部CSS样式表文件。按F12键即可在浏览器中预览页面，效果如图7-68所示。

图7-67　"属性"面板

图7-68　预览效果

Q 在网页中是不是可以在任意位置插入任何的表单元素？

A 表单域是表单中必不可少的元素之一，所有的表单元素只有在表单域中才会生效，因此制作表单页面的第1步就是插入表单域。如果插入表单域后，在Dreamweaver设计视图中并没有显示红色的虚线框，执行"查看→可视化助理→不可见元素"菜单命令，即可在设计视图中看到红色虚线的表单域。红色虚线的表单域在浏览器中浏览时是看不到的。

Q 如何在网页中插入密码域？

A 在Dreamweaver CC以前版本中，可以在网页中插入文本字段后，在文本字段的"属性"面板中的"类型"选项中选择"密码"单选按钮后，即可将文本域转换为密码域。而在Dreamweaver CC中，在"表单"选项卡中直接提供了"密码"按钮，单击该按钮，即可在网页中插入密码域。

实例 061　使用CSS定义圆角文本字段

定义CSS属性可以设置表单元素的背景颜色、边框样式，还可以为文本字段实现圆角的效果，这种方法的使用进一步增强了网页页面的装饰效果，从而给浏览者提供一个更加完美、精彩的网页界面。

● **最终文件** | 最终文件\第7章\实例61.html
● **视　频** | 视频\第7章\实例61.mp4
● **知 识 点** | 定义圆角文本字段
● **学习时间** | 5分钟

实例分析

本实例介绍的是通过设置CSS属性来定义圆角文本字段，该样式从视觉上给人一种亲近感，减少了直角文本字段太过锋利的视觉感受，页面的最终效果如图7-69所示。

图7-69 最终效果

知识点链接

在CSS样式中，圆角文本字段的定义主要是通过设置类CSS样式，然后再为相应的文本字段应用该类CSS样式实现的。在该类CSS样式中，定义了一个圆角文本字段的背景图片，从而使得文本字段实现圆角文本字段的效果。

制作步骤

01 执行"文件→打开"菜单命令，打开页面"源文件\第7章\实例61.html"，页面效果如图7-70所示。切换到该文件所链接的外部样式表7-61.css文件中，创建名为.input01的类CSS样式，如图7-71所示。

图7-70 页面效果

```
.input01{
    border: none;
    background-color: transparent;
    background-image: url(../images/6104.png);
    background-repeat: no-repeat;
    padding-top: 4px;
    padding-left: 6px;
}
```

图7-71 CSS样式代码

02 返回到设计视图，选中页面中的文本字段，在"属性"面板上的Class下拉列表中选择刚定义的CSS样式input01应用，如图7-72所示。执行"文件→保存"菜单命令，保存页面，并保存外部CSS样式表文件。按F12键即可在浏览器中预览页面，效果如图7-73所示。

图7-72 "属性"面板

图7-73 预览效果

Q 输入域标签<input>的使用方法？

A 输入域标签<input>是网页中最常用的表单元素之一，其主要用于采集浏览者的相关信息，输入域标签的语法如下：

```
<form id="form1" name="form1" method="post" action="">
    <input type="text" name="name" id="name">
</form>
```

在上述的语法结构中，type代表的是输入域的类型，而参数name则指的是输入域的名称，由于type的属性值有很多种，因此，输入字段也具有多种形式，其中包括文本字段、单选按钮、复选框、掩码后的文本控件等。

Q 文本域标签<textarea>的使用方法？

A 通常，文本域用在填写论坛的内容或者个人信息时需要输入大量的文本内容的网页中，文本域标签<textarea>在网页界面中就是用来生成多行文本域，从而使得浏览者能够在文本域输入多行文本内容，其语法如下：

```
<form id="form1" name="form1" method="post" action="">
    <textarea name="name" id="name" cols="value" rows=" value" value="value" warp=" value">
……文本内容
</textarea>
    </form>
```

在上述的语法结构中，name参数指的是标签的名称；cols是表示文本域的列数，列数决定了该文本域一行能够容纳几个文本；rows是表示多行文本域的行数，行数决定该文本域容纳内容的多少，如果超出行数则不予以显示；value指的是在没有编辑时，文本域内所显示的内容；warp指的是在文本域内换行的方式，当值为"hard"时表示自动按回车键换行。

实例 062 使用CSS定义下拉列表——制作多彩下拉列表

在Dreamweaver中，通过一个或者多个<option>标签周围包装<select>标签构造选择列表。另外，设置size属性值能够使列表以多行的形式显示，如果没有给出size属性值，则选择列表是下拉列表的样式；如果给出了size值，则选择列表将会是可滚动列表。

● **最终文件**｜最终文件\第7章\实例62.html

● **视　　频**｜视频\第7章\实例62.mp4

● **知 识 点**｜设置下拉列表的外观

● **学习时间**｜5分钟

┃实例分析┃

本实例将下拉列表中每个选项的背景颜色进行了设置，为枯燥的列表注入了不少活力，使得原本平淡无奇的列表内容能够吸引浏览者的注意力，页面的最终效果如图7-74所示。

图7-74 最终效果

知识点链接

在Dreamweaver中，<label><form><fieldset>和<legend>标签可以同时使用任何样式，还可以和HTML中的任何元素一起使用，并且Web浏览器对其也支持。

制作步骤

01 执行"文件→打开"菜单命令，打开页面"源文件\第7章\实例62.html"，页面效果如图7-75所示。切换到代码视图，添加相应的标签，如图7-76所示。

```
<form id="form1" name="form1" method="post" action="">
  内容搜索：
  <select name="list" id="list">
    <option selected="selected" id="color1">内容标题</option>
    <option id="color2">内容关键字</option>
    <option id="color3">图片文章</option>
    <option id="color4">软件下载</option>
  </select>
  <input type="text" name="text" id="text">
  <input type="image" name="btn" id="btn" src="images/6202.png">
</form>
```

图7-75 页面效果　　　　　　　　　　　　图7-76 代码视图

02 转换到该文件所链接的外部CSS样式表7-62.css文件中，定义名为#color1、#color2、#color3和#color4的CSS规则，如图7-77所示。执行"文件→保存"菜单命令，保存页面，并保存外部CSS样式表文件。按F12键即可在浏览器中预览页面，效果如图7-78所示。

图7-77 CSS样式代码　　　图7-78 在浏览器中预览效果

Q 选择域标签<select>和<option>的使用方法？

A 在Dreamweaver中，通过选择域标签<select>和<option>可以建立一个列表或者菜单。在网页中，菜单可以节省页面的空间，正常状态下只能看到一个选项，单击下拉按钮打开菜单后才可以看到全部的选项；列表可以显示一定数量的选项，如果超出这个数值则会出现滚动条，浏览者可以通过拖曳滚动条来查看各个选项。

选择域标签<select>和<option>语法如下所示：

```
<form id="form1" name="form1" method="post" action="" >
    <select name="name" id="name">
        <option>选项一</option>
        <option>选项二</option>
        <option>选项三</option>
    </select>
</form>
```

在上述的语法结构中，参数name指的是选择域的名称，size表示选择域列表能够容纳的列数，value指的是列表内各项的值。

Q 为什么该表单元素称为"选择域"呢？

A 因为它有两种可以选择的"类型"，分别为"列表"和"菜单"。"菜单"是浏览者单击时产生展开效果的下拉菜单；而"列表"则显示为一个列有项目的可滚动列表，使浏览者可以从该列表中选择项目。"列表"也是一种菜单，通常被称为"列表菜单"。

<table>
<tr><td>**实例**
063</td><td>column属性（CSS3.0）——实现网页文本分栏</td></tr>
</table>

在一些文字内容较多的网站中，通常会采用多列布局的显示方式。在Dreamweaver中，实现多列布局的效果有两种方法，分别为浮动布局和定位布局，但由于浮动布局的灵活性太强，容易发生错位，因此大多使用CSS3.0中新增的column属性设置来实现网页多列布局的页面结构。

- **最终文件** | 最终文件\第7章\实例63.html
- **视　　频** | 视频\第7章\实例63.mp4
- **知 识 点** | column属性
- **学习时间** | 5分钟

实例分析

本实例将页面中的文字内容使用多列布局的排版方式进行显示，从视觉上分散了过多并且集中的文字信息，从而达到了分散浏览者视觉上的压力的效果，页面的最终效果如图7-79所示。

图7-79 最终效果

知识点链接

CSS3.0新增了columns属性，该属性用于快速定义多列布局的列数目和每列的宽度。基于webkit内核的替代私有属性是-webkit-columns，gecko内核的浏览器暂不支持。

columns属性的语法格式如下：

columns: <column-width> | <column-count>;

<column-width>属性值用于设置每列的宽度；<column-count>属性值用于设置多列的列数。

制作步骤

01 执行"文件→打开"菜单命令，打开页面"源文件\第7章\实例63.html"，页面效果如图7-80所示。在浏览器中预览该页面的效果，如图7-81所示。

图7-80 页面效果

图7-81 预览效果

02 切换到该文件所链接的外部样式表7-63.css文件中，找到名为#main的CSS规则，添加columns属性设置代码，如图7-82所示。保存页面，并保存外部CSS样式文件，在浏览器中预览页面，可以看到页面元素被分为3列的显示效果，如图7-83所示。

```
#main {
    width: 750px;
    height: 362px;
    background-color: #4F5422;
    padding-left: 11px;
    padding-right: 10px;
    float: left;
    columns: 200px 3;
}
```

图7-82 CSS样式代码

图7-83 预览效果

Q 如果进行多列布局的元素的宽度是百分比该如何分栏呢？

A 如果进行多列布局的元素的宽度是采用百分比设置的宽度，则当缩小浏览器窗口时，该元素中的内容会自动分成两栏或者一栏，每栏的高度尽可能保持一致，而每栏的宽度会自适应分配，并不一定是columns属性中所设置的宽度值。

Q columns属性中所设置的列数过多时如何处理？

A 在实际布局的时候，所定义的多列的列数是最大列数。当外围宽度不足时，多列的列数会适当减少，而每列的宽度会自适应宽度，填满整个范围区域。

实例 064　column-width属性（CSS3.0）——设置分栏宽度

除了可以使用columns属性实现网页内容的分栏处理外，还可以通过column-width属性设置内容分栏的宽度，根据所设置的分栏宽度自动将元素中的内容分为相应的列数。

- **最终文件** | 最终文件\第7章\实例64.html
- **视　　频** | 视频\第7章\实例64.mp4
- **知 识 点** | column-width属性
- **学习时间** | 5分钟

┃ 实例分析 ┃

实际上column-width属性是columns属性的子属性，本实例将通过使用column-width属性来设置页面内容分栏的宽度，从而达到将页面内容分栏处理的效果，页面的最终效果如图7-84所示。

图7-84 最终效果

┤ 知识点链接 ├

column-width属性可以定义多列布局中每一列的宽度，可单独使用，也可以和其他多列布局属性组合使用。
column-width属性的语法格式如下：

column-width: [<length> | auto]

┤ 制作步骤 ├

01 执行"文件→打开"菜单命令，打开页面"源文件\第7章\实例64.html"，页面效果如图7-85所示。在浏览器中预览该页面的效果，如图7-86所示。

图7-85 页面效果

图7-86 预览效果

02 切换到该文件所链接的外部样式表7-64.css文件中，找到名为#main的CSS规则，如图7-87所示。在该CSS样式中添加column-width属性设置，如图7-88所示。

03 执行"文件→保存"菜单命令，保存该页面，并保存外部CSS样式表文件。在浏览器中预览页面，可以看到多列布局的效果，如图7-89所示。

```
#main {
    width: 750px;
    height: 362px;
    background-color: #4F5422;
    padding-left: 11px;
    padding-right: 10px;
    float: left;
}
```

图7-87 CSS样式代码

```
#main {
    width: 750px;
    height: 362px;
    background-color: #4F5422;
    padding-left: 11px;
    padding-right: 10px;
    float: left;
    column-width: 365px;
}
```

图7-88 CSS样式代码

图7-89 预览多列布局效果

Q column-width属性的属性值分别表示什么？

A column-width属性值说明如表7-3所示。

表7-3 column-width属性值

属 性 值	说 明
length	由浮点数和单位标识符组成的长度值
auto	根据浏览器自动计算列宽

Q 如何使用CSS3.0新增的@media属性?

A 通过media queries功能可以判断媒介（对象）类型来实现不同的展现。通过此特性可以让CSS更精确作用于不同的媒介类型，同一媒介的不同条件（如分辨率、色数等）。

表7-4 @media属性值

属 性 值	说 明
<sMedia>	指定设置名称
{sRules}	CSS样式表定义

@media属性的语法格式如下:

    @media: <sMedia> { sRules }

@media属性的属性值介绍如表7-4所示。

实例 065 column-count属性（CSS3.0）——控制网页文本分栏数

在对页面中的内容使用多列布局的排版方式时，会根据页面的宽度和文字内容的多少来设置多列布局的列数。在Dreamweaver中，可以使用column-count属性进行控制，而不需要通过列宽度自动调整列数。

- **最终文件** | 最终文件\第7章\实例65.html
- **视　　频** | 视频\第7章\实例65.mp4
- **知 识 点** | column-count属性
- **学习时间** | 5分钟

实例分析

本实例通过设置多列布局的列数来进一步对页面中的内容进行分散排版，并且在对列宽的控制上更加灵活，不用设置固定的列宽，使得页面能够更加随意地使用不同数量的文字内容，页面的最终效果如图7-90所示。

图7-90 最终效果

知识点链接

使用column-count属性可以设置多列布局的列数，而不需要通过列宽度自动调整列数。

column-count属性的语法格式如下:

column-count: <integer> | auto;

制作步骤

01 执行"文件→打开"菜单命令，打开页面"源文件\第7章\实例65.html"，页面效果如图7-91所示。切换到该文件所链接的外部样式表7-65.css文件中，找到名为#main的CSS规则，如图7-92所示。

图7-91 页面效果

```
#main {
    width: 750px;
    height: 362px;
    background-color: #4F5422;
    padding-left: 11px;
    padding-right: 10px;
    float: left;
}
```

图7-92 CSS样式代码

02 在该CSS样式中添加column-count属性设置，如图7-93所示。执行"文件→保存"菜单命令，保存该页面，并保存外部CSS样式表文件。在浏览器中预览页面，可以看到名为main的Div被分成了4列布局，如图7-94所示。

```
#main {
    width: 750px;
    height: 362px;
    background-color: #4F5422;
    padding-left: 11px;
    padding-right: 10px;
    float: left;
    column-count: 4;
}
```

图7-93 CSS样式代码

图7-94 预览多列布局效果

Q column-count属性的属性值分别表示什么？

A column-count属性值说明如表7-5所示。

表7-5 column-count属性值

属 性 值	说 明
integer	用于定义栏目的列数，取值为大于0 的整数，不可以为负值
auto	根据浏览器自动计算列数

Q 如何使用CSS3.0中新增的@font-face属性？

A 通过@font-face属性可以加载服务器端的字体文件，让客户端显示客户端所没有安装的字体。

@font-face属性的语法格式如下：

@font-face: { 属性: 取值; }

@font-face属性的属性值说明如表7-6所示。

表7-6 @font-face属性值

属 性 值	说 明
font-family	设置文本的字体名称
font-style	设置文本样式
font-variant	设置文本是否大小写
font-weight	设置文本的粗细
font-stretch	设置文本是否横向拉伸变形
font-size	设置文本字体大小
src	设置自定义字体的相对路径或者绝对路径。注意，此属性只能在@font-face规则中使用

实例 066 column-gap属性（CSS3.0）——控制网页文本分栏间距

在为页面设置多列布局时，除了设置列宽和列数，还要根据整个页面的大小考虑到列与列之间的间距，从而能够更好地控制页面中的内容和整体的版式。在Dreamweaver中，可以通过column-gap属性的设置来控制列与列之间的间距。

- **最终文件** | 最终文件\第7章\实例66.html
- **视 频** | 视频\第7章\实例66.mp4
- **知 识 点** | column-gap属性
- **学习时间** | 5分钟

实例分析

只有更好地控制列与列之间的距离，才能够给浏览者提供最佳的视觉效果，本实例便是通过控制列与列之间的间距来达到更好的页面效果，页面的最终效果如图7-95所示。

图7-95 最终效果

知识点链接

在多列布局中，可以通过column-gap属性设置列与列之间的间距，从而可以更好地控制多列布局中的内容和版式。

column-gap属性的语法格式如下：

```
column-gap: <length> | normal
```

制作步骤

01 执行"文件→打开"菜单命令，打开页面"源文件\第7章\实例66.html"，页面效果如图7-96所示。切换到该文件所链接的外部样式表7-66.css文件中，找到名为#main的CSS规则，如图7-97所示。

图7-96 页面效果

```
#main {
    width: 750px;
    height: 362px;
    background-color: #4F5422;
    padding-left: 11px;
    padding-right: 10px;
    float: left;
}
```

图7-97 CSS样式代码

02 在该CSS样式中添加column-count和column-gap属性设置，如图7-98所示。执行"文件→保存"菜单命令，保存外部CSS样式表文件。在浏览器中预览页面，可以看到将文本内容分为3栏并设置栏间距的效果，如图7-99所示。

```
#main {
    width: 750px;
    height: 362px;
    background-color: #4F5422;
    padding-left: 11px;
    padding-right: 10px;
    float: left;
    column-count: 3;
    column-gap: 25px;
}
```

图7-98　CSS样式代码

图7-99　预览设置列宽后的效果

Q column-gap属性的属性值分别表示什么？

A column-gap属性值说明如表7-7所示。

表7-7　column-gap属性值

属 性 值	说 明
length	由浮点数和单位标识符组成的长度值，不可以为负值
auto	根据浏览器默认设置进行解析，一般为1em

Q 如何使用CSS3.0中新增的speech属性？

A 通过CSS3.0中新增的speech属性，可以规定页面中哪一块让机器来阅读。

speech属性的语法格式定义如表7-8所示。

表7-8　speech各属性语法格式

属　性	取　值	默　认　值	说　明
voice-volume	\<number> | \<percentage> | silent | x-soft | soft | medium | loud | x-loud | inherit	medium	设置音量
voice-balance	\<number> | left | center | right | leftwards | rightwards | inherit	center	设置声音平衡
speak	none | normal | spell-out | digits | literal-punctuation | no-punctuation | inherit	normal	设置阅读类型
pause-before, pause-after	\<time> | none | x-weak | weak | medium | strong | x-strong | inherit	implementation dependent	设置暂停时的效果
pause	[\<'pause-before'> || \<'pause-after'>] | inherit	implementation dependent	设置暂停
rest-before, rest-after	\<time> | none | x-weak | weak | medium | strong | x-strong | inherit	implementation dependent	设置停止时的效果
rest	[\<'rest-before'> || \<'rest-after'>] | inherit	implementation dependent	设置停止
cue-before, cue-after	\<uri> [\<number> | \<percentage> | silent | x-soft | soft | medium | loud | x-loud |none | inherit]	none	设置提示时的效果

续表

属 性	取 值	默 认 值	说 明
cue	[<'cue-before'> || <'cue-after'>] | inherit	not defined fot shorthand properties	设置提示
mark-before, mark-after	<string>	none	设置标注时的效果
mark	[<'mark-before'> || <'mark- after'>]	not defined for shorthand properties	设置标注
voice-family	[[<specific-voice>|[<age>]<generic-voice>][<number>],]* [<specific-voice>|[<age>]<generic-voice>][number] | inherit	implementation dependent	设置语系
voice-rate	<percentage> | x-slow | slow | medium | fast | x-fast | inherit	implementation dependent	设置比率
voice-pitch	<number> | <percentage> | x-slow | slow | medium | fast | x-fast | inherit	medium	设置音调
voice-pitch-range	<number> | x-low | low | medium | high | x-high | inherit	implementation dependent	设置音调范围
voice-stress	strong | moderate | none | reduced | inherit	moderate	设置重音
voice-duration	<time>	implementation dependent	设置音乐持续时间
phonemes	<string>	implementation dependent	设置音位

实例 067 column-rule属性（CSS3.0）——为分栏添加分栏线

在Dreamweaver中对页面使用多列布局的方式进行排版时，使用列边框能够更清晰地区分不同的列。若想实现列边框效果，可以通过column-rule属性来定义，该属性设置包括列边框的颜色、样式、宽度等。

- **最终文件**｜最终文件\第7章\实例67.html
- **视　　频**｜视频\第7章\实例67.mp4
- **知 识 点**｜column-rule属性
- **学习时间**｜5分钟

┃实例分析┃

　　本实例在多列布局的页面基础上增添了列边框的设置，不仅能让浏览者更容易区分页面中每个列的内容，还能够在视觉上增强页面的可观赏性，页面的最终效果如图7-100所示。

图7-100 最终效果

┤ 知识点链接 ├

column-rule属性的语法格式如下：

column-rule: <length> | <style> | <color>。

┤ 制作步骤 ├

01 执行"文件→打开"菜单命令，打开页面"源文件\第7章\实例67.html"，页面效果如图7-101所示。切换到该文件所链接的外部样式表7-67.css文件中，找到名为#main的CSS规则，如图7-102所示。

图7-101　页面效果

```
#main {
    width: 750px;
    height: 362px;
    background-color: #4F5422;
    padding-left: 11px;
    padding-right: 10px;
    float: left;
    column-count: 3;
    column-gap: 25px;
}
```

图7-102　CSS样式代码

02 在该CSS样式中添加column-rule属性设置，如图7-103所示。执行"文件→保存"菜单命令，保存外部CSS样式表文件。在浏览器中预览页面，可以看到设置了分栏线的页面效果，如图7-104所示。

```
#main {
    width: 750px;
    height: 362px;
    background-color: #4F5422;
    padding-left: 11px;
    padding-right: 10px;
    float: left;
    column-count: 3;
    column-gap: 25px;
    column-rule: dashed 1px #CCCC00;
}
```

图7-103　CSS样式代码

图7-104　预览列边框效果

Q column-rule属性的属性值分别表示什么？

A column-rule属性值说明如表7-9所示。

表7-9　column-rule属性值

属 性 值	说 明
length	由浮点数和单位标识符组成的长度值，不可以为负值，用于设置边框的宽度
style	设置边框的样式
color	设置边框的颜色

Q IE11是否支持column相关属性？

A 目前，IE11及其以上浏览器能够支持column相关属性，但是IE9以下版本的浏览器并不支持column相关属性，Firefox、Chrome和Safari浏览器都能够对column相关属性进行支持。

第 **08** 章

使用CSS样式美化超链接和鼠标指针

超链接是整个互联网的基础，通过超链接能够实现页面的跳转、功能的激活等，超链接可以将网站中每个页面关联在一起。通过CSS样式，可以设置出美观大方、具有不同外观和样式效果的超链接，从而增加页面的样式效果和超链接交互效果。本章将向读者详细介绍如何使用CSS样式对超链接效果进行控制。

超链接是网页中最重要、最根本的元素之一，网站中的每一个网页都是通过超链接的形式关联在一起的。如果页面之间是彼此独立的，那么这样的网站将无法正常运行。

实例 068　定义超链接样式——制作活动公告

对于超链接的修饰，通常可以采用CSS伪类。伪类是一种特殊的选择符，能被浏览器自动识别。其最大的用处是在不同状态下可以对超链接定义不同的样式效果，是CSS本身定义的一种类。下面将通过一个实例为大家讲解如何在网页中制作各种不同的超链接效果。

- **最终文件 |** 最终文件\第8章\实例68.html
- **视　　频 |** 视频\第8章\实例68.mp4
- **知 识 点 |** <a></a>标签、超链接伪类样式
- **学习时间 |** 15分钟

实例分析

本实例制作的是一个小活动的内容公告，通过对超链接的4种CSS样式伪类进行设置，实现了文本超链接样式的不同效果，页面的最终效果如图8-1所示。

图8-1 最终效果

知识点链接

超链接是由<a></a>标签组成，超链接可以是文字或图像。添加了超链接的文字具有自己默认的样式，从而和其他文字区分开，其中默认的超链接样式为蓝色文字且有下划线。通过CSS样式可以修饰超链接效果，从而达到美化页面整体的效果。

使用HTML中的超链接标签<a>创建的超链接非常普通，除了颜色发生变化和带有下划线之外，其他的和普通文本没有太大的区别，这种传统的超链接样式显然无法满足网页设计制作的需求，这时就可以通过CSS样式对网页中的超链接样式进行控制。

对于超链接伪类的相关介绍如下：

a:link：定义超链接对象在没有访问前的样式。

a:hover：定义当鼠标移至超链接对象上时的样式。

a:active：定义当鼠标单击超链接对象时的样式。

a:visited：定义超链接对象已经被访问过后的样式。

制作步骤

01 执行"文件→打开"菜单命令，打开页面"源文件\第8章\实例68.html"，页面效果如图8-2所示。选中页面中的新闻标题文字，分别为各新闻标题设置空链接，如图8-3所示。

图8-2 打开页面

图8-3 设置空链接

02 转换到代码视图中，可以看到所设置的链接代码，如图8-4所示。在浏览器中预览页面，可以看到默认的超链接文字效果，如图8-5所示。

图8-4 超链接代码

图8-5 默认超链接文本效果

03 转换到该文本所链接的外部CSS样式表文件8-68.css文件中，创建名为.link1的类CSS样式的4种伪类样式，设置如图8-6所示。返回到设计视图中，选中第1条新闻标题，在"类"下拉列表中选择刚定义的CSS样式link1应用，如图8-7所示。

```
.link1:link {
    color: #376d06;
    text-decoration: none;
}
.link1:hover {
    color: #F30;
    text-decoration: underline;
}
.link1: active {
    color: #F00;
    text-decoration: underline;
}
.link1:visited {
    color: #999;
    text-decoration: line-through;
}
```

图8-6 4种伪类的CSS样式

图8-7 应用CSS样式

04 在设计视图中可以看到应用超链接文本的效果，如图8-8所示。转换到代码视图中，可以看到名为link1的类CSS样式是直接应用在<a>标签中的，如图8-9所示。

图8-8 页面效果

```
<ul>
    <li><a href="#" class="link1">关于官方网站系统升级优化的说明</a></li>
    <li><a href="#">智能宝宝向前冲海选赛开始啦，快报名吧！</a></li>
    <li><a href="#">网络普级赛圆满结束，终级决赛即将开始</a></li>
    <li><a href="#">比赛抽奖开始啦，以电子券形式发放</a></li>
    <li><a href="#">快快向前跑，终级决赛</a></li>
    <li><a href="#">关于智能宝宝向前冲的比赛说明</a></li>
    <li><a href="#">五一全家健身行活动开始啦，欢迎报名参加</a></li>
    <li><a href="#">春天到了，你还宅在家里吗？快出来走走吧！</a></li>
    <li><a href="#">儿童成长健康讲座接受预约</a></li>
    <li><a href="#">家庭亲子活动开始啦，详细内容可以咨询...</a></li>
</ul>
```

图8-9 代码视图

05 保存页面，并保存外部CSS样式表文件。在浏览器中预览页面，可以看到使用CSS样式实现的文本超链接效果，如图8-10所示。

图8-10 在浏览器中预览使用CSS样式实现的文本超链接效果

```
.link2:link {
    color: #376d06;
    text-decoration: underline;
}
.link2:hover {
    color: #63F;
    text-decoration: none;
    margin-top: 1px;
    margin-left: 1px;
}
.link2:active {
    color: #333;
    text-decoration: none;
    margin-top: 1px;
    margin-left: 1px;
}
.link2:visited {
    color: #666;
    text-decoration: overline;
}
```

图8-11 4种伪类的CSS样式代码

06 返回外部CSS样式表文件中，创建名为.link2的类CSS样式的4种伪类样式，设置如图8-11所示。返回设计视图中，选中第2条新闻标题，在"类"下拉列表中选择刚定义的CSS样式link2应用。使用相同的方法，可以为其他新闻标题应用超链接样式，如图8-12所示。

07 保存页面，并保存外部CSS样式表文件。在浏览器中预览页面，可以看到使用CSS样式实现的文本超链接效果，如图8-13所示。

图8-12　应用超链接样式效果

图8-13　在浏览器中预览使用CSS样式实现的文本超链接效果

> **提示**
>
> 在本实例中，定义了 CSS 样式的 4 种伪类，再将该类 CSS 样式应用于 <a> 标签，同样可以实现超链接文本样式的设置。如果直接定义 <a> 标签的 4 种伪类，则对页面中的所有 <a> 标签起作用，这样页面中的所有链接文本的样式效果都是一样的。通过定义 CSS 样式的 4 种伪类，就可以在页面中实现多种不同的文本超链接样式效果。

Q 什么是超链接？

A 超链接是指从一个网页指向一个目标的连接关系，这个目标可以是另一个网页，也可以是相同网页上的不同位置，还可以是一个图片、一个电子邮件地址、一个文件，甚至是一个应用程序。而用来超链接的对象，可以是一段文本或者是一个图片。

Q 按照链接路径的不同，超链接可以分为哪几种类型？

A 可以分为以下3种类型：

内部链接

内部链接就是链接站点内部的文件，在"链接"文本框中用户需要输入文档的相对路径，一般使用"指向文件"和"浏览文件"的方式来创建，如图8-14所示。

图8-14　"链接"文本框

外部链接

外部链接是相对于本地链接而言的，不同的是外部链接的链接目标文件不在站点内，而在远程的服务器上，所以只需在链接栏内输入需链接的网址就可以了，如图8-15所示。

图8-15　"链接"文本框

脚本链接

它是通过脚本来控制链接结果的。一般而言，其脚本语言为JavaScript。常用的有javascript:window.close()、javascript:alert("……")等，如图8-16所示。

图8-16 "链接"文本框

实例 069 超链接伪类应用——制作按钮式超链接

超链接是网页上最常使用的元素，除了可以为网页中的文字超链接设置CSS样式，实现各种文字超链接效果外，还可以通过CSS样式对超链接的4种伪类进行设置，从而实现网页中常见的一些特殊效果。下面将通过一个页面为大家详细介绍如何制作按钮式超链接。

- **最终文件** | 最终文件\第8章\实例69.html
- **视　　频** | 视频\第8章\实例69.mp4
- **知 识 点** | <li>标签、超链接伪类样式
- **学习时间** | 10分钟

实例分析

在网页制作中，通过CSS样式的设置可以制作出各式各样的导航菜单超链接。本实例就是对CSS样式表进行设置，制作出按钮式导航菜单，页面的最终效果如图8-17所示。

图8-17 最终效果

知识点链接

在很多网页中，超链接制作成各种按钮的效果，这些效果大多采用图像的方式来实现。通过CSS样式的设置，同样可以制作出类似于按钮效果的导航菜单超链接。

制作步骤

01 执行"文件→打开"菜单命令，打开页面"源文件\第8章\实例69.html"，如图8-18所示。光标移至名为menu的Div中，将多余文字删除，输入相应的段落文本，并将段落文本创建为项目列表，页面效果如图8-19所示。

图8-18 打开页面　　　图8-19 创建项目列表

02 转换到外部CSS样式表文件中，定义名为#menu li的CSS样式，如图8-20所示。返回到设计视图中，可以看到所设置的项目列表效果，如图8-21所示。

```
#menu li {
    list-style-type: none;
    float: left;
}
```

图8-20 CSS样式代码

图8-21 页面效果

03 分别为各导航菜单项设置空链接，效果如图8-22所示。转换到代码视图中，可以看到该部分页面代码，如图8-23所示。

```
<div id="box">
    <div id="menu">
        <ul>
            <li><a href="#">网站首页 Home</a></li>
            <li><a href="#">相关服务 Service</a></li>
            <li><a href="#">研究体系 Study</a></li>
            <li><a href="#">建筑规划 Architecture</a></li>
            <li><a href="#">景观作品 Landscape</a></li>
            <li><a href="#">联系我们 Contact</a></li>
        </ul>
    </div>
</div>
```

图8-22 页面效果　　　　　　　　　　　　　　　　图8-23 代码视图

04 转换到外部CSS样式表文件中，定义名称为#menu li a的CSS样式，如图8-24所示。返回设计视图中，可以看到所设置的超链接文字效果，如图8-25所示。

```
#menu li a {
    width: 150px;
    height: 30px;
    line-height: 30px;
    color: #FFF;
    text-align: center;
    margin-left: 4px;
    margin-right: 4px;
    float: left;
}
```

图8-24 CSS代码样式　　　　　　　　　　　　　　　图8-25 页面效果

05 转换到外部CSS样式表文件中，定义名称为#menu li a:link和#menu li a:visited的CSS样式，如图8-26所示。返回设计视图中，可以看到所设置的超链接文字效果，如图8-27所示。

```
#menu li a:link,#menu li a:visited{
    border: solid 1px #0099FF;
    background-color: #FFF;
    color: #4287ca;
    text-decoration: none;
    filter: Alpha(Opacity=90);
}
```

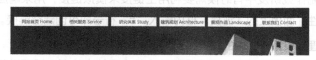

图8-26 CSS代码样式　　　　　　　　　　　　　　　图8-27 页面效果

06 转换到外部CSS样式表文件中，定义名称为#menu li a:hover的CSS样式，如图8-28所示。保存页面，并保存外部CSS样式表文件。在浏览器中预览页面，可以看到使用CSS样式实现的按钮式超链接效果，如图8-29所示。

```
#menu li a:hover {
    border: solid 1px #F90;
    background-color: #39F;
    color:#FFF;
    text-decoration: none;
    filter: Alpha(Opacity=90);
}
```

图8-28 CSS代码样式　　　　　　　　　　　　　　　图8-29 预览效果

Q 按照链接对象的不同，可以将超链接分为哪几类？

A 可以将超链接分为以下6类：

文本超链接

建立一个文本超链接的方法非常简单，首先选中要建立成超链接的文本，然后在"属性"面板内的"链接"框内输入要跳转到的目标网页的路径及名字即可。

图像超链接

要创建图像超链接的方法和文本超链接方法基本一致。选中图像，在"属性"面板中输入链接地址即可。较大的图片中如果要实现多个链接可以使用"热点"帮助实现。

E-mail链接

页面中为E-mail添加链接的方法是利用mailto标签，在"属性"面板上的"链接"框内输入要提交的邮箱即可，如图8-30所示。

图8-30 "属性"面板

锚点链接

锚点就是在文档中设置位置标记，并给该位置一个名称，以便引用。通过创建锚点，可以使链接指向当前文档或不同文档中的指定位置。锚点常常被用来跳转到特定的主题或文档的顶部，使访问者能够快速浏览到选定的位置，加快信息检索速度。

多媒体文件链接

这种链接方法分为链接和嵌入两种。使用与外联图像类似的语句可把影视文件链接到HTML文档，差别只是文件扩展名不同。与链接外联影视文件不同，对嵌入有影视文件的HTML文档，浏览器在从网络上下载该文档时就把影视文件一起下载下来，如果影视文件很大，则下载的时间就会很长。

空链接

网页在制作或研发中有时候需要利用空链接来模拟链接，用来响应鼠标事件，可以防止页面出现各种问题，在"属性"面板上的"链接"框内输入"#"符号即可创建空链接。

Q 怎样合理地设置网页中的超链接？

A 在网页中创建超链接时，用户需要综合整个网站中的所有页面进行考虑，合理地安排超链接，这样才会使整个网站中的页面具有一定的条理性，创建超链接的建议如下所述：

避免孤立文件的存在

应该避免存在孤立的文件，这样能使将来在修改和维护链接时有清晰的思路。

在网页中避免使用过多的超级链接

在一个网页中设置过多超链接会导致网页的观赏性不强，文件过大。如果避免不了过多的超链接，可以尝试使用下拉列表框、动态链接等一些链接方式。

网页中的超链接不要超过4层

链接层数过多容易让人产生厌烦的感觉，在力求做到结构化的同时，应注意链接避免超过4层。

页面较长时可以使用书签

在页面较长时，可以定义一个书签，这样能让浏览者方便地找到想要的信息。

设置主页或上一层的链接

有些浏览者可能不是从网站的主页进入网站的。设置主页或上一层的链接，会让浏览者更加方便地浏览全部网页。

实例 070 超链接伪类应用——制作图像式超链接

在浏览网站页面时，当鼠标经过一些添加超链接的页面部分时，页面会出现一些交替变换的绚丽背景，使得整个页面更加美观且具有欣赏性。同样，我们也可以利用CSS制作出图像式超链接。

- **最终文件**┃最终文件\第8章\实例70.html
- **视　　频**┃视频\第8章\实例70.mp4
- **知 识 点**┃<li>标签、超链接伪类样式
- **学习时间**┃15分钟

┃**实例分析**┃

本实例制作的是网站页面的导航菜单，通过设置4种伪类样式代码，为文字的超链接添加了好看的背景，使网页看起来更具有欣赏性，下面我们将为大家介绍的是如何制作出图像式超链接，页面的最终效果如图8-31所示。

图8-31 最终效果

┃**知识点链接**┃

在制作网站页面中，通常可以对超链接的伪类样式进行设置，这样不仅可以制作出按钮式导航菜单，也可以制作出图像式超链接。

a:link：a:link只对拥有href属性的<a>标签产生影响，也就是拥有实际链接地址的对象，而对直接使用<a>标签嵌套的内容不会产生实际效果。

a:hover：用来设置对象在其鼠标悬停时的样式表属性。该状态是非常实用的状态之一，当鼠标移动到链接对象上时，改变其颜色或是改变下划线状态，这些都可以通过a:hover状态控制实现。对于无href属性的<a>标签，此伪类不产生作用。

a:active：这种超链接伪类用于设置链接对象在被用户激活（在被点击与释放之间发生的事件）时的样式。实际应用中，本状态很少使用。对于无href属性的<a>标签，此伪类不产生作用。

a:visited：这种超链接伪类用于设置超链接对象在其链接地址已被访问过后的样式属性。页面中每一个链接被访问过之后在浏览器内部都会做一个特定的标记，这个标记能够被CSS所识别。a:visited就是能够针对浏览器检测已经被访问过的链接，从而进行样式设置。通过a:visited的样式设置，能够设置访问过的链接呈现为另外一种颜色或删除线的效果。定义网页过期时间或用户清空历史记录将影响该伪类的作用，对于无href属性的<a>标签，该伪类不产生作用。

┃**制作步骤**┃

01 执行"文件→打开"菜单命令，打开页面"源文件\第8章\实例70.html"，页面效果如图8-32所示。光标移至名为menu的Div中，将多余文字删除，输入相应的段落文本，并将段落文本创建为项目列表，页面效果如图8-33所示。

图8-32 打开页面

图8-33 创建项目列表

02 转换到外部CSS样式表文件中，定义名为#menu li的CSS样式，如图8-34所示。返回到设计视图中，可以看到所设置的超链接文字效果，如图8-35所示。

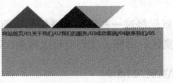

```
#menu li {
    list-style-type: none;
    float: left;
}
```

图8-34 CSS样式代码   图8-35 页面效果

03 分别为各导航菜单项设置空链接，效果如图8-36所示。转换到代码视图中，可以看到该部分页面代码，如图8-37所示。

```
<div id="menu">
    <ul>
        <li><a href="#">网站首页/01</a></li>
        <li><a href="#">关于我们/02</a></li>
        <li><a href="#">我们的服务/03</a></li>
        <li><a href="#">成功案例/04</a></li>
        <li><a href="#">联系我们/05</a></li>
    </ul>
</div>
```

图8-36 页面效果   图8-37 代码视图

04 转换到外部CSS样式表文件中，定义名称为#menu li a的CSS样式，如图8-38所示。返回设计视图中，可以看到所设置的超链接文字效果，如图8-39所示。

```
#menu li a {
    width: 146px;
    height: 66px;
    padding-top: 80px;
    text-align: center;
    float: left;
}
```

图8-38 CSS代码样式   图8-39 页面效果

05 转换到外部CSS样式表文件中，定义名称为#menu li a.link01:link、#menu li a.link01:hover、#menu li a.link01:active和#menu li a.link01:visited的CSS样式，如图8-40所示。返回设计视图中，选中相应的导航菜单，在"类"下拉列表中选择刚定义的CSS样式link01应用，如图8-41所示。

```
#menu li a.link01:link {
    font-weight: bold;
    color: #FFF;
    background-color: #BBB;
    text-decoration: none;
}
#menu li a.link01:hover {
    font-weight: bold;
    color: #F00;
    background-image: url(../images/7603.jpg);
    background-repeat: no-repeat;
    text-decoration: underline;
}
#menu li a.link01:active {
    font-weight: bold;
    color: #F36;
    background-image: url(../images/7603.jpg);
    background-repeat: no-repeat;
    text-decoration: none;
}
#menu li a.link01:visited {
    font-weight: bold;
    color: #FFF;
    background-color: #BBB;
    text-decoration: none;
}
```

图8-40 CSS代码样式   图8-41 "属性"面板

06 在设计视图中可以看到应用超链接文本的效果，如图8-42所示。转换到代码视图中，可以看到名为link01的类CSS样式是直接应用在<a>标签中的，如图8-43所示。

```
<div id="menu">
    <ul>
        <li><a href="#" class="link01">网站首页/01</a></li>
        <li><a href="#">关于我们/02</a></li>
        <li><a href="#">我们的服务/03</a></li>
        <li><a href="#">成功案例/04</a></li>
        <li><a href="#">联系我们/05</a></li>
    </ul>
</div>
```

图8-42 页面效果   图8-43 代码视图

07 使用相同的方法，分别为link02、link03 、link04 、link05定义类CSS样式，并分别为其他的导航菜单应用相应的CSS样式。在设计视图中，可以看到应用超链接文本的效果，如图8-44所示。转换到代码视图，可以看到应用CSS样式后的页面代码，如图8-45所示。

图8-44 页面效果

```
<div id="menu">
  <ul>
    <li><a href="#" class="link01">网站首页/01</a></li>
    <li><a href="#" class="link02">关于我们/02</a></li>
    <li><a href="#" class="link03">我们的服务/03</a></li>
    <li><a href="#" class="link04">成功案例/04</a></li>
    <li><a href="#" class="link05">联系我们/05</a></li>
  </ul>
</div>
```

图8-45 代码视图

08 执行"文件→保存"菜单命令，保存页面，并保存外部CSS样式表文件。在浏览器中预览页面，可以看到使用CSS样式实现的图像式超链接效果，如图8-46所示。

图8-46 预览效果

Q 链接与路径的关系是什么？

A 使用Dreamweaver创建链接既简单又方便，只要选中要设置成链接的文字或图像，然后在"属性"面板上的"链接"文本框中添加相应的URL地址即可，也可以拖动指向文件的指针图标指向链接的文件，同时可以使用"浏览"按钮在本地和局域网上选择链接的文件。

每一个文件都有自己的存放位置和路径，理解一个文件到要链接的另一个文件之间的路径关系是创建链接的根本。在Dreamweaver CC中，可以很容易地选择文件链接的类型并设置路径。

Q 链接路径可以分为几种形式？

A 链接路径主要可以分为相对路径、绝对路径和根路径3种形式。

相对路径：相对路径最适合网站的内部链接。只要是属于同一网站之下的，即使不在同一个目录下，相对路径也非常适合。

如果链接到同一目录下，则只需输入要链接文档的名称。要链接到下一级目录中的文件，只需先输入目录名，然后加"/"，再输入文件名。如果要链接到上一级目录中的文件，则先输入"../"，再输入目录名、文件名。

绝对路径：绝对路径为文件提供完整的路径，包括使用的协议（如http、ftp、rtsp等）。一般常见的绝对路径如http://www.sina.com.cn、ftp://202.116.234.1/等。

根路径：根路径同样适用于创建内部链接，但大多数情况下，不建议使用此种路径形式。通常它只在以下两种情况下使用，一种是当站点的规模非常大，放置于几个服务器上时；另一种是当一个服务器上同时放置几个站点时。根路径以"\"开始，然后是根目录下的目录名。

使用CSS定义鼠标指针样式——改变默认的鼠标指针

通常在浏览网页时，看到的鼠标指针的形状有箭头、手形和I字形，而在Windows环境下实际看到的鼠标指针种类要比这个广泛得多。CSS弥补了HTML语言在这方面的不足，通过cursor属性可以设置各式各样的鼠标指针样式，该属性可在任何标记里使用。

- **最终文件 |** 最终文件\第8章\实例71.html
- **视   频 |** 视频\第8章\实例71.mp4
- **知 识 点 |** cursor属性
- **学习时间 |** 10分钟

实例分析

CSS样式不仅能够准确地控制及美化页面，而且还能定义鼠标指针样式。当鼠标移至不同的HTML元素对象上时，鼠标会以不同形状显示。该实例页面最终效果如图8-47所示。

图8-47 最终效果

知识点链接

cursor属性用于设置光标在网页中的视觉效果，通过样式改变鼠标形状，当鼠标放在被此选项设置、修饰过的区域上时，形状会发生改变。具体的形状包括：crosshair（交叉十字）、text（文本选择符号）、wait（Windows等待形状）、pointer（手形）、default（默认的鼠标形状）、help（带问号的鼠标）、e-resize（向东的箭头）、ne-resize（指向东北的箭头）、n-resize（向北的箭头）、nw-resize（指向西北的箭头）、w-resize（向西的箭头）、sw-resize（向西南的箭头）、s-resize（向南的箭头）、se-resize（向东南的箭头）、auto（正常鼠标）。

制作步骤

01 执行"文件→打开"菜单命令，打开页面"源文件\第8章\实例71.html"，页面效果如图8-48所示。转换到外部CSS样式表文件8-71.css中，在名为body标签的CSS样式代码中，添加cursor属性代码，如图8-49所示。

图8-48 打开页面

```
body {
    font-family: 微软雅黑;
    font-size: 12px;
    color: #FFF;
    background-image: url(../images/7101.png);
    background-repeat: repeat;
    background-position: left -588px;
    cursor: move;
}
```

图8-49 添加CSS样式设置

02 保存页面，并保存外部CSS样式表文件。在浏览器中预览页面，可以看到使用CSS定义鼠标指针样式的效果，如图8-50所示。

图8-50 预览效果

Q 为什么有时候光标指针的差异较小？

A 很多时候，浏览器调用的鼠标是操作系统的鼠标效果，因此同一浏览器之间的差别很小，但不同操作系统的用户之间还是存在差异的。

Q 可以在一个页面中为不同的区域或元素应用多种光标指针效果吗？

A 可以，可以在多个类CSS样式中定义不同的cursor属性，将光标指针定义为多种不同的效果，在页面中分别为相应的区域或元素应用相应的类CSS样式即可。但通常情况下，光标指针效果在网页中使用较少，通常都是采用系统默认的光标指针效果，在网页中应用光标指针效果最多不超过两种，否则会影响网页的便利性。

实例 072　使用CSS定义鼠标变换效果——实现网页中的鼠标变换效果

了解了如何设置鼠标样式，就可以轻松地制作出鼠标指针变化的超链接效果了，即鼠标移至某个超链接对象上时，可以实现超链接颜色变化、背景图像发生变化，并且鼠标指针也可以发生变化。

● **最终文件** | 最终文件\第8章\实例72.html
● **视　　频** | 视频\第8章\实例72.mp4
● **知 识 点** | cursor属性
● **学习时间** | 5分钟

▌实例分析 ▌

本实例制作的是一个设计作品网站的小页面，通过定义相应的类CSS样式，从而实现了改变鼠标变换样式的效果，页面的最终效果如图8-51所示。

图8-51 最终效果

▌知识点链接 ▌

在制作网站页面中，定义名为.after的类CSS样式，并设置成适合的一种鼠标样式，即可为页面中的元素对象应用相应的鼠标指针样式，从而使页面内容变得更丰富多彩。

制作步骤

`01` 执行"文件→打开"菜单命令，打开页面"源文件\第8章\实例72.html"，页面效果如图8-52所示。转换到外部CSS样式表文件8-72.css中，创建名为.after的类CSS样式，如图8-53所示。

图8-52 打开页面

```
.after {
    cursor: pointer;
}
```

图8-53 CSS样式代码

`02` 返回到页面设计视图中，选中相应的内容，在"属性"面板中的Class下拉列表中选择刚定义的CSS样式应用，如图8-54所示。保存页面，并保存外部CSS样式表文件。在浏览器中预览页面，可以看到默认状态下的鼠标效果与移至图片上方时的鼠标效果，如图8-55所示。

图8-54 应用类CSS样式

图8-55 预览效果

Q cursor属性值所对应的光标指针效果分别是什么样的？

A cursor属性的相关属性值如表8-1所示。

表8-1 cursor属性值

属 性 值	指 针 效 果	属 性 值	指 针 效 果
auto	浏览器默认设置	nw-resize	⬉
crosshair	+	pointer	👆
default	▷	se-resize	⬊
e-resize	⟷	s-resize	↕
help	▷?	sw-resize	⬋
inherit	继承	text	I
move	✥	wait	○
ne-resize	⬈	w-resize	⟷
n-resize	↕		

实例 073 box-shadow属性（CSS3.0）——为网页元素添加阴影

在CSS3.0中新增加了4种有关网页用户界面控制的属性，分别是box-shadow、overflow、resize和outline，下面将通过一个实例向大家详细介绍新增CSS属性的使用方法。

- **最终文件** | 最终文件\第8章\实例73.html
- **视　　频** | 视频\第8章\实例73.mp4
- **知 识 点** | box-shadow属性
- **学习时间** | 10分钟

实例分析

在CSS中新增了为元素添加阴影的新属性box-shadow，通过该属性可以轻松地实现网页中元素的阴影效果。本实例制作的网站的页面就是通过该属性实现的阴影效果，页面最终效果如图8-56所示。

图8-56 最终效果

知识点链接

box-shadow属性的语法格式如下：

box-shadow: <length> <length> <length> || <color>;

其中第1个length值表示阴影水平偏移值，可以取正、负值；第2个length值表示阴影垂直偏移值，可以取正、负值；第3个length值表示阴影模糊值。Color属性值用于设置阴影的颜色。

制作步骤

01 执行"文件→打开"菜单命令，打开页面"源文件\第8章\实例73.html"，页面效果如图8-57所示。转换到外部CSS样式表文件8-73.css中，可以看到该页面中创建的CSS样式，如图8-58所示。

图8-57 打开页面

```
body {
    font-size: 12px;
    color: #FFF;
    line-height: 20px;
    background-image: url(../images/7301.jpg);
    background-repeat: repeat;
}
#box {
    width: 600px;
    height: 650px;
    margin: 0px auto;
}
#top {
    width: 600px;
    height: 168px;
}
#main {
    width: 518px;
    height: 393px;
    background-color: #FFF;
    padding-top: 2px;
    margin: 0px auto;
}
```

图8-58 CSS样式代码

02 找到名为#main的 CSS样式中，添加相应的代码，如图8-59所示。执行"文件→保存"菜单命令，保存页面，并保存外部CSS样式表文件。在浏览器中预览页面，效果如图8-60所示。

```
#main {
    width: 518px;
    height: auto;
    overflow: hidden;
    background-color: #FFF;
    padding-top: 2px;
    margin: 0px auto;
    box-shadow: 8px 8px 10px #333;/*普通写法*/
    -moz-box-shadow: 8px 8px 10px #333;/*针对Gecko核心写法*/
    -webkit-box-shadow: 8px 8px 10px #333;/*针对Webkit核心写法*/
}
```

图8-59 CSS样式代码

图8-60 在浏览器中预览页面效果

Q 针对不同引擎类型的浏览器，box-shadow属性有哪些写法？

A 针对不同引擎类型的浏览器，box-shadow属性需要写为不同的形式，如表8-2所示。

表8-2 使用不同引擎类型的浏览器，box-shadow属性的不同形式

引 擎 类 型		Gecko	Webkit	Presto
box-shadow		-moz-box-shadow	-webkit-box-shadow	

Q 如果不通过CSS3.0新增的box-shadow属性，如何实现网页元素的阴影效果？

A 目前CSS3.0还没有正式发布，各浏览器对CSS3.0的支持也不相同。如果不使用CSS3.0新增的box-shadow属性，要实现网页元素的阴影效果，可以通过CSS中的shadow或Dropshadow滤镜来实现，关于shadow滤镜和Dropshadow滤镜将在第9章中进行详细介绍。

实例 074 overflow属性（CSS3.0）——网页元素内容溢出处理

当对象的内容超过其制定的高度及宽度时，应该如何进行处理？在CSS3.0中新增了overflow属性，通过该属性可以设置当内容溢出时的处理方法。下面将通过一个实例向大家介绍如何通过overflow属性处理内容溢出。

- **最终文件**┃最终文件\第8章\实例74.html
- **视　　频**┃视频\第8章\实例74.mp4
- **知 识 点**┃overflow属性
- **学习时间**┃10分钟

┃ 实例分析 ┃

本实例制作的是一个卡通插画页面，通过对overflow属性的设置，很好地处理了内容溢出的问题，使得页面变得更加整洁、美观且具有实用性，页面最终效果如图8-61所示。

图8-61 最终效果

┤ 知识点链接 ├

overflow属性的语法格式如下：

overflow: visible | auto | hidden | scroll;

overflow属性的各属性值说明如表8-3所示。

表8-3 overflow属性值

属 性 值	说 明
visible	不剪切内容也不添加滚动条。如果显示声明该默认值，对象将被剪切为包含对象的window或frame的大小，并且clip属性设置将失效
auto	该属性值为body对象和textarea的默认值，在需要时剪切内容并添加滚动条
hidden	不显示超过对象尺寸的内容
scroll	总是显示滚动条

┤ 制作步骤 ├

01 执行"文件→打开"菜单命令，打开页面"源文件\第8章\实例74.html"，页面效果如图8-62所示。在浏览器中预览页面，可以看到页面的效果如图8-63所示。

图8-62 打开页面

图8-63 在浏览器中浏览页面

02 转换到该文件所链接的外部CSS样式表文件8-74.css中，在名为#text的CSS样式中添加overflow的属性设置，如图8-64所示。保存外部样式表文件，在浏览器中预览页面，可以看到页面的效果，如图8-65所示。

```
#text {
    width: 450px;
    height: 300px;
    float: left;
    overflow: scroll;
}
```

图8-64 CSS样式代码

图8-65 在浏览器预览页面

03 转换到外部CSS样式表文件中，将名为#text的CSS样式中的overflow属性修改为overflow-y，如图8-66所示。保存外部样式表文件，在浏览器中预览页面，可以看到页面效果，如图8-67所示。

```
#text {
    width: 450px;
    height: 300px;
    float: left;
    overflow-y: scroll;
}
```

图8-66 CSS样式代码

图8-67 在浏览器中预览效果

Q 能不能当内容溢出时，控制其只显示垂直或水平方向上的滚动条？

A 可以，overflow属性还有两个相关属性overflow-x和overflow-y，分别用于设置水平方向溢出处理方式和垂直方向上的溢出处理方式，其属性值和设置方法与overflow属性完全相同。

Q overflow属性与AP Div的溢出设置是否相同？

A 基本相同。AP Div拥有"溢出"选项设置，而网页中的普通容器则需要通过在CSS样式中的overflow属性设置其溢出。目前，几乎所有浏览器都支持overflow属性。

实例 075 resize属性（CSS3.0）——在网页中实现区域缩放调节

在CSS中还新增了区域缩放调节的功能设置，通过新增的resize属性，就可以实现页面中元素的区域缩放操作，调节元素的尺寸大小。下面的一个小实例就说明了该功能的具体使用方法。

- **最终文件** | 最终文件\第8章\实例75.html
- **视　　频** | 视频\第8章\实例75.mp4
- **知 识 点** | resize属性
- **学习时间** | 5分钟

实例分析

本实例通过添加相应的代码部分，使该页面中的部分区域对象有了缩放调节的功能，页面的最终效果如图8-68所示。

图8-68 最终效果

知识点链接

resize属性的语法格式如下：

```
resize: none | both | horizontal | vertical | inherit
```

制作步骤

01 执行"文件→打开"菜单命令，打开页面"源文件\第8章\实例75.html"，页面效果如图8-69所示。转换到该文件所链接的外部CSS样式表文件8-75.css中，在名为#text的CSS样式中添加resize属性设置，如图8-70所示。

```
#text {
    width: 80%;
    height: auto;
    overflow: hidden;
    background-color: rgba(0,0,0,0.4);
    padding: 10px;
    color: #FFF;
    resize: both;
}
```

图8-69　打开页面　　　　　　　　　　　　图8-70　添加样式代码

提示

在名为 #text 的 CSS 样式中，应用 RGBA 的颜色定义方法设置元素的背景颜色，从而使背景色显示为半透明的效果，该半透明效果在 Dreamweaver 的设计视图中是无法看出来的，必须在浏览器中预览才能看出效果。

02 保存外部样式表文件。在Chrome浏览器中预览页面，即可实现使用鼠标拖动text框，调整text框的大小的功能，页面效果如图8-71所示。

图8-71　在Chrome浏览器中预览页面效果

Q resize属性的各属性值分别表示什么？

A resize属性的各属性值说明如表8-4所示。

表8-4　resize属性值

属性值	说明
none	不提供元素尺寸调整机制，用户不能操纵调节元素的尺寸
both	提供元素尺寸的双向调整机制，让用户可以调节元素的宽度和高度
horizontal	提供元素尺寸的单向水平方向调整机制，让用户可以调节元素的宽度
vertical	提供元素尺寸的单向垂直方向调整机制，让用户可以调节元素的高度
inherit	默认继承

Q resize属性是不是在所有浏览器中都能够实现效果？

A 不是，resize属性是CSS3.0新增的属性，目前各种不同引擎核心的浏览器对CSS3.0的支持并不统一，IE8及其以下浏览器都不支持该属性，Firefox和Chrome浏览器支持该属性。在使用该属性时，一定要慎重。

实例 076　outline属性（CSS3.0）——为网页元素添加轮廓边框

　　outline属性用于为元素周围绘制轮廓边框，通过设置一个数值使边框边缘的外围偏移，可以起到突出元素的作用。下面将通过一个简单页面向大家介绍如何使用outline属性。

- ● **最终文件** | 最终文件\第8章\实例76.html
- ● **视　　频** | 视频\第8章\实例76.mp4
- ● **知 识 点** | outline属性
- ● **学习时间** | 10分钟

实例分析

　　本实例通过添加outline属性并对其进行相关设置，从而实现了给页面中对象元素周围绘制轮廓外边框的效果，页面最终效果如图8-72所示

图8-72　最终效果

知识点链接

outline属性的语法格式如下：

outline: [outline-color] ‖ [outline-style] ‖ [outline-width] ‖ [outline-offset] | inherit;

　　outline属性有4个相关属性outline-style、outline-width、outline-color和outline-offset，用于对外边框的相关属性分别进行设置。

制作步骤

01 执行"文件→打开"菜单命令，打开页面"源文件\第8章\实例76.html"，页面效果如图8-73所示。在Chrome浏览器中预览页面，可以看到页面的效果如图8-74所示。

图8-73　打开页面

图8-74　在Chrome浏览器中预览页面效果

02 转换到该文件所链接的外部CSS样式表文件8-76.css中，找到名为#pic的CSS样式，如图8-75所示。在该CSS样式代码中添加outline的属性设置，如图8-76所示。

03 保存外部样式表文件。在Chrome浏览器中预览页面，可以看到为图像所添加的外轮廓边框效果，如图8-77所示。

```
#pic {
    width: 844px;
    height: 314px;
    margin: 0px auto;
    margin-top: 15px;
}
```

图8-75 CSS样式代码

```
#pic {
    width: 844px;
    height: 314px;
    margin: 0px auto;
    margin-top: 15px;
    outline-color: #CFF;
    outline-style: double;
    outline-width: 10px;
    outline-offset: 8px;
}
```

图8-76 添加代码

图8-77 在Chrome浏览器中预览页面效果

Q outline属性的各属性值分别表示什么？

A outline属性的各属性值说明如表8-5所示。

表8-5 outline属性值

属 性 值	说 明
outline-color	该属性值用于指定轮廓边框的颜色
outline-style	该属性值用于指定轮廓边框的样式
outline-width	该属性值用于指定轮廓边框的宽度
outline-offset	该属性值用于指定轮廓边框偏移位置的数值
inherit	默认继承

Q CSS3.0中新增的nav-index属性有什么作用？

A nav-index属性是HTML 4.0中tabindex属性的替代品，在HTML 4.0中引入并做了一些很小的修改。该属性为当前元素指定了其在当前文档中导航的序列号。导航的序列号指定了页面中元素通过键盘操作获得焦点的顺序。该属性可以存在于嵌套的页面元素当中，其定义语法如下：

```
nav-index: auto | <number> | inherit
```

第 **09** 章

使用CSS3.0滤镜

随着互联网新技术的不断发展，IE 10及其以上版本的浏览器已经不再支持原有的CSS滤镜效果。Adobe转向HTML 5后与Chrome合作推出了CSS3.0滤镜功能，因此当前仅Webkit内核的浏览器支持CSS3.0滤镜效果，而Firefox和IE浏览器目前还并不支持CSS3.0滤镜效果，在本章中将向读者介绍CSS3.0中新增的10种滤镜效果的使用方法。

实例 077　grayscale滤镜——将网页处理为灰度效果

在进行网页设计时，为了成功地构建怀旧风格的页面或者在特殊时期，常会将网页处理为黑白的灰度视觉效果，使用CSS3.0中新增的grayscale滤镜就可以轻松地实现这一效果。

- ● **最终文件** | 最终文件\第9章\实例77.html
- ● **视　　频** | 视频\第9章\实例77.mp4
- ● **知 识 点** | grayscale滤镜
- ● **学习时间** | 5分钟

实例分析

在本实例中将通过CSS3.0中新增的grayscale滤镜，将网页处理为黑白的灰度效果，页面最终效果如图9-1所示。

图9-1　最终效果

知识点链接

grayscale滤镜的语法如下：

```
filter: grayscale(值);
```

grayscale滤镜属性值的取值范围是0-1或0-100%；0表示无效果，1或100%表示最大的灰度效果。

制作步骤

01 执行"文件→打开"菜单命令，打开页面"源文件\第9章\实例77.html"，如图9-2所示。在Chrome浏览器中预览该页面，可以看到该网页默认的效果，如图9-3所示。

图9-2　页面效果

图9-3　在Chrome浏览器中预览页面

02 返回Dreamweaver设计视图中，转换到该网页所链接的外部CSS样式表文件中，找到html,body标签的CSS样式，添加grayscale滤镜属性的设置代码，如图9-4所示。保存页面，在浏览器中预览该页面应用grayscale滤镜之后的效果，可以看到页面的整体饱和度降低了一半，如图9-5所示。

```
html,body {
    height: 100%;
    -webkit-filter: grayscale(0.5);
}
```

图9-4 应用CSS样式代码   图9-5 应用grayscale滤镜后预览效果

03 返回外部CSS样式表文件中，对grayscale滤镜的参数值进行修改，如图9-6所示。保存外部CSS样式表文件，在Chrome浏览器中预览该页面，可以看到页面被完全处理为黑白的效果，如图9-7所示。

```
html,body {
    height: 100%;
    -webkit-filter: grayscale(1);
}
```

图9-6 CSS样式代码   图9-7 网页被处理为黑白的效果

提示

如果需要使网页整体变为黑白的灰度效果，则需要在 html,body 标签的 CSS 样式中设置 grayscale 滤镜，如果需要使网页中其他的元素变为黑白的灰度效果，可以创建类 CSS 样式，并在该类 CSS 样式中设置 grayscale 滤镜，再为网页中的元素应用该类 CSS 样式。

Q 如何在IE 10及以下低版本浏览器中实现黑白灰度效果？

A 在IE 10及以下低版本的浏览器中可以使用gray滤镜来实现网页的黑白灰度效果，gray滤镜没有参数，应用该滤镜时，添加相应的CSS样式即可。

gray滤镜的语法格式如下：

```
filter: gray
```

Q IE滤镜与W3C滤镜有什么区别？

A IE滤镜只支持IE5.x ~ IE9版本的浏览器，IE 10及其以上版本浏览器中已经不再支持IE滤镜效果。目前W3C在CSS3.0中推出了新的滤镜功能，但是CSS3.0中的滤镜目前只有webkit核心的浏览器才支持。

实例
078 sepia滤镜——将网页中的图像处理为怀旧效果

在照片处理中常常可以看到将照片处理为棕褐色的怀旧效果，在网页中同样可以通过CSS3.0中新增的sepia滤镜，将网页中的对象处理为棕褐色怀旧效果。

● **最终文件** | 最终文件\第9章\实例78.html
● **视　　频** | 视频\第9章\实例78.mp4
● **知 识 点** | sepia滤镜
● **学习时间** | 5分钟

┤ 实例分析 ├

　　在本实例中将通过使用CSS3.0中新增的sepia滤镜，将网页中的图像处理为棕褐色的怀旧效果，从而不需要通过图像处理软件即可打造出怀旧风格的图像，页面的最终效果如图9-8所示。

图9-8　最终效果

┤ 知识点链接 ├

sepia滤镜的语法格式如下：

`filter: sepia(值);`

sepia滤镜属性值的取值范围是0-1或0-100%；0表示无效果，1或100%表示最大的褐色怀旧效果。

┤ 制作步骤 ├

01 执行"文件→打开"菜单命令，打开页面"源文件\第9章\实例78.html"，页面效果如图9-9所示。在Chrome浏览器中预览该页面，可以看到该网页默认的效果，如图9-10所示。

图9-9　页面效果

图9-10　在Chrome浏览器中预览页面

02 转换到该网页所链接的外部CSS样式表文件中，创建名为.sepia的类CSS样式，在该CSS样式中添加sepia滤镜的设置代码，如图9-11所示。返回网页设计视图中，选中页面中相应的图像，在"属性"面板上的Class下拉列表中选择刚定义的名为sepia的类CSS样式应用，如图9-12所示。

```
.sepia {
    -webkit-filter: sepia(0.6);
}
```

图9-11　CSS样式代码

图9-12　为图像应用类CSS样式

03 保存网页，并保存外部CSS样式表文件，在Chrome浏览器中预览该页面，效果如图9-13所示。返回到外部CSS样式表文件中，对sepia滤镜的参数值进行修改，如图9-14所示。

图9-13 在Chrome浏览器中预览页面

```css
.sepia {
    -webkit-filter: sepia(1);
}
```

图9-14 CSS样式代码

04 保存外部CSS样式表文件，在Chrome浏览器中预览该页面，可以看到图像被处理为怀旧的效果，如图9-15所示。

图9-15 图像被处理为怀旧的效果

Q 在IE 10及以下版本的浏览器中如何实现将图像处理为怀旧风格效果？

A 在IE 10及以下版本中并没有提供相应的滤镜来实现将图像处理为怀旧风格的效果，所以，IE 10及以下版本浏览器无法实现该效果。

Q 在使用CSS3.0新增的sepia滤镜时，可以不设置参数值吗？

A 可以，如果在使用CSS3.0新增的sepia滤镜时，直接写为filter:sepia()，不设置参数值，则将会以100%的方式将对象处理为最大的褐色怀旧风格效果。

实例 079 satruate滤镜——调整网页中图像的色彩饱和度

通过对图像饱和度进行调整，可以使图像的色彩更加鲜明，效果更加突出。在CSS3.0中新增了saturate滤镜，通过使用该滤镜可以调整网页中图像的饱和度。

- **最终文件** | 最终文件\第9章\实例79.html
- **视　　频** | 视频\第9章\实例79.mp4
- **知 识 点** | satruate滤镜
- **学习时间** | 5分钟

实例分析

在本实例中将通过使用CSS3.0中新增的saturate滤镜调整网页中图像的色彩饱和度，使网页中广告图像的色彩更加绚丽，页面的最终效果如图9-16所示。

图9-16 最终效果

┃ **知识点链接** ┃

saturate滤镜的语法如下：

filter: saturate(值);

saturate滤镜属性值的取值范围是≥0的数字或百分比数；如果取值为0，则可以将对象处理为灰度效果；如果取值为1，则表示对象的饱和度保持不变；如果取值大于1，则会增加对象的饱和度；如果取值为0~1，则会降低对象的饱和度。

┃ **制作步骤** ┃

01 执行"文件→打开"菜单命令，打开页面"源文件\第9章\实例79.html"，页面效果如图9-17所示。在Chrome浏览器中预览该页面，可以看到该网页默认的效果，如图9-18所示。

图9-17 页面效果　　　　　　　　　　图9-18 在Chrome浏览器中预览页面

02 转换到该网页所链接的外部CSS样式表文件中，创建名为.saturate的类CSS样式，在该CSS样式中添加saturate滤镜的设置代码，如图9-19所示。返回网页设计视图中，选中页面中相应的图像，在"属性"面板上的Class下拉列表中选择刚定义的名为saturate的类CSS样式应用，如图9-20所示。

```
.saturate {
    -webkit-filter: saturate(0);
}
```

图9-19 CSS样式代码　　　　　　　　　图9-20 应用CSS样式

03 保存网页，并保存外部CSS样式表文件，在Chrome浏览器中预览该页面，可以看到网页中的图像被处理为灰度图像效果，如图9-21所示，返回到外部CSS样式表文件中，对saturate滤镜的参数值进行修改，如图9-22所示。

```
.saturate {
    -webkit-filter: saturate(2);
}
```

图9-21 在Chrome浏览器中预览页面　　　图9-22 CSS样式代码

04 保存外部CSS样式表文件，在Chrome浏览器中预览该页面，可以看到增加网页中图像饱和度的效果，如图9-23所示。

图9-23 增加图像饱和度效果

Q 如果不对saturate滤镜设置参数，则默认效果是什么？

A 如果在使用CSS3.0新增的saturate滤镜时，直接写为filter:saturate()，不设置参数值，则saturate滤镜的默认参数值为1，即对象的饱和度保持不变。

Q 在IE 10及其以下版本浏览器中是否可以调整图像的饱和度？

A 不可以，在IE 10及以下版本中并没有提供相应的滤镜来实现调整图像饱和度的效果，如果一定要调整图像的饱和度，则需要在图像处理软件中进行处理。

实例 080 hue-rotate滤镜——调整网页中图像的色调

不同的色调可以给人带来不同的感受，通过CSS3.0中新增的hue-rotate滤镜可以轻松地改变网页中对象的色调。通过这样的方法，就可以实现改变网页风格的效果。

- **最终文件** | 最终文件\第9章\实例80.html
- **视　频** | 视频\第9章\实例80.mp4
- **知 识 点** | hue-rotate滤镜
- **学习时间** | 5分钟

实例分析

在本实例中将通过使用CSS3.0中新增的hue-rotate滤镜来改变网页中图像的色调效果，从而使网页中的图像显示为另一种不同的效果，页面的最终效果如图9-24所示。

图9-24 最终效果

知识点链接

hue-rotate滤镜的语法如下：

`filter: hue-rotate(值);`

hue-rotate滤镜属性值的取值范围是0deg ~ 365deg。如果取值为0deg，则表示对象的色调效果保持不变；如果取值为除了0deg以外的其他值，则会按照色相轮对对象的色调进行调整。

制作步骤

01 执行"文件→打开"菜单命令，打开页面"源文件\第9章\实例80.html"，如图9-25所示。在Chrome浏览器中预览该页面，可以看到该网页默认的效果，如图9-26所示。

图9-25　页面效果　　　　　　　　　　　　图9-26　在Chrome浏览器中预览页面

02 转换到该网页所链接的外部CSS样式表文件中，创建名为.hue的类CSS样式，在该CSS样式中添加hue-rotate滤镜的设置代码，如图9-27所示。返回网页设计视图中，为网页中相应的图像应用名为hue的类CSS样式应用，保存网页，在Chrome浏览器中预览该页面，可以看到改变网页中图像色调的效果，如图9-28所示。

```
.hue {
    -webkit-filter: hue-rotate(90deg);
}
```

图9-27　CSS样式代码　　　　　　　　　　图9-28　改变网页中图像色调的效果

03 返回到外部CSS样式表文件中，对hue-rotate滤镜的参数值进行修改，如图9-29所示。保存外部CSS样式表文件，在Chrome浏览器中预览该页面，可以看到改变网页中图像色调的效果，如图9-30所示。

```
.hue {
    -webkit-filter: hue-rotate(180deg);
}
```

图9-29　CSS样式代码　　　　　　　　　　图9-30　改变网页中图像色调的效果

Q 如果不对hue-rotate滤镜设置参数，则默认效果是什么？

A 如果在使用 CSS3.0新增的hue-rotate滤镜时，直接写为filter:hue-rotate()，不设置参数值，则hue-rotate滤镜的默认参数值为0deg，即不改变对象的色调效果。

Q 在IE 10及其以下版本浏览器中是否可以调整图像的色调？

A 不可以，在IE 10及以下版本中并没有提供相应的滤镜来实现调整图像色调的效果，如果一定要调整图像的色调，则需要在图像处理软件中进行处理。

081 invert滤镜——将网页中的图像处理为底片效果

使用CSS3.0新增的invert滤镜，可以把网页对象中的可视化属性全部翻转，包括图像的色彩、饱和度和亮度值，可以产生一种十分形象的"底片"或负片的效果。

- **最终文件** | 最终文件\第9章\实例81.html
- **视　　频** | 视频\第9章\实例81.mp4
- **知 识 点** | invert滤镜
- **学习时间** | 5分钟

实例分析

在本实例中将使用CSS3.0中新增的invert滤镜将网页中的图像处理为类似于底片的效果，页面的最终效果如图9-31所示。

图9-31 最终效果

知识点链接

invert滤镜的语法如下：

`filter: invert(值);`

invert滤镜属性值的取值范围是0-1或0-100%；0表示无效果，1或100%表示最大的反色效果。

制作步骤

01 执行"文件→打开"菜单命令，打开页面"源文件\第9章\实例81.html"，如图9-32所示。在Chrome浏览器中预览该页面，可以看到该网页默认的效果，如图9-33所示。

图9-32 打开页面

图9-33 在Chrome浏览器中预览页面

02 转换到该网页所链接的外部CSS样式表文件中，创建名为.invert的类CSS样式，在该CSS样式中添加invert滤镜的设置代码，如图9-34所示。返回网页设计视图中，为网页中相应的图像应用名为invert的类CSS样式应用，保存网页，在Chrome浏览器中预览该页面，可以看到将网页中的图像处理为底片的效果，如图9-35所示。

```
.invert {
    -webkit-filter: invert(1);
}
```

图9-34 CSS样式代码　　　　图9-35 将网页中图像处理为底片的效果

Q 如何在IE 10及以下低版本的浏览器中实现反色效果？

A 在IE 10及以下低版本的浏览器中可以使用IE中的invert滤镜来实现网页的图像的反色效果，低版本的invert滤镜没有参数，应用该滤镜时，添加相应的CSS样式即可。

低版本的invert滤镜的语法格式如下：

```
filter: invert
```

实例 082　opacity滤镜——设置网页元素半透明效果

在网页中为了能够使页面达到一种融合统一的效果，可以通过使用CSS3.0中新增的opacity滤镜，对网页中的图像或文字设置半透明效果。

- **最终文件** | 最终文件\第9章\实例82.html
- **视　　频** | 视频\第9章\实例82.mp4
- **知 识 点** | opacity滤镜
- **学习时间** | 5分钟

实例分析

在网页中实现半透明效果的方法有多种，在本实例中将使用CSS3.0中新增的opacity滤镜来实现网页元素的半透明效果，页面的最终效果如图9-36所示。

图9-36 最终效果

知识点链接

opacity滤镜的语法如下：

```
filter: opacity(值);
```

opacity滤镜属性值的取值范围是0-1的数字或百分比数；如果取值为0，则可以将对象处理为完全透明的效果；如果取值为1，则表示对象的透明度保持不变。

制作步骤

01 执行"文件→打开"菜单命令，打开页面"源文件\第9章\实例82.html"，如图9-37所示。在Chrome浏览器中预览该页面，可以看到该网页默认的效果，如图9-38所示。

图9-37 打开页面

图9-38 在Chrome浏览器中预览页面

02 转换到该网页所链接的外部CSS样式表文件中，找到名为#box的CSS样式设置代码，如图9-39所示。在该CSS样式设置代码中添加opacity滤镜的设置代码，如图9-40所示。

```
#box {
    width: 550px;
    height: 390px;
    background-image: url(../images/9102.png);
    background-repeat: no-repeat;
    margin: 75px auto 0px auto;
    padding: 30px 28px;
}
```

图9-39 CSS样式代码

```
#box {
    width: 550px;
    height: 390px;
    background-image: url(../images/9102.png);
    background-repeat: no-repeat;
    margin: 75px auto 0px auto;
    padding: 30px 28px;
    -webkit-filter: opacity(0.5);
}
```

图9-40 添加opacity滤镜设置代码

03 保存外部CSS样式表文件，在Chrome浏览器中预览该页面，可以看到将网页元素设置为半透明的效果，如图9-41所示。

图9-41 网页元素半透明效果

Q 如何在IE 10及以下低版本的浏览器中实现半透明效果？

A 在IE 10及以下低版本的浏览器中可以使用低版本的IE滤镜alpha滤镜，通过该滤镜同样可以实现网页元素的半透明效果。

低版本的alpha滤镜的语法规则如下：

```
filter: alpha (Opacity=?, FinishOpacity=?, Style=?, StartX=?, StartY=?, FinishX=?, FinishY=?);}
```

alpha滤镜的相关属性说明如下：

Opacity

设置透明度值，有效值范围在0~100。0代表完全透明，100代表完全不透明。

FinishOpacity

可选参数，如果设置渐变的透明效果时，用来指定结束时的透明度，取值范围也是0~100。

Style

设置透明区域的样式。0代表无渐变，1代表线性渐变，2代表放射状渐变，3代表菱形渐变。当style为2或者3的时候，startX、startY、FinishX和FinishY参数没有意义，都是以对象中心为起始，四周为结束。

StartX

设置透明渐变效果开始的水平坐标（即x轴坐标）。

StartY

设置透明渐变效果开始的垂直坐标（即y轴坐标）。

FinishX

设置透明渐变效果结束的水平坐标（即x轴坐标）。

FinishY

设置透明渐变效果结束的垂直坐标（即y轴坐标）。

Q 除了可以使用CSS3.0中的opacity滤镜实现网页元素的半透明效果外，还有什么方法？

A 除了可以使用CSS3.0中新增的opacity滤镜实现网页元素的半透明效果外，在CSS3.0中还新增了opacity属性，通过该属性同样可以实现网页元素的半透明效果。如果想实现背景颜色的半透明效果，还可以使用RGBA和HSLA颜色设置方法，同样可以实现半透明颜色的效果。

实例 083　brightness滤镜——调整网页中图像的亮度

　　亮度也是图像中一种最基本的色彩属性，在CSS3.0中新增了brightness滤镜，通过使用该滤镜可以轻松地调整网页中图像的亮度。

- **最终文件**｜最终文件\第9章\实例83.html
- **视　　频**｜视频\第9章\实例83.mp4
- **知 识 点**｜brightness滤镜
- **学习时间**｜5分钟

实例分析

　　在本实例中将通过使用CSS3.0中新增的brightness滤镜来调整网页中图像的亮度，页面的最终效果如图9-42所示。

图9-42　最终效果

知识点链接

brightness滤镜的语法如下：

```
filter: brightness(值);
```

　　brightness滤镜属性值的取值范围是>=0的数字或百分比数；如果取值为1，则表示对象的亮度保持不变；如果取值大于1，则会增加对象的亮度；如果取值为0~1，则会降低对象的亮度。

制作步骤

01 执行"文件→打开"菜单命令，打开页面"源文件\第9章\实例83.html"，如图9-43所示。在Chrome浏览器中预览该页面，可以看到该网页默认的效果，如图9-44所示。

图9-43　打开页面

图9-44　在Chrome浏览器中预览页面

02 转换到该网页所链接的外部CSS样式表文件中，创建名为.brightness的类CSS样式，在该CSS样式中添加brightness滤镜的设置代码，如图9-45所示。返回网页设计视图中，为网页中相应的图像应用名为brightness的类CSS样式应用，保存网页，在Chrome浏览器中预览该页面，可以看到将降低网页中图像的亮度的效果，如图9-46所示。

```
.brightness {
    -webkit-filter: brightness(0.7);
}
```

图9-45 CSS样式代码　　　　　　图9-46 降低网页中图像亮度的效果

03 返回到外部CSS样式表文件中，对brightness滤镜的参数值进行修改，如图9-47所示。保存外部CSS样式表文件，在Chrome浏览器中预览该页面，可以看到增加网页中图像的亮度的效果，如图9-48所示。

```
.brightness {
    -webkit-filter: brightness(1.5);
}
```

图9-47 CSS样式代码　　　　　　图9-48 增加网页中图像亮度的效果

Q 如果不对brightness滤镜设置参数，则默认效果是什么？

A 如果在使用 CSS3.0新增的brightness滤镜时，直接写为filter:brightness()，不设置参数值，则brightness滤镜的默认参数值为1，即对象的亮度保持不变。

Q 在IE 10及其以下版本浏览器中是否可以调整图像的亮度？

A 不可以，在IE 10及以下版本中并没有提供相应的滤镜来实现调整图像亮度的效果，如果一定要调整图像的亮度，则需要在图像处理软件中进行处理。

实例 084　contrast滤镜——调整网页中图像的对比度

　　图像对比度的高低决定了图像中色彩、明亮的对比是否强烈。在CSS3.0中新增了contrast滤镜，通过该滤镜可以调整网页中图像的对比度。

- **最终文件** | 最终文件\第9章\实例84.html
- **视　　频** | 视频\第9章\实例84.mp4
- **知 识 点** | contrast滤镜
- **学习时间** | 5分钟

│ 实例分析 │

　　在本实例中将通过使用CSS3.0中新增的contrast滤镜来调整网页中图像的对比度，打造高对比度的网页图像，页面的最终效果如图9-49所示。

图9-49 最终效果

▌知识点链接 ▐

contrast滤镜的语法如下：

```
filter: contrast(值);
```

contrast滤镜属性值的取值范围是≥0的数字或百分比数；如果取值为1，则表示对象的对比度保持不变；如果取值大于1，则会增加对象的对比度；如果取值为0~1，则会降低对象的对比度。

▌制作步骤 ▐

01 执行"文件→打开"菜单命令，打开页面"源文件\第9章\实例84.html"，如图9-50所示。在Chrome浏览器中预览该页面，可以看到该网页默认的效果，如图9-51所示。

图9-50 打开页面　　　　　　　　　　图9-51 在Chrome浏览器中预览页面

02 转换到该网页所链接的外部CSS样式表文件中，创建名为.contrast的类CSS样式，在该CSS样式中添加contrast滤镜的设置代码，如图9-52所示。返回网页设计视图中，为网页中相应的图像应用名为contrast的类CSS样式应用，保存网页，在Chrome浏览器中预览该页面，可以看到将降低网页中图像的对比度的效果，如图9-53所示。

```
.contrast {
    -webkit-filter: contrast(0.5);
}
```

图9-52 CSS样式代码　　　　　图9-53 降低网页中图像对比度的效果

03 返回到外部CSS样式表文件中，对contrast滤镜的参数值进行修改，如图9-54所示。保存外部CSS样式表文件，在Chrome浏览器中预览该页面，可以看到增加网页中图像的对比度的效果，如图9-55所示。

```
.contrast {
    -webkit-filter: contrast(1.5);
}
```

图9-54 CSS样式代码　　　　　图9-55 增加网页中图像对比度的效果

Q 如果不对contrast滤镜设置参数，则默认效果是什么？

A 如果在使用CSS3.0新增的contrast滤镜时，直接写为filter:contrast()，不设置参数值，则contrast滤镜的默认参数值为1，即对象的对比度保持不变。

Q 在IE 10及其以下版本浏览器中是否可以调整图像的对比度？

A 不可以，在IE 10及以下版本中并没有提供相应的滤镜来实现调整图像对比度的效果，如果一定要调整图像的对比度，则需要在图像处理软件中进行处理。

实例 085 blur滤镜——实现网页元素模糊效果

blur滤镜可以为页面中的元素添加模糊的效果，可以根据网站页面设计的需要，对参数进行合理的设置，从而可以达到更丰富多彩的页面效果。

- **最终文件** | 最终文件\第9章\实例85.html
- **视　　频** | 视频\第9章\实例85.mp4
- **知　识　点** | blur滤镜
- **学习时间** | 5分钟

实例分析

在本实例中创建一个名称为.blur的类CSS样式，在该类CSS样式中设置CSS3.0中新增的blur滤镜，并为网页中的图像应用该类CSS样式，从而实现网页中元素的模糊效果，页面的最终效果如图9-56所示。

图9-56 最终效果

知识点链接

blue滤镜的语法如下：

`filter:blur(模糊半径值);`

blue滤镜属性值的取值范围是0-Npx；0表示不使用模糊效果，取值越大，则对象的模糊程度越高。

制作步骤

01 执行"文件→打开"菜单命令，打开页面"源文件\第9章\实例85.html"，如图9-57所示。在Chrome浏览器中预览该页面，可以看到该网页默认的效果，如图9-58所示。

图9-57 打开页面

图9-58 在Chrome浏览器中预览页面

02 转换到该网页所链接的外部CSS样式表文件中，创建名为.blur的类CSS样式，在该CSS样式中添加blur滤镜的设置代码，如图9-59所示。返回网页设计视图中，为网页中相应的图像应用名为blur的类CSS样式应用，保存网页，在Chrome浏览器中预览该页面，可以看到网页中图像的模糊的效果，如图9-60所示。

```
.blur{
    -webkit-filter:blur(1px);
}
```

图9-59　CSS样式代码　　　　　　　　　图9-60　网页中图像的模糊效果

03 返回到外部CSS样式表文件中，对blur滤镜的参数值进行修改，如图9-61所示。保存外部CSS样式表文件，在Chrome浏览器中预览该页面，可以看到增加网页中图像的模糊效果，如图9-62所示。

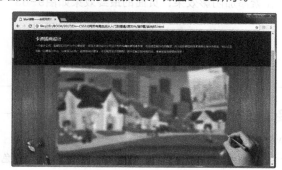

```
.blur{
    -webkit-filter:blur(5px);
}
```

图9-61　CSS样式代码　　　　　　　　　图9-62　网页中图像的模糊效果

Q 如何在IE 10及以下低版本的浏览器中实现模糊效果？

A 在IE 10及以下低版本的浏览器中可以使用低版本的IE滤镜blur滤镜，通过该滤镜同样可以实现网页元素的模糊效果。

低版本的blur滤镜的语法规则如下：

```
filter: blur (Add=?, Direction=?, Strength=?);}
```

blur滤镜的相关属性说明如下：

Add

这是个布尔参数，用来指定图片是否设置为模糊效果。有效值为Ture或False，Ture为默认值，表示为图片应用模糊效果，Flase表示不应用。

Direction

用来设置图片的模糊方向。取值范围为0°~360°，按顺时针的方向起作用，其中45°为一个间隔，因此，有8个方向值：0表示向上，45表示右上，90表示向右，135表示右下，180表示向下，225表示左下，270表示向左，315表示向上。

Strength

指定模糊半径的大小，即模糊效果的延伸范围，其取值范围为任意自然数，默认值为5，单位是像素。

Q 如果不对blur滤镜设置参数，则默认效果是什么？

A 如果在使用CSS3.0新增的blur滤镜时，直接写为filter:blur()，不设置参数值，则blur滤镜的默认参数值为0，即对象不使用模糊效果。

实例 086 drop-shadow滤镜——为网页元素添加阴影效果

在设计网站页面时，合理地为页面中的视觉元素创建阴影，可以实现立体效果。在CSS 3.0中新增了drop-shadow滤镜，通过使用该滤镜可以为网页中的图片或文字等对象添加阴影效果。

- **最终文件** | 最终文件\第9章\实例86.html
- **视　　频** | 视频\第9章\实例86.mp4
- **知 识 点** | drop-shadow滤镜
- **学习时间** | 5分钟

实例分析

添加阴影效果，有效地使元素内容在页面中产生投影，其工作原理也是比较简单的，即为元素创建偏移量，并定义阴影的颜色。在本实例中主要是通过使用CSS 3.0中新增的drop-shadow滤镜为网页中的元素添加阴影效果，页面的最终效果如图9-63所示。

图9-63 最终效果

知识点链接

drop-shadow滤镜的语法如下：

`filter: drop-shadow(x-offset y-offset 阴影模糊半径 阴影颜色);`

x-offset表示阴影相对于对象左上角的水平位移距离；y-offset表示阴影相对于对象左上角的垂直位移距离；"阴影模糊半径"用于设置阴影的模糊半径值，单位为px（像素），如果值为0px，则表示阴影不使用模糊处理；"阴影颜色"用于设置产生的阴影颜色值。

制作步骤

01 执行"文件→打开"菜单命令，打开页面"源文件\第9章\实例86.html"，如图9-64所示。在Chrome浏览器中预览该页面，可以看到该网页默认的效果，如图9-65所示。

图9-64 打开页面

图9-65 在Chrome浏览器中预览页面

02 转换到该网页所链接的外部CSS样式表文件中，创建名为.shadow的类CSS样式，在该CSS样式中添加drop-shadow滤镜的设置代码，如图9-66所示。返回网页设计视图中，为网页中相应的图像应用名为shadow的类CSS样式应用，保存网页，在Chrome浏览器中预览该页面，可以看到为网页中图像添加的阴影效果，如图9-67所示。

```
.shadow {
    -webkit-filter: drop-shadow(5px 3px 3px #999);
}
```

图9-66 CSS样式代码

图9-67 为网页元素添加阴影的效果

Q 如何在IE 10及以下低版本的浏览器中实现阴影效果?

A 在IE 10及以下低版本的浏览器中可以使用低版本的IE滤镜dropshadow滤镜,通过该滤镜同样可以实现网页元素的阴影效果。

低版本的dropshadow滤镜的语法规则如下:

```
filter: dropshadow (Color=?, Offx=?, Offy=?,Positive=?);}
```

drop-shadow滤镜的相关属性说明如下:

Color

设置阴影产生的颜色。

Offx

设置阴影水平方向偏移量,默认值为5,单位是px(像素)。

Offy

设置阴影垂直方向偏移量,默认值为5,单位是px(像素)。

Positive

该值为布尔值,是用来指定阴影的透明程度。True(1)表示为任何的非透明像素建立可见的阴影;Flash(0)表示为透明的像素部分建立透明效果。

Q 除了可以使用CSS3.0中新增的drop-shadow滤镜实现元素阴影,还有什么方法?

A 在CSS3.0中除了新增了drop-shadow滤镜用于实现网页元素的阴影效果外,还新增了shadow属性,通过设置该属性同样可以实现网页元素的阴影效果。

第 10 章

使用CSS3.0实现动画效果

在网页中适当地使用动画效果，可以使页面更加生动和友好。CSS3.0为设计师带来了革命性的改变，不但可以实现元素的变形操作，还能够在网页中实现动画效果。在本章中将带领读者详细学习CSS3.0中新增的2D和3D变形动画属性，从而掌握通过CSS样式实现动画的方法。

实例
087　旋转变形——实现网页元素的旋转

在网页中如果需要使一些元素产生倾斜等变换效果，则需要通过将图像制作成倾斜的效果来实现，而在CSS3.0中，新增了transform属性，通过该属性的设置可以使网页中的元素产生各种变换效果。

- **最终文件** ▎最终文件\第10章\实例87.html
- **视　　频** ▎视频\第10章\实例87.mp4
- **知 识 点** ▎transform属性中的rotate()函数
- **学习时间** ▎5分钟

▎实例分析▎

在本实例中将通过CSS3.0中新增的transform属性，设置transform属性值为rotate()函数，即可实现网页元素的旋转变换，页面最终效果如图10-1所示。

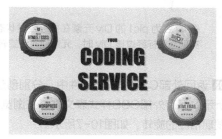

图10-1　最终效果

▎知识点链接▎

rotate()函数用于定义网页元素在二维空间中的旋转变换效果，rotate()函数的语法如下：

transform: rotate(<angle>);

<angle>参数表示元素旋转角度，为带有角度单位标识符的数值，角度单位是deg。该值为正数时，表示顺时针旋转；该值为负数时，表示逆时针旋转。

▎制作步骤▎

01 执行"文件→打开"菜单命令，打开页面"源文件\第10章\实例87.html"，如图10-2所示。在浏览器中预览该页面，可以看到该网页默认的效果，如图10-3所示。

图10-2　页面效果

图10-3　在浏览器中预览页面

02 返回Dreamweaver设计视图中，转换到该网页所链接的外部CSS样式表文件中，创建名为#pic1:hover的CSS样式，如图10-4所示。保存页面，在浏览器中预览该页面，当鼠标移至名为pic1的Div中时，可以看到该Div中的元素进行了旋转，如图10-5所示。

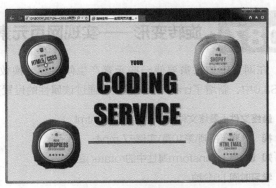

```
#pic1:hover {
    cursor: pointer;
    transform: rotate(-15deg);           /*标准写法*/
    -webkit-transform: rotate(-15deg);   /*标准webkit内核写法*/
    -moz-transform: rotate(-15deg);      /*标准gecko内核写法*/
    -o-transform: rotate(-15deg);        /*标准presto内核写法*/
    -ms-transform: rotate(-15deg);       /*标准IE9写法*/
}
```

图10-4 CSS样式代码   图10-5 预览元素旋转效果

提示

在 ID 名为 pic1 的 Div 元素在鼠标经过状态中，设置 transform 属性值为旋转变形函数 rotate()，旋转角度为 –15deg，
实现当鼠标经过该 Div 时，元素逆时针旋转15°。

03 返回外部CSS样式表文件中，分别创建#pic2:hover、#pic3:hover和#pic4:hover的CSS样式，如图10-6
所示。保存外部CSS样式表文件，在浏览器中预览该页面，可以看到当鼠标移至页面中4个图像元素上方时都会
发现相应的旋转，如图10-7所示。

```
#pic2:hover {
    cursor: pointer;
    transform: rotate(15deg);            /*标准写法*/
    -webkit-transform: rotate(15deg);    /*标准webkit内核写法*/
    -moz-transform: rotate(15deg);       /*标准gecko内核写法*/
    -o-transform: rotate(15deg);         /*标准presto内核写法*/
    -ms-transform: rotate(15deg);        /*标准IE9写法*/
}
#pic3:hover {
    cursor: pointer;
    transform: rotate(20deg);            /*标准写法*/
    -webkit-transform: rotate(20deg);    /*标准webkit内核写法*/
    -moz-transform: rotate(20deg);       /*标准gecko内核写法*/
    -o-transform: rotate(20deg);         /*标准presto内核写法*/
    -ms-transform: rotate(20deg);        /*标准IE9写法*/
}
#pic4:hover {
    cursor: pointer;
    transform: rotate(-15deg);           /*标准写法*/
    -webkit-transform: rotate(-15deg);   /*标准webkit内核写法*/
    -moz-transform: rotate(-15deg);      /*标准gecko内核写法*/
    -o-transform: rotate(-15deg);        /*标准presto内核写法*/
    -ms-transform: rotate(-15deg);       /*标准IE9写法*/
}
```

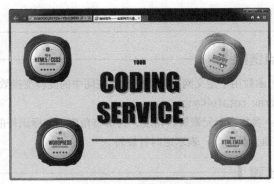

图10-6 CSS样式代码   图10-7 预览元素旋转效果

Q CSS3.0新增的transform属性的作用是什么？

A CSS3.0新增z的transform属性可以在网页中实现元素的旋转、缩放、移动、倾斜等变换效果。

transform属性的语法格式如下：

> transform: none | <transform-function>;

transform属性的属性值说明如下：

none

默认值，不设置元素变换效果。

> <transform-function>

设置一个或多个变形函数。变形函数包括旋转rotate()、缩放scale()、移动translate()、倾斜skew()、矩阵
变形matrix()等。设置多个变形函数时，使用空格进行分隔。

Q 元素变换后尺寸会发生变化吗？

A 元素在变换过程中，仅元素的显示效果变换，实际尺寸并不会因为变换而改变。所以元素变换后，可能会超
出原有的限定边界，但不会影响自身尺寸及其他元素的布局。

实 例
088 缩放和翻转变形——实现网页元素的缩放和翻转

　　元素的缩放在网页中很常用，将元素的缩放与元素相应的状态相结合，能够很好地起到提示用户的作用，通过设置CSS3.0中新增的transform属性值为scale()函数，不但能够实现元素的缩放，还可以实现元素的翻转操作。

- ● **最终文件** | 最终文件\第10章\实例88.html
- ● **视　　频** | 视频\第10章\实例88.mp4
- ● **知 识 点** | transform属性中的scale()函数
- ● **学习时间** | 5分钟

实例分析

　　在本实例中将通过CSS3.0中新增的transform属性，设置transform属性值为scale()函数，即可实现网页元素的缩放和翻转效果，页面最终效果如图10-8所示。

图10-8 最终效果

知识点链接

scale()函数用于定义网页元素在二维空间的缩放和翻转效果，scale()函数的语法如下：

`transform: scale(<x>,<y>);`

<x>表示元素在水平方向上的缩放倍数；<y>表示元素在垂直方向上的缩放倍数。

制作步骤

01 执行"文件→打开"菜单命令，打开页面"源文件\第10章\实例88.html"，如图10-9所示。转换到该网页所链接的外部CSS样式表文件中，找到名为.font01的类CSS样式，如图10-10所示。

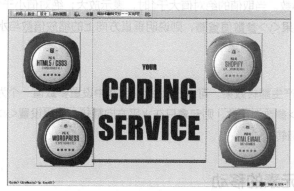

图10-9 页面效果

```
.font01 {
    font-size: 110px;
    line-height: 130px;
    text-shadow: 6px 6px 0px rgba(0,0,0,0.2);
}
```

图10-10 CSS样式代码

02 在该CSS样式中添加transform属性设置，该属性中设置scale()函数，如图10-11所示。保存页面，在浏览器中预览该页面，可以看到页面中的标题文字实现了水平和垂直翻转的显示效果，如图10-12所示。

```
.font01 {
    font-size: 110px;
    line-height: 130px;
    text-shadow: 6px 6px 0px rgba(0,0,0,0.2);
    transform: scale(-1);          /*标准写法*/
    -webkit-transform: scale(-1);  /*标准webkit内核写法*/
    -moz-transform: scale(-1);     /*标准gecko内核写法*/
    -o-transform: scale(-1);       /*标准presto内核写法*/
    -ms-transform: scale(-1);      /*标准IE9写法*/
}
```

图10-11 CSS样式代码

图10-12 预览标题文字翻转效果

03 返回外部CSS样式表文件中，创建名为#pic1:hover,#pic2:hover,#pic3:hover,#pic4:hover的CSS样式，如图10-13所示。保存外部CSS样式表文件，在浏览器中预览该页面，可以看到当鼠标移至页面中4个图像元素上方时都会发现放大效果，如图10-14所示。

```
#pic1:hover,#pic2:hover,#pic3:hover,#pic4:hover {
    cursor: pointer;
    transform: scale(1.3);          /*标准写法*/
    -webkit-transform: scale(1.3);  /*标准webkit内核写法*/
    -moz-transform: scale(1.3);     /*标准gecko内核写法*/
    -o-transform: scale(1.3);       /*标准presto内核写法*/
    -ms-transform: scale(1.3);      /*标准IE9写法*/
}
```

图10-13 CSS样式代码

图10-14 预览元素缩放效果

提示

通过群组选择器的形式，同时设置 ID 名为 pic1、pic2、pic3 和 pic4 这 4 个元素的鼠标经过状态，设置 transform 属性值为缩放变形函数 scale()，缩放值为 1.3，实现当鼠标移至这 4 个元素上方时，元素放大至 1.3 倍。

Q 实现元素缩放的scale()函数中参数取值要求？

A scale()函数中的参数值可以为整数、负数和小数。当取值的绝对值大于1时，表示放大；绝对值小于1时，表示缩小。当取值为负数时，元素会被翻转。如果<y>参数值省略，则说明垂直方向上的缩放倍数与水平方向上的缩放倍数相同。

Q 如何实现元素只在水平或垂直方向翻转？

A 如果想要实现元素只在水平或垂直的一个方向产生翻转效果，可以在scale()函数中设置参数值一个为负数，另一个为正数。如果设置<x>参数为负数，<y>参数为正数，则元素只在水平方向翻转；如果设置<x>参数为正数，<y>参数为负数，则元素只在垂直方向翻转。

实例 089 移动变形——实现网页元素的移动

　　网页中常常看到当鼠标移至某个元素上时，该元素向某个方向移动的交互效果，通常这样的效果都需要通过JavaScript脚本代码来实现，在CSS3.0中通过设置transform属性的translate()函数，同样可以实现网页元素移动的效果。

● **最终文件** | 最终文件\第10章\实例89.html
● **视　频** | 视频\第10章\实例89.mp4
● **知 识 点** | transform属性中的translate()函数
● **学习时间** | 5分钟

实例分析

在本实例中将通过CSS3.0中新增的transform属性，设置transform属性值为translate()函数，即可实现网页元素的移动，页面最终效果如图10-15所示。

图10-15　最终效果

知识点链接

translate()函数用于定义网页元素在二维空间的偏移效果，translate()函数的语法如下：

transform: translate(<x>,<y>);

<x>表示元素在水平方向上的偏移距离；<y>表示元素在垂直方向上的偏移距离。

制作步骤

01 执行"文件→打开"菜单命令，打开页面"源文件\第10章\实例89.html"，如图10-16所示。在浏览器中预览该页面，可以看到该网页默认的效果，如图10-17所示。

图10-16　页面效果

图10-17　预览页面效果

02 转换到该网页所链接的外部CSS样式表文件中，找到名为#main的CSS样式，可以看到通过设置该元素距离右边界-410px，从而将名为main的Div中的一部分内容给隐藏了，如图10-18所示。创建名为#menu:hover的CSS样式，有该CSS样式中设置transform属性的translate()函数，如图10-19所示。

```
#menu {
    position: absolute;
    width: 400px;
    height: 60px;
    background-color: #FFF;
    background-image: url(../images/8903.png);
    background-repeat: no-repeat;
    background-position: 15px center;
    right: -410px;
    top: 50px;
    padding-left: 80px;
}
```

图10-18　CSS样式代码

```
#menu:hover {
    cursor: pointer;
    transform: translate(-410px);        /*标准写法*/
    -webkit-transform: translate(-410px);  /*标准webkit内核写法*/
    -moz-transform: translate(-410px);     /*标准gecko内核写法*/
    -o-transform: translate(-410px);       /*标准presto内核写法*/
    -ms-transform: translate(-410px);      /*标准IE9写法*/
}
```

图10-19　CSS样式代码

03 保存外部CSS样式表文件，在浏览器中预览页面，效果如图10-20所示。当光标移至页面右上角ID名称为main的元素时，可以看到该元素产生水平向左移动的效果，如图10-21所示。

图10-20 预览页面效果　　　　　　　　　　图10-21 元素产生水平移动效果

Q 实现元素移动的translate()函数中参数取值要求？

A translate()函数中的<x>和<y>参数的值是带有长度单位标识符的数值，可以为负数和带有小数的值。如果取值大于0，则表示元素向右或向下偏移；如果取值小于0，则表示元素向左或向上偏移。

Q 如果在translate()函数只设置了一个值，这个值代表什么？

A 如果在translate()函数中只设置了一个值，那么这个代表的是水平方向上的移动值，<y>值省略，则说明垂直方向上偏移距离默认为0。

实例 090　倾斜变形——实现网页元素的倾斜效果

　　网页元素的倾斜变换效果在过去只能是通过图片或者是JavaScript脚本代码来实现，非常不方便。通过CSS3.0中的transform属性中的skew()函数设置能够轻松地实现网页元素的倾斜变换效果，非常方便。

- **最终文件** | 最终文件\第10章\实例90.html
- **视　　频** | 视频\第10章\实例90.mp4
- **知 识 点** | transform属性中的skew()函数
- **学习时间** | 5分钟

实例分析

　　在本实例中将通过CSS3.0中新增的transform属性，设置transform属性值为skew()函数，即可实现网页元素的倾斜效果，页面最终效果如图10-22所示。

图10-22 最终效果

知识点链接

skew()函数用于定义网页元素在二维空间中的倾斜变换，translate()函数的语法如下：

transform: skew(<angleX>,<angleY>);

<angleX>表示元素在空间x轴上的倾斜角度；<angleY>表示元素在空间y轴上的倾斜角度。

制作步骤

01 执行"文件→打开"菜单命令，打开页面"源文件\第10章\实例90.html"，如图10-23所示。在浏览器中预览该页面，可以看到该网页默认的效果，如图10-24所示。

图10-23 页面效果　　　　　　　　　　　　　　　图10-24 预览页面效果

02 转换到该网页所链接的外部CSS样式表文件中，创建名为#menu:hover的CSS样式，有该CSS样式中设置transform属性的skew()函数，如图10-25所示。保存外部CSS样式表文件，在浏览器中预览页面，当光标移至页面中相应的元素上方时，可以看到该元素产生的倾斜效果，如图10-26所示。

```
#main:hover {
    cursor: pointer;
    transform: skew(-30deg);          /*标准写法*/
    -webkit-transform: skew(-30deg);  /*标准webkit内核写法*/
    -moz-transform: skew(-30deg);     /*标准gecko内核写法*/
    -o-transform: skew(-30deg);       /*标准presto内核写法*/
    -ms-transform: skew(-30deg);      /*标准IE9写法*/
}
```

图10-25 CSS样式代码　　　　　　　　　　　　图10-26 元素产生倾斜变换效果

提示

在 ID 名为 main 的鼠标经过状态中，设置 transform 属性值为倾斜变形函数 skew()，仅设置了水平方向倾斜角度为 30deg，没有设置垂直方向上的倾斜角度，则默认垂直方向上的倾斜角度为 0deg。

Q **实现元素倾斜变换的skew()函数中参数取值要求？**

A skew()函数中的<angleX>和<angleY>参数的值是带有角度单位标识符的数值，角度单位是deg。取值为正数时，表示顺时针旋转；值取为负数时，表示逆时针旋转。如果<angleY>参数值省略，则说明垂直方向上的倾斜角度默认为0deg。

Q **如何通过transform属性实现元素的矩阵变形？**

A 设置transform属性值为matrix()函数，即可实现网页元素的矩阵变形。matrix()函数用于定义网页元素在二维空间的矩阵变形效果，matrix()函数的语法如下：

    transform: matrix(<m11>,<m12>,<m21>,<m22>,<x>,<y>);

matrix()函数中的6个参数均为可计算的数值，组成一个变形矩阵，与当前网页元素旧的参数组成的矩阵进行乘法运算，形成新的矩阵，元素的参数被改变。该变形矩阵的形式如下：

```
| m11    m21    x |
| m12    m22    y |
| 0      0      1 |
```

关于详细的矩阵变形原理，需要掌握矩阵的相关知识，具体可以参考数学及图形学相关的资料，这里不做过多的说明。不过这里可以先通过几个特例了解其大概的使用方法。前面已经讲解了移动、缩放和旋转这些变换操作，其实都可以看作是矩阵变形的特例。

旋转rotate(A)，相当于矩阵变形matrix(cosA,sinA,-sinA,cosA,0,0)。

缩放scale(sx,sy)，相当于矩阵变形matrix(sx,0,0,sy,0,0)。

移动translate(dx,dy)，相当于矩阵变形translate(1,0,0,1,dx,dy)。

可见，通过矩形变形可以使网页元素的变形更加灵活。

实例 091　transition-property属性——实现网页元素变形过渡效果

前面所介绍的transform属性所实现的是网页元素的变换效果，仅仅呈现的是元素变换的结果。在CSS3.0中还新增了transition属性，通过该属性可以设置元素的变换过渡效果，可以让元素的变换过程看起来更加平滑。

- **最终文件** | 最终文件\第10章\实例91.html
- **视　　频** | 视频\第10章\实例91.mp4
- **知 识 点** | transition-property属性
- **学习时间** | 5分钟

实例分析

CSS3.0新增了transition属性，通过该属性可以实现网页元素变换过程中的过渡效果，即在网页中实现了基本的动画效果。与实现元素变换的transform属性一起使用，可以展现出网页元素的变形过程，丰富动画的效果。页面最终效果如图10-27所示。

图10-27　最终效果

知识点链接

transition-property属性用于设置元素的动画过渡效果，该属性的语法如下：

`transition-property: none | all | <property>;`

none表示没有任何CSS属性具有过渡效果；all属性值为transition-property属性的默认值，表示所有的CSS属性都有过渡效果；<property>用于指定一个用逗号分隔的多个属性，针对指定的这些属性有过渡效果。

制作步骤

01 执行"文件→打开"菜单命令，打开页面"源文件\第10章\实例91.html"，如图10-28所示。转换到该网页所链接的外部样式表文件中，找到名为#main的CSS样式设置代码，如图10-29所示。

图10-28 页面效果

```
#main {
    position: absolute;
    width: 460px;
    height: 460px;
    background-color: #2F2F38;
    left: 50%;
    margin-left: -230px;
    top: 50%;
    margin-top: -230px;
}
```

图10-29 CSS样式代码

02 在该CSS样式代码中添加transition-property和transition-duration属性设置，设置元素过渡效果和过渡时间，如图10-30所示。创建名为#main:hover的CSS样式，在该CSS样式中设置元素在鼠标经过状态下的变形效果，如图10-31所示。

```
#main {
    position: absolute;
    width: 460px;
    height: 460px;
    background-color: #2F2F38;
    left: 50%;
    margin-left: -230px;
    top: 50%;
    margin-top: -230px;
    transition-property: all;/*实现过渡*/
    -moz-transition-property: -moz-transform;
    -webkit-transition-property: -webkit-transform;
    -o-transition-property: -o-transform;
    transition-duration: 2s;/*设置过渡时间*/
    -moz-transition-duration: 2s;
    -webkit-transition-duration: 2s;
    -o-transition-duration: 2s;
}
```

图10-30 CSS样式代码

```
#main:hover {
    cursor: pointer;
    background-color: #D4B079;
    transform: rotate(360deg);/*设置元素旋转变形*/
    -moz-transform: rotate(360deg);
    -webkit-transform: rotate(360deg);
    -o-transform: rotate(360deg);
}
```

图10-31 CSS样式代码

03 保存页面并保存外部CSS样式表文件，在浏览器中预览页面，效果如图10-32所示。当光标移至页面中ID名称为main的元素上方时，可以看到该元素的旋转过渡动画效果，如图10-33所示。

图10-32 预览页面效果

图10-33 元素产生旋转动画过渡

Q transition属性的语法格式是什么？

A transition属性的语法如下：

> transition: transition-property ‖ transition-duration ‖ transition-timing-function ‖ transition-delay;

transition属性是一个复合属性，可以同时定义过渡效果所需要的参数信息。其中包含4个方面的信息，就是4个子属性：transition-property、transition-duration、transition-timing-function和transition-delay。transition-property属性用于设置过渡效果；transition-duration属性用于设置过渡动画的持续时间长度；transition-timing-function属性用于设置过流动画的方式；transition-delay；属性用于设置开始过渡动画的延迟时间。

Q transition-duration属性的使用方法？

A transition-duration属性用于设置动画过渡过程中需要的时间，该属性的语法如下：

> transition-duration: <time>;

<time>参数用于指定一个用逗号分隔的多个时间值，时间的单位可以是s（秒）或ms（毫秒）。默认情况下为0，即看不到过渡效果，看到的直接是变换后的结果。

092 transition属性——制作动态选项卡

在前面学习了CSS3.0的变换属性transform和过渡属性transition，通过将这两种属性相结合，在网页中能够轻松地实现元素变换过渡的动画效果，从而有效地增加网页的交互性。

- ● **最终文件** | 最终文件\第10章\实例92.html
- ● **视　　频** | 视频\第10章\实例92.mp4
- ● **知 识 点** | transform属性、transition属性
- ● **学习时间** | 20分钟

┃ 实例分析 ┃

本节将带领读者完成一个动态选项卡效果的制作，注意学习transform属性和transition属性的结合使用。页面最终效果如图10-34所示。

图10-34 最终效果

┃ 知识点链接 ┃

transition属性包含有4个子属性，前面已经介绍了transition- property属性和transition-duration属性的使用方法，下面向大家介绍另外两个子属性的使用方法。

transition-delay属性用于设置动画过渡的延迟时间，该属性的语法如下：

`transition-delay: <time>;`

<time>参数用于指定一个用逗号分隔的多个时间值，时间的单位可以是s（秒）或ms（毫秒）。默认情况下为0，即没有时间延迟，立即开始过渡效果。<time>参数的取值可以为负值，但过渡的效果会从该时间点开始，之前的过渡效果将会被截断。

transition-timing-function属性用于设置动画过渡的速度曲线，即过渡方式。该属性的语法如下：

`transition-timing-function: linear | ease | ease-in | ease-out | ease-in-out | cubic-bezier(n,n,n,n);`

transition-timing-function属性的属性值说明如下：

linear

表示过渡动画一直保持同一速度，相当于cubic-bezier(0,0,1,1)。

ease

该属性值为transition-timing-function属性的默认值，表示过渡的速度先慢、再快、最后非常慢，相当于cubic-bezier(0.25,0.1,0.25,1)。

ease-in

表示过渡的速度先慢，后来越来越快，直到动画过渡结束，相当于cubic-bezier(0.42,0,1,1)。

ease-out

表示过渡的速度先快，后来越来越慢，直到动画过渡结束，相当于cubic-bezier(0,0,0.58,1)。

ease-in-out

表示过渡的速度在开始和结束时都比较慢，相当于cubic-bezier(0.42,0,0.58,1)。

cubic-bezier(n,n,n)

自定义贝赛尔曲线效果，其中的4个参数为从0~1的数字。

制作步骤

01 执行"文件→打开"菜单命令，打开页面"源文件\第10章\实例92.html"，如图10-35所示。光标移至名为card 的Div中，将多余文字删除，转换到代码视图，在该Div中添加项目列表标签并输入相应文字，如图10-36所示。

图10-35 页面效果

图10-36 HTML代码

02 转换到该网页链接的外部CSS样式文件中，创建名为#card li的CSS样式，如图10-37所示。返回网页设计 视图中，可以看到页面的效果，如图10-38所示。

```css
#card li {
    display: block;
    position: relative;
    list-style-type: none;
    width: 138px;
    height: 350px;
    background-image: url(../images/9208.jpg);
    border: 2px solid #E8F4F7;
    padding: 25px 9px;
    margin-bottom: 60px;
    float: left;
    border-radius: 10px;
    box-shadow: 2px 2px 10px #000;
    transition: all 1s ease-in-out;
}
```

图10-37 CSS样式代码

图10-38 页面效果

> **提示**
>
> 在该 CSS 样式中，通过 CSS3.0 中新增的 border-radius 属性定义元素的圆角半径值，通过新增的 box-shadow 属性 定义元素的阴影效果，通过新增的 transition 属性定义元素的过渡效果。

03 转换到外部样式表文件中，创建名为#card h1和名为#card p 的CSS样式，如图10-39所示。返回网页设计视图中，可以看到 页面的效果，如图10-40所示。

```css
#card h1 {
    font-size: 24px;
    font-weight: bold;
    line-height: 40px;
}
#card p {
    margin-top: 20px;
    font-size: 14px;
    text-align: left;
}
```

图10-39 CSS样式代码　　图10-40 页面效果

04 转换到代码视图中，在名为card的Div中的<ul>标签中添加多个<li>标签，并分别在每个<li>标签中添加相应 的内容，如图10-41所示。返回设计视图中，可以看到所制作的页面效果，如图10-42所示。

图10-41 HTML代码

图10-42 页面效果

05 转换到代码视图中，为每一个<li>标签添加id属性设置，如图10-43所示。转换到外部CSS样式表文件中，创建名为#card-1和#card-2的CSS样式，如图10-44所示。

```
<div id="card">
<ul>
  <li id="card-1"><h1>网站首页</h1><img src=
"images/9203.png" width="130" height="130" alt="" /><P>我们
是一家专业互联网设计机构，为您提供专业的、全方位的互联网解决方案！</
P></li>
  <li id="card-2"><h1>关于我们</h1><img src=
"images/9204.png" width="130" height="130" alt="" /><P>专业
的设计理念，优秀的设计团队，团队成员多次担任国内大型设计开发
工作，力求打造完美的设计作品！</P></li>
  <li id="card-3"><h1>成功案例</h1><img src=
"images/9205.png" width="130" height="130" alt="" /><P>多年
的互联网设计经验，成功的为国内许多知名企业和机构设计网站等，
详细点击查看>></P></li>
  <li id="card-4"><h1>服务内容</h1><img src=
"images/9206.png" width="130" height="130" alt="" /><P>专业
的互联网设计机构，为您解答各种互联网问题，网站、Logo、品牌
推广、整体形象......</P></li>
  <li id="card-5"><h1>联系我们</h1><img src=
"images/9207.png" width="130" height="130" alt="" /><P>有任
何的疑问，请与我们联系，您的见意，是我们发展的动力！</P></li>
</ul>
</div>
```

图10-43 添加ID属性设置

```
#card-1 {
    z-index:1;
    left:150px;
    top:40px;
    transform: rotate(-20deg);
}
#card-2 {
    z-index:2;
    left:70px;
    top:10px;
    transform: rotate(-10deg);
}
```

图10-44 CSS样式代码

> **提示**
>
> 通过 z-index 属性来设置网页元素的叠加顺序，通过 CSS3.0 新增的 transform 属性设置 rotate() 函数，从而实现元素旋转相应的角度。

06 保存页面并保存外部CSS样式表文件，在浏览器中预览页面，可以看到前两个选项卡旋转和相互叠加的效果，如图10-45所示。返回外部CSS样式表文件中，创建名为#card-3、#card-4和#card-5的CSS样式，如图10-46所示。

图10-45 预览页面效果

```
#card-3 {
    z-index:3;
}
#card-4 {
    z-index:2;
    right:70px;
    top:10px;
    transform: rotate(10deg);
}
#card-5 {
    z-index:1;
    right:150px;
    top:40px;
    transform: rotate(20deg);
}
```

图10-46 CSS样式代码

07 返回到网页设计视图，可以看到页面的效果，如图10-47所示。保存页面并保存外部CSS样式表文件，在浏览器中预览页面，可以看到选项卡旋转和相互叠加的效果，如图10-48所示。

图10-47 页面效果

图10-48 预览页面效果

08 接下来实现鼠标经过时的变形过渡效果。返回外部CSS样式表文件中，创建名为#card-1:hover和名为#card-2:hover的CSS样式，如图10-49所示。接着创建名为#card-3:hover、#card-4:hover和#card-5:hover的CSS样式，如图10-50所示。

```
#card-1:hover {
    cursor: pointer;
    z-index: 4;
    transform: scale(1.2) rotate(-18deg);
}
#card-2:hover {
    cursor: pointer;
    z-index: 4;
    transform: scale(1.2) rotate(-8deg);
}
```

图10-49 CSS样式代码

```
#card-3:hover {
    cursor: pointer;
    z-index: 4;
    transform: scale(1.2) rotate(2deg);
}
#card-4:hover {
    cursor: pointer;
    z-index: 4;
    transform: scale(1.2) rotate(12deg);
}
#card-5:hover {
    cursor: pointer;
    z-index: 4;
    transform: scale(1.1) rotate(22deg);
}
```

图10-50 CSS样式代码

提示

在各元素的 hover 状态 CSS 样式中，通过 cursor 属性设置光标指针效果，通过 z-index 属性设置元素的层叠顺序在其他元素的上方，通过 transform 属性同时设置 scale() 和 rotate() 函数，同时实现缩放和旋转变形操作。

09 保存页面并保存外部CSS样式文件，在浏览器中预览页面，可以看到页面的效果，如图10-51所示。如果将光标移至某个选项卡上时，可以看到变形过渡的动画效果，如图10-52所示。

图10-51 预览页面效果

图10-52 预览动画过渡效果

Q CSS3.0中新增的关键帧动画的使用方法？

A 在CSS动画设计中，关键帧动画是非常重要的功能，它所包含的是一段连续的动画。

CSS样式所实现的动画效果，是通过从一种样式逐步转变成另一种样式来创建的。@keyframes规则的语法如下：

```
@keyframes<animationname> {
<keyframes-selector> } {
<css-styles>}
```

@keyframes规则的参数说明如下：

<animationname>

动画的名称。必须定义一个动画名称，方便与动画属性animation绑定。

<keyframes-selector>

动画持续时间的百分比，也可以是from和to。From对应的是0%，to对应的是 100%，建议使用百分比。该参数必须定义，才能实现动画。

<css-styles>

设置的一个或多个合法的样式属性。该参数必须定义，才能实现动画。

关键帧动画是通过名称与动画绑定的，使用动画属性来控制动画的呈现。在指定CSS样式变化时，可以从0%~100%逐步设计样式的变化。

第 **11** 章

CSS与其他语言综合运用

CSS样式不仅可以对HTML页面进行美化和控制，同样可以对其他语言编写的页面内容进行控制，从而清楚地认识到CSS样式的强大功能。本章就带领读者学习CSS样式分别与XML和JavaScript的综合运用。

XML（Extensible Markup Language，可扩展标记语言）是一种可以用来创建自定义标签的语言。XML结合了SGML和HTML的优点并消除了其缺点，从实现功能上来看，XML主要用于数据的存储，而HTML主要用于数据的显示。

JavaScript和CSS样式一样，都是可以在客户端浏览器上解析并执行的脚本语言，不同的是JavaScript是类似C++和Java等基于对象的语言。通过JavaScript与CSS相配合，可以实现很多动态的页面效果。

实例 093　XML与CSS——制作学生信息管理页面

XML关心的是数据的结构，并能很好地描述数据，但它不提供数据的显示功能。因此，浏览器不能直接显示XML文件中标记的文本内容。如果想让浏览器显示XML文件中标记的文本内容，那么必须以某种方式告诉浏览器该如何显示。W3C为XML数据显示发布了两个建议规范：CSS和XSL（可扩展样式语言）。本实例主要介绍CSS样式与XML文档的结合应用。

- **最终文件** | 最终文件\第11章\实例93.xml
- **视　频** | 视频\第11章\实例93.mp4
- **知 识 点** | 编写XML文档、XML链接CSS
- **学习时间** | 20分钟

实例分析

本实例制作一个学生信息管理页面，首先使用XML编写学生信息，通过CSS样式对XML中的标签样式进行设置，再将外部的CSS样式表文件链接到XML文件中，为XML文件应用CSS样式，从而使XML文件在网页中显示的效果更加美观，页面的最终效果如图11-1所示。

图11-1 最终效果

知识点链接

在XML文件中链接外部CSS样式有两种方法：一种是使用xml:stylesheet指令，另一种是使用@import指令。

使用xml:stylesheet指令

使用xml:stylesheet指令链接外部的CSS样式文件的代码如下：

```
<?xml:stylesheet type="text/css" href="url"?>
```

其中，"<?xml:stylesheet?>"是处理指令，用于告诉解析器XML文档显示时应用了CSS样式表。"<?xml:stylesheet?>"中的冒号（:）可以替换为短划线（-），即"<?xml-stylesheet?>"；type用于批定样式表文件的格式，CSS样式表使用"text/css"，XSL样式使用"text/xsl"；href用于指定使用的样式表的URL，该URL可以是本地路径或是基于Web服务器的相对路径或绝对路径。注意：应用样式表的处理指令只能放在XML文档的声明之后。

使用@import指令

@import指令用于在CSS文档中引用保存于其他独立文档中的样式表，使用格式如下：

```
@import url(URL);
```

其中，URL是被引用的CSS样式表的地址，可以是本地或网络上的文件的绝对或相对路径。@import指令在使用时必须注意以下几点：

@import指令必须放置在CSS文件的开头，即@import url指令的前面不允许出现其他的规则。

如果被引用的样式表中的样式与引用者的样式冲突，则引用者中的样式优先。

@import指令末尾的分号（;）不能缺少。

制作步骤

01 执行"文件→新建"菜单命令,弹出"新建文档"对话框,选择XML选项,如图11-2所示。单击"创建"按钮,就可以创建一个XML文档。执行"文件→保存"菜单命令,将文件保存为"源文件\第11章\实例93.xml",图11-3所示为新建的空白XML文档。

图11-2 "新建文档"对话框   图11-3 新建空白XML文档

02 在该XML文档中编写学生信息内容,所编写的XML代码如下:

```xml
<?xml version="1.0" encoding="utf-8"?>
<xueshengxinxi>
  <xuesheng>
    <banji-title>电子商务</banji-title>
    <xuesheng-list>王雪 |1992-12-16 |总分590|安徽宣城 </xuesheng-list>
    <xuesheng-list>程宁 |1992-08-24 |总分560|江苏南京 </xuesheng-list>
    <xuesheng-list>王叶 |1991-11-23 |总分555|北京 </xuesheng-list>
  </xuesheng>
  <xuesheng >
    <banji-title>平面设计</banji-title>
    <xuesheng-list>张月 |1991-05-13 |总分600|上海 </xuesheng-list>
    <xuesheng-list>陈琳 |1990-06-08 |总分596|浙江杭州 </xuesheng-list>
    <xuesheng-list>刘启 |1990-12-25 |总分568|北京 </xuesheng-list>
  </xuesheng>
  <xuesheng>
    <banji-title>网页设计</banji-title>
    <xuesheng-list>杜峰 |1991-03-24 |总分621|北京 </xuesheng-list>
    <xuesheng-list>王烁 |1990-05-16 |总分596|安徽宣城</xuesheng-list>
    <xuesheng-list>刘启 |1991-12-25 |总分588|北京 </xuesheng-list>
  </xuesheng>
</xueshengxinxi>
```

03 直接在浏览器中预览该XML页面,该XML页面的显示效果如图11-4所示。执行"文件→新建"菜单命令,弹出"新建文档"对话框,新建一个CSS样式表文件,如图11-5所示,并将该文件保存为"源文件\第11章\style\11-93.css"。

图11-4 在浏览器中预览XML文档效果   图11-5 新建CSS样式表文件

04 返回XML页面中，添加链接外部CSS样式表的代码，如图11-6所示。在浏览器中预览该XML文件，发现页面内容已经发生了变化，如图11-7所示。

图11-6　链接外部CSS样式表文件　　　图11-7　预览XML文件效果

提示

通过以上可以发现，当 XML 文档没有链接 CSS 样式文件时，在浏览器中预览 XML 文件时将显示该 XML 文档源代码，当为该 XML 文件创建 CSS 样式并将该 CSS 样式链接到 XML 文档后，不管该 CSS 样式文件中是否有内容，都将只显示该 XML 文档中的内容部分，而不显示 XML 源代码。

05 在CSS样式表文件中对XML中的标签设置相应的CSS样式，总体的设置方法与在HTML中的方法完全一样，只不过这里不再是HTML标签，而是用户在XML中自定义的标签。在11-93.css文件中设置的CSS样式代码如下：

```css
/*学生信息文本显示的字体名称，字体大小，背景图像*/
xueshengxinxi {
        width: 384px;
        height: 356px;
        background-image: url(../images/9301.gif);
        background-repeat: no-repeat;
        padding: 10px;
        font-family: 微软雅黑;
        font-size: 12px;
        color: #645C54;
        line-height: 25px;
        display: block;
        margin: 10px auto;
}
/*班级名称单独一行*/
banji-title {
        display: block;
        width: 364px;
        height: 37px;
        background-image: url(../images/9302.gif);
        background-repeat: no-repeat;
        color: #5F3C00;
        font-weight: bold;
        line-height: 37px;
        padding-left: 14px;
}
/*学生信息列表显示，为每条课程信息前添加小图标*/
xuesheng-list {
```

```
        display: block;
        background-image: url(../images/9303.gif);
        background-repeat: no-repeat;
        background-position: 15 center;
        padding-left: 30px;
        line-height: 25px;
    }
```

06 完成CSS样式的设置，在浏览器中预览XML文档，可以看到该文档的显示效果，如图11-8所示。

图11-8 预览XML文件效果

Q XML与HTML的区别是什么？

A XML可以很好地描述数据的结构，有效地分离数据的结构和表示，可以作为数据交换的标准格式。而HTML是用来编写Web页面的语言，HTML把数据和数据的显示外观捆绑在一起，如果只想使用数据而不需要显示外观，可以想象，将数据和外观分离是多么的困难。HTML不允许用户自定义标记，目前的HTML大约约100多个标记。HTML不能体现数据的结构，只能描述数据的显示格式。

从某种意义上说，XML能比HTML提供更大的灵活性，但是它却不可能代替HTML语言。实际上，XML和HTML能够很好地在一起工作。XML与HTML的主要区别就在于XML是用来存储数据的，在设计XML时它就被用来描述数据，其重点在于什么是数据，如何存储数据。而HTML是被设计用来显示数据的，其重点在于如何显示数据。

Q 什么是XML文档声明？

A XML中规定，每个文档都必须以XML声明开头。其中包括声明XML的版本及所使用的字符集等信息。

XML声明是处理指令的一种，处理指令比较复杂，XML声明相对简单一些，形象地说，它的作用就是告诉XML处理程序："下面这个文档是按照XML文档的标准对数据进行置换。"

一个XML文档的声明格式如下：

```
<?xml version="1.0" encoding="utf-8" standalone="yes"?>
```

注意，在XML文档的前面不允许再有任何其他的字符，甚至是空格，也就是说XML声明必须是XML文档中的第1个内容。

实例 094

使用CSS实现XML中特殊效果——隔行变色的信息列表

通过CSS样式可以对HTML中的`<table>`等相关的表格元素进行控制，从而实现各种各样的表格效果。对于使用XML表示的数据，同样可以采用类似的方法，使数据表格看上去更友好、更实用。

- **最终文件** | 最终文件\第11章\实例94.html
- **视　频** | 视频\第11章\实例94.mp4
- **知 识 点** | 使用CSS样式控制XML页面
- **学习时间** | 20分钟

实例分析

本实例制作一个音乐信息列表，首先使用XML编写出音乐信息列中的数据，接着创建外部的CSS样式表文件，在该文本中编写CSS样式对XML文档中的标签进行控制，最终完成该音乐信息列表的制作，页面的最终效果如图11-9所示。

图11-9 最终效果

知识点链接

处理指令是用来给处理XML文档的应用程序提供信息的。也就是说，XML分析器可能对它并不感兴趣，而把这些信息原封不动地传递给应用程序，然后由这个应用程序来解释这个指令，遵照它所提供的信息进行处理，或者再把它原封不动地传给下一个应用程序。而XML声明是一个处理指令的特例。

XML中处理指令的格式如下：

<?处理指令名 处理指令信息?>

由于XML声明的处理指令名是xml，因此其他处理指令名不能再用xml。

制作步骤

01 执行"文件→新建"菜单命令，弹出"新建文档"对话框，选择XML选项，如图11-10所示，单击"创建"按钮，创建一个XML文档。执行"文件→保存"菜单命令，将该文件保存为"源文件\第11章\实例94.xml"，如图11-11所示。

图11-10 "新建文档"对话框

图11-11 "另存为"对话框

02 在XML文档中编写数据列表内容，XML文档代码如下：

```xml
<?xml version="1.0" encoding="utf-8"?>
<list>
  <caption>音乐列表</caption>
  <title>
    <lname>歌曲名</lname>
    <level>排行</level>
    <zjname>专辑名</zjname>
    <lx>类型</lx>
    <number>收听人数</number>
  </title>
  <music>
```

```
        ......
    </music>
        ......
    <music>
            <lname>小情歌</lname>
            <level>第六名</level>
            <zjname>十年一刻</zjname>
            <lx>安静</lx>
            <number>986548769</number>
    </music>
    <music>
        <lname>陪你到终结</lname>
        <level>第七名</level>
        <zjname>小飞行</zjname>
        <lx>清澈</lx>
        <number>886548765</number>
    </music>
    <music>
        ......
    </music>
        ......
</list>
```

03 在浏览器中预览该XML页面，可以看到该XML页面的效果，如图11-12所示。执行"文件→新建"菜单命令，弹出"新建文档"对话框，新建一个外部CSS样式表文件，如图11-13所示，将该文本保存为"源文件\第11章style\11-94.css"。

图11-12 在浏览器中预览XML文档

图11-13 新建CSS样式表文件

04 在11-94.css文件中创建list的CSS样式，对整个<list>数据列表进行整体的绝对定位，并适当地调整位置、文字大小和字体等，CSS样式代码如图11-14所示。返回实例94.xml页面中，添加链接外部CSS样式表的代码，如图11-15所示。

```
list {
    font-family: 微软雅黑;
    font-size: 12px;
    position: absolute;/*绝对定位*/
    top: 0px;
    left: 0px;
    padding: 4px;
}
```

图11-14 CSS样式代码

图11-15 添加链接外部CSS样式代码

05 在浏览器中预览该XML页面，可以看到该XML页面的效果，如图11-16所示。转换到11-94.css文件中，创建相应的CSS样式，将各个行都设置为块，代码如图11-17所示。

图11-16 在浏览器中预览XML页面　　　　图11-17 CSS样式代码

06 在浏览器中预览该XML页面，可以看到该XML页面的效果，如图11-18所示。转换到11-94.css文件中，创建相应的CSS样式，为各条数据加入相应的颜色和空隙等属性，代码如图11-19所示。

图11-18 在浏览器中预览XML页面　　　　图11-19 CSS样式代码

07 在浏览器中预览该XML页面，可以看到XML页面的效果，如图11-20所示。转换到11-94.css文件中，创建名为music:hover的CSS样式，如图11-21所示。

图11-20 在浏览器中预览XML页面　　　　图11-21 CSS样式代码

08 在浏览器中预览该XML页面，可以看到当鼠标移至某一数据行时，该数据行的背景颜色变为白色，如图11-22所示。转换到11-94.css文件中，添加相应的CSS样式设置，对各个元素分别进行控制，如图11-23所示。

图11-22 在浏览器中预览XML页面　　图11-23 CSS样式代码

```
lname,level,zjname,lx,number {
        padding: 0px 20px 0px 20px;
}
lname {
        display: inline-block;
        width: 200px;
}
level {
        display: inline-block;
        width: 100px;
}
zjname {
        display: inline-block;
        width: 100px;
}
lx {
        display: inline-block;
        width: 90px;
}
number {
        display: inline-block;
        width: 100px;
}
```

09 完成CSS样式的设置，返回XML文档中，在浏览
器中预览该XML文档，可以看到该XML页面的效果，
如图11-24所示。

图11-24 在浏览器中预览XML页面

Q 在XML中自定义的标记名称应该符合哪些规则？

A 在XML中自定义的标记名称应该符合以下规则：

● 必须以英文名称或中文名称或者下划线"_"开头。

● 在使用默认编码集的情况下，名称可以由英文字母、数字、下划线"_"、连字符"-"和点号"."构成。
在指定了编码集的情况下，则名称中除了上述字符外，还可以出现该字符集中的合法字符。

● 名称中不能含有空格。

● 名称中含有英文字母时，对大小写是敏感的。

Q 怎样才是一个有效的XML文档？

A 如果一个XML文档与一个文档类型定义（DTD）相关联，而该XML文档要符合DTD的各种规则，那么称这
个XML文档是有效的。注意：DTD对于XML文档来说并不是必需的，但XML文档要由DTD来保证其有效
性。所以要保证XML文档的有效性就必须在XML文档中引入DTD，而且有DTD的XML文档会使XML文档让
人读起来容易些，也让人容易找出文档中的错误。

实例 095 在HTML页面中调用XML数据——制作摄影图片网页

　　HTML很难进一步发展，是因为它的格式、超文本和图形用户界面语义混合，要同时发展这些混合在一起的功
能是很困难的。而XML提供了一种结构化的数据表示方式，使得用户界面分离于结构化数据。所以，Web用户所追
求的许多先进功能在XML环境下更容易实现。

● **最终文件**┃最终文件\第11章\实例95.html

● **视　　频**┃视频\第11章\实例95.swf

● **知 识 点**┃XML标签、调用XML文件数据

● **学习时间**┃30分钟

┃ **实例分析** ┃

　　本实例制作一个摄影图片网站页面，在该网站页面的制作过程中，通过HTML页面调用XML文件中的数据实现数据与显示的相互分离。首先使用Div+CSS布局方式制作出HTML页面，接着编写XML文档，最后在HTML页面中添加相应的代码读取XML文件中的数据，最终完成HTML页面的制作和数据的显示，页面的最终效果如图11-25所示。

图11-25　最终效果

┃ **知识点链接** ┃

　　元素是XML文档内容的基本单元。元素相当于放置XML文档内容的容器。在XML文档中，所有的"内容"都必须被各种各样、大大小小的容器封装起来，然后在容器上贴上对所放置内容进行说明的标记。这些容器连同容器上的标签和容器中所放置的具体内容表示出文档的意义和逻辑结构。当然，这种对于意义和逻辑结构的表示是否准确、清晰，分解得正确与否、标签标示的贴切与否有直接的关系。从语法上说，一个元素包含一个起始标签、一个结束标签及标签之间的数据内容，其形式如下：

<标签>数据内容</标签>

　　标签是编写XML文档必须用到的，在HTML中所使用的标签都是已经定义好的，有各自固定的格式。而在XML中，没有一个固定的标签，可以按自己的需要来定义和使用标签，标签把XML文件与纯文本内容分开。

┃ **制作步骤** ┃

01 执行"文件→打开"菜单命令，打开页面"源文件\第11章\实例95.html"，页面效果如图11-26所示。光标移至名为menu的Div中，将多余文字删除并输入相应的文字，效果如图11-27所示。

图11-26　打开页面

图11-27　输入文字

02 转换到代码视图中，为刚刚输入的菜单项文字添加相应的项目列表标签，如图11-28所示。返回设计视图中，为各菜单项设置空链接，效果如图11-29所示。

```
<div id="menu">
    <ul>
        <li>菜单1</li>
        <li>菜单2</li>
        <li>菜单3</li>
        <li>菜单4</li>
        <li>菜单5</li>
    </ul>
</div>
```

图11-28 添加项目列表标　　　图11-29 为各菜单项设置空链接

> **提示**
>
> 此处的菜单项文字内容需要从XML文件中读取，所以此处可以先用其他的文字代替，最后再用相应的字段代替XML文件中读取出来的内容，以实现数据与显示的分离。

03 转换到该文件所链接的外部CSS样式表文件中，创建名为#menu li的CSS规则，如图11-30所示，返回页面设计视图中，效果如图11-31所示。

```
#menu li {
    list-style-type: none;
    width: 225px;
    height: 38px;
    line-height: 38px;
    margin-bottom: 10px;
}
```

图11-30 CSS样式代码　　　图11-31 页面效果

04 转换到外部CSS样式表文件中，创建相应的CSS样式，如图11-32所示，返回页面设计视图中，效果如图11-33所示。

```
#menu li a {
    display: block;
    width: 185px;
    height: 38px;
    font-weight: bold;
    padding-left: 40px;
}
#menu li a:link,#menu li a:visited {
    color: #999;
    text-decoration: none;
}
#menu li a:hover,#menu li a:active {
    color: #F60;
    text-decoration: none;
    background-image: url(../images/9503.png);
    background-repeat: no-repeat;
}
```

图11-32 CSS样式代码　　　图11-33 页面效果

05 转换到外部CSS样式表文件中，创建名为.link01的类CSS样式，如图11-34所示。返回页面设计视图中，选中"菜单1"文字，为其应用刚创建的link01样式，效果如图11-35所示。

```
.link01 {
    background-image: url(../images/9503.png);
    background-repeat: no-repeat;
}
```

图11-34 CSS样式代码　　　图11-35 页面效果

06 保存页面，单击文档工具栏上的"实时视图"按钮，可以在实时视图中看到菜单部分的效果，如图11-36所示。返回设计视图中，光标移至名为main的Div中，将多余文字删除，在该Div中插入名为pic1的Div，如图11-37所示。

图11-36 预览导航菜单效果

图11-37 页面效果

07 转换到外部CSS样式表文件中，创建名为#pic1的CSS样式，如图11-38所示，返回页面设计视图中，页面效果如图11-39所示。

```
#pic1 {
    width: 230px;
    height: 170px;
    padding: 5px;
    background-color: #FFF;
    margin-right: 10px;
    margin-bottom: 10px;
    float: left;
}
```

图11-38 CSS样式代码　　图11-39 页面效果

08 切换到代码视图中，将名为pic1的Div中多余文本内容删除，并添加一个图像标签代码，如图11-40所示。同样，此处的图像地址也需要从XML文件中读取。返回到页面设计视图中，可以看到该部分的效果，如图11-41所示。

```
<div id="main">
  <div id="pic1"><img src="" width="230" height="170" /></div>
</div>
```

图11-40 添加图像标签代码　　图11-41 页面效果

09 使用相同的方法，可以在名为pic1的Div之后插入名为pic2至名为pic9的Div，并分别定义各Div的CSS样式，页面效果如图11-42所示。转换到代码视图中，在各Div中添加图像标签代码，返回设计视图中，页面效果如图11-43所示。

图11-42 页面效果　　　　　　　　　图11-43 页面效果

10 完成该HTML页面的制作，执行"文件→保存"菜单命令，保存页面，并保存外部CSS样式表文件。在浏览器中预览该页面，效果如图11-44所示。

图11-44 在浏览器中预览页面效果

11 执行"文件→新建"菜单命令，弹出"新建文档"对话框，选择XML选项，如图11-45所示。单击"创建"按钮，新建一个XML文件，将该文件保存为"源文件\第11章\实例95.xml"，图11-46所示为新建的XML文档。

图11-45 "新建文档"对话框

图11-46 创建XML页面

12 编写该XML文件，在XML文件中设置各部分数据的信息，代码如下：

```xml
<?xml version="1.0" encoding="utf-8"?>
<info>
    <menu1>网站首页</menu1>
    <menu2>关于我们</menu2>
    <menu3>摄影作品</menu3>
    <menu4>经验分享</menu4>
    <menu5>联系我们</menu5>
    <item item_url="images/photo1.jpg" />
    <item item_url="images/photo2.jpg" />
    <item item_url="images/photo3.jpg" />
    <item item_url="images/photo4.jpg" />
    <item item_url="images/photo5.jpg" />
    <item item_url="images/photo6.jpg" />
    <item item_url="images/photo7.jpg" />
    <item item_url="images/photo8.jpg" />
    <item item_url="images/photo9.jpg" />
</info>
```

13 完成该XML文件的编写，保存文件，在浏览器中预览该XML文件，效果如图11-47所示。

图11-47 预览XML文件效果

14 返回HTML页面中，转换到代码视图，在<head>与</head>标签之间添加如下的JavaScript代码：

```javascript
<script language="javascript">
  function window_onload(){
    var xmlDoc = new ActiveXObject("Microsoft.XMLDOM");
    xmlDoc.async = false;
    xmlDoc.load("实例95.xml");        //调用XML文件
    var nodes = xmlDoc.documentElement.childNodes;
    menu1.innerText = nodes.item[0].text;
    menu2.innerText = nodes.item[1].text;
    menu3.innerText = nodes.item[2].text;
    menu4.innerText = nodes.item[3].text;
    menu5.innerText = nodes.item[4].text;
    var nodes = xmlDoc.selectNodes("info//item");
    $("photo1").src = nodes[0].attributes[0].value;
    $("photo2").src = nodes[1].attributes[0].value;
    $("photo3").src = nodes[2].attributes[0].value;
    $("photo4").src = nodes[3].attributes[0].value;
    $("photo5").src = nodes[4].attributes[0].value;
    $("photo6").src = nodes[5].attributes[0].value;
    $("photo7").src = nodes[6].attributes[0].value;
    $("photo8").src = nodes[7].attributes[0].value;
    $("photo9").src = nodes[8].attributes[0].value; }
  function $(id){
    return document.getElementById(id); }
</script>
```

15 在HTML页面中的<body>标签中添加如下代码：

```html
<body onload="window_onload()">
```

16 在HTML页面中显示菜单项的相应位置，将文字替换为相应的代码，如图11-48所示。在页面中需要读取图片的位置，添加相应的代码，如图11-49所示。

```html
<div id="menu">
  <ul>
    <li><a href="#" class="link01"><span id="menu1"></span></a></li>
    <li><a href="#"><span id="menu2"></span></a></li>
    <li><a href="#"><span id="menu3"></span></a></li>
    <li><a href="#"><span id="menu4"></span></a></li>
    <li><a href="#"><span id="menu5"></span></a></li>
  </ul>
</div>
```

图11-48 添加相应的代码

```html
<div id="main">
  <div id="pic1"><img src="" width="230" height="170" id="photo1" /></div>
  <div id="pic2"><img src="" width="230" height="170" id="photo2" /></div>
  <div id="pic3"><img src="" width="230" height="170" id="photo3" /></div>
  <div id="pic4"><img src="" width="230" height="170" id="photo4" /></div>
  <div id="pic5"><img src="" width="230" height="170" id="photo5" /></div>
  <div id="pic6"><img src="" width="230" height="170" id="photo6" /></div>
  <div id="pic7"><img src="" width="230" height="170" id="photo7" /></div>
  <div id="pic8"><img src="" width="230" height="170" id="photo8" /></div>
  <div id="pic9"><img src="" width="230" height="170" id="photo9" /></div>
</div>
```

图11-49 添加相应的代码

17 完成从XML文件读取数据，保存HTML页面，在浏览器中预览该页面，效果如图11-50所示。

图11-50 预览页面效果

Q XML标签与HTML标签有什么不同？

A XML与HTML不同，HTML中有些标记并不需要关闭（即不一定有结束标记），有些语法上要求有半闭标记的即使漏了半闭标记，浏览器也能照常处理。而在XML中，每个标记必须保证严格关闭。关闭标记的名称与打开标记的名称必须相同，其名称前加上"/"。由于XML对大小写敏感，在关闭标记时注意不要使用错误的标记。

Q XML标签中可以设置属性吗？如何设置？

A HTML中用属性来精确地控制网页的显示方式，与标签一样，这些属性都是预先定义好的。在XML中使用属性就自由多了，用户可以自定义所需要的标签属性。在开始标签与空标签中可以有选择地包含属性，属性会代表引入标签的数据。可以使用一个属性以存储关于该元素的多个数据。

属性是元素的可选组成部分，其作用是对元素及其内容的附加信息进行描述，由"="分割开的属性名和属性值构成。在XML中，所有的属性必须用引号括起来，这一点与HTML有所区别。其形式如下所示：

```
<标签名 属性名="属性值", 属性名="属性值",……>内容</标记名>
```

例如：

```
<价格 货币类型="RMB">4000</价格>
```

对于空元素，其使用形式如下：

```
<标签名 属性名="属性值", 属性名="属性值",…/>
```

例如：

```
<矩形 Width="400" Height="200"/>
```

一般来说，具有描述性特征，不需要显示出来的都可以通过属性来表示，属性的命名规则与标签名称的命名规则相似。

实例 096 使用JavaScript实现可选择字体大小——制作新闻页面

可选择字体大小的效果一般在一些新闻类网页的正文页面中经常用到，通过单击页面中"大""中""小"链接即可实现页面中正文文字大小的切换，该效果我们可以通过JavaScript轻轻松松的去实现。

● **最终文件** | 最终文件\第11章\实例96.html

● **视　　频** | 视频\第11章\实例96.mp4

● **知 识 点** | 在HTML中嵌入JavaScript脚本

● **学习时间** | 15分钟

实例分析

本实例制作一个新闻页面，通常新闻显示页面中都有大段的新闻文字内容，目前很多新闻网站中都会采用可选择字体大小的功能，通过单击相应的链接即可实现调整正文内容的字体大小的效果，以满足不同用户的需求，页面的最终效果如图11-51所示。

图11-51　最终效果

知识点链接

在HTML文档中使用JavaScript有两种方法，一种是使用<Script>标签将JavaScript程序代码嵌入到HTML文档中，另一种方法是将JavaScript文件单独保存为一个.js文件，在HTML文档中链接外部的js文件。

嵌入JavaScript代码

如果在HTML文件中嵌入JavaScript代码，需要在<head>与<head>标签之间嵌入一个<Script>标签，嵌入JavaScript代码的格式如下：

```
<script language="javascript">
Javascript脚本代码部分
</script>
```

该代码表示在HTML文档中嵌入一段脚本程序，脚本程序语言为JavaScript，在<script>与</script>标签之间的为脚本程序代码。

链接外部JavaScript文件

如果要链接外部的JavaScript文件，需要将JavaScript脚本程序保存为外部的一个独立文件，然后在HTML页面中使用<script>标签将外部JavaScript文件链接到HTML页面中。链接外部JavaScript文件的格式如下：

```
<script src="****.js"></script>
```

制作步骤

01 执行"文件→打开"菜单命令，打开页面"源文件\第11章\实例96.html"，页面效果如图11-52所示。

图11-52　打开页面

02 转换到代码视图，在<head>与</head>标签之间加入如下的JavaScript代码：

```
<script type="text/javascript">
  function docontent(size) {
    var content = document.all ? document.all['text'] : document.getElementById('text');
    content.style.fontSize = size + 'px';
  }
</script>
```

03 在代码视图中，为设置字体大小链接的超链接设置脚本链接，代码如图11-53所示。

```
<div id="list">请选择字体大小: <a href="javascript:docontent(12)">小</a> |
<a href="javascript:docontent(14)">中</a> | <a href=
"javascript:docontent(16)">大</a></div>
```

图11-53 设置脚本链接代码

> **提示**
>
> 该段 JavaScript 代码是用来定义一个函数接收传递来的字体大小参数，能够将指定 id 名称的元素中的文字大小修改为接收到的参数的大小。例如，在该页面中添加的 JavaScript 代码中是将页面中 ID 名为 text 的 Div 中的字体大小属性进行重新设置。

04 转换到该文件所链接的外部CSS样式表文件中，创建名为.link01的类CSS样式的4种伪类，如图11-54所示。返回设计视图中，分别选择刚设置了链接的文字，并分别应用类CSS样式link01，效果如图11-55所示。

```
.link01:link,.link01:visited {
    color: #393346;
    text-decoration: underline;
}
.link01:hover,.link01:active {
    color: #FFAC8B;
    text-decoration: none;
}
```

请选择字体大小: 小 | 中 | 大

图11-54 CSS样式代码　　　　图11-55 页面效果

05 执行"文件→保存"菜单命令，保存页面，并且保存外部CSS样式表文件。在浏览器中预览页面，单击不同的文字大小链接，即可改变页面中正文的字体大小，如图11-56所示。

图11-56 在浏览器中预览并测试JavaScript效果

Q 什么是JavaScript？

A JavaScript最早是由Netscape公司开发出来的一种跨平台的、面向对象的脚本语言。最初这种脚本语言只能在Netscape浏览器中使用，目前几乎所有的浏览器都支持JavaScript。

JavaScript是对ECMA262语言规范的一种实现，是一种基于对象和事件驱动并具有安全性能的脚本语言。它与HTML超文本标记语言、Java脚本语言一起实现在一个Web页面中链接多个对象，与Web客户端进行交互，从而可以开发客户端的应用程序。它是通过嵌入到标准的HTML语言中实现的，弥补了HTML语言的缺陷。

Q JavaScript具有哪些特点？

A JavaScript作为可以直接在客户端浏览器上运行的脚本程序，有着自身独特的功能和特点，具体归纳如下：

简单性

JavaScript是一种脚本编写语言，它采用小程序段的方式实现编程，像其他脚本语言一样，JavaScript同样是一种解释性语言，它提供了一个简易的开发过程。

动态性

相对于HTML语言和CSS语言的静态而言，JavaScript是动态的，它可以直接对用户或客户输入做出响应，无须经过Web服务程序。

跨平台性

JavaScript是依赖于浏览器本身，与操作环境无关的脚本语言。只要能运行浏览器，且浏览器支持JavaScript的计算机就可以正确执行它。

安全性

JavaScript被设计为通过浏览器来处理并显示信息，但它不能修改其他文件中的内容。

实例 097 使用JavaScript实现图像滑动切换——制作图像页面

　　如果一个网页界面能够展示图像的空间很有限，那么我们便可以通过使用滑动切换的方式将较多的图像全部展示在浏览者面前，并且还能够为网页界面增加动态的视觉效果，本实例就通过使用JavaScript脚本实现网页中图像滑动切换的效果。

● **最终文件**┃最终文件\第11章\实例97.html

● **视　　频**┃视频\第11章\实例97.mp4

● **知 识 点**┃CSS样式与JavaScript

● **学习时间**┃15分钟

┃ 实例分析 ┃

　　在网站中常常可以看到图像的动态切换效果，使用HTML语言是无法在网页中直接实现动态效果的，这就需要通过HTML与JavaScript相结合。本实例制作一个在网页中常见的图像滑动切换的效果，页面的最终效果如图11-57所示。

图11-57　最终效果

┃ 知识点链接 ┃

　　JavaScript与CSS样式都是可以直接在客户端浏览器解析并执行的脚本语言，CSS用于设置网页上的样式和布局，从而使网页更加美观；而JavaScript是一种脚本语言，可以直接在网页上被浏览器解释运行，可以实现许多特殊的网页效果。

　　通过JavaScript与CSS样式相结合可以制作出许多奇妙而实用的效果，这在本章后面的内容中将详细地进行介绍，读者也可以将JavaScript实现的各种精美效果应用到自己的页面中。

制作步骤

01 执行"文件→打开"菜单命令，打开页面"源文件\
第11章\实例97.html"，页面效果如图11-58所示。

图11-58 打开页面

02 转换到代码视图中，可以看到<body>标签之间的页面主体内容代码，如下所示:

```html
<body>
<div id="logo"><img src="images/9704.png" width="163" height="71" alt="" /></div>
<div id="swap_pic">
  <div id="prev">prev</div>
  <div id="box">
  <ul style="left: 0px;" id="pics" class="pics">
    <li>
      <p><a href="#"><img alt="" src="images/pic1.jpg" width="290" height="135" /><span>精致图标
</span></a></p>
      <p><a href="#"><img alt="" src="images/pic2.jpg" width="290" height="135" /><span>炫彩手绘汽车
</span></a></p>
      <p><a href="#"><img alt="" src="images/pic3.jpg" width="290" height="135" /><span>逼真机器人
</span></a></p>
    </li>
    <li>
      <p><a href="#"><img alt="" src="images/pic4.jpg" width="290" height="135" /><span>图标及页面展示
</span></a></p>
      <p><a href="#"><img alt="" src="images/pic5.jpg" width="290" height="135" /><span>精美卡通人物
图标</span></a></p>
      <p><a href="#"><img alt="" src="images/pic6.jpg" width="290" height="135" /><span>变形金刚CG
插画</span></a></p>
    </li>
  </ul>
  </div>
  <div id="next">next</div>
</div>
</body>
```

03 将实现图像滑动切换的JavaScript代码添加到\<body>与\</body>之间，JavaScript代码如下所示：

```javascript
<script type="text/javascript">
(function(){
        var vari={
                width:960,
                pics:document.getElementById("pics"),
                prev:document.getElementById("prev"),
                next:document.getElementById("next"),
                len:document.getElementById("pics").getElementsByTagName("li").length,
                intro:document.getElementById("pics").getElementsByTagName("p"),
                now:1,
                step:5,
                dir:null,
                span:null,
                span2:null,
                begin:null,
                begin2:null,
                end2:null,
                move:function(){
                        if(parseInt(vari.pics.style.left,10)>vari.dir*vari.now*vari.width&&vari.dir==-1){
                                vari.step=(vari.step<2)?1:(parseInt(vari.pics.style.left,10)-vari.
                                dir*vari.now*vari.width)/5;
                                vari.pics.style.left=parseInt(vari.pics.style.left,10)+vari.dir*vari.
                                step+"px";
                                }
                        else if(parseInt(vari.pics.style.left,10)<-vari.dir*(vari.now-2)*vari.
                        width&&vari.dir==1){
                                vari.step=(vari.step<2)?1:(-vari.dir*(vari.now-2)*vari.width-
                                parseInt(vari.pics.style.left,10))/5;
                                vari.pics.style.left=parseInt(vari.pics.style.left,10)+vari.dir*vari.
                                step+"px";
                        }
                        else{
                                vari.now=vari.now-vari.dir;
                                clearInterval(vari.begin);
                                vari.begin=null;
                                vari.step=5;
                                vari.width=960;
                        }
                },
                scr:function(){
                        if(parseInt(vari.span.style.top,10)>-31){
                                vari.span.style.top=parseInt(vari.span.style.top,10)-5+"px";
                        }
```

```
                    else{
                        clearInterval(vari.begin2);
                        vari.begin2=null;
                    }
                },
                stp:function(){
                    if(parseInt(vari.span2.style.top,10)<0){
                        vari.span2.style.top=parseInt(vari.span2.style.top,10)+10+"px";
                    }
                    else{
                        clearInterval(vari.end2);
                        vari.end2=null;
                    }
                }
            };
            vari.prev.onclick=function(){
                if(!vari.begin&&vari.now!=1){
                    vari.dir=1;
                    vari.begin=setInterval(vari.move,20);
                }
                else if(!vari.begin&&vari.now==1){
                    vari.dir=-1
                    vari.width*=vari.len-1;
                    vari.begin=setInterval(vari.move,20);
                };
            };
            vari.next.onclick=function(){
                if(!vari.begin&&vari.now!=vari.len){
                    vari.dir=-1;
                    vari.begin=setInterval(vari.move,20);
                }
                else if(!vari.begin&&vari.now==vari.len){
                    vari.dir=1
                    vari.width*=vari.len-1;
                    vari.begin=setInterval(vari.move,20);
                };
            };
            for(var i=0;i<vari.intro.length;i++){
                vari.intro[i].onmouseover=function(){
                    vari.span=this.getElementsByTagName("span")[0];
                    vari.span.style.top=0+"px";
                    if(vari.begin2){clearInterval(vari.begin2);}
                    vari.begin2=setInterval(vari.scr,20);
                };
```

```
vari.intro[i].onmouseout=function(){
    vari.span2=this.getElementsByTagName( "span" )[0];
    if(vari.begin2){clearInterval(vari.begin2);}
    if(vari.end2){clearInterval(vari.end2);}
    vari.end2=setInterval(vari.stp,5);
};
    }
})();
</script>
```

提示

JavaScript 语句的写法是区分大小写的，比如函数 newCreate() 和 NewCreate() 是不一样的。在 JavaScript 程序中的 WHILE 语句应改为小写的 while，如果写为 WHILE 是错误的。

04 执行"文件→保存"菜单命令，保存页面。在浏览器中预览该页面，可以看到通过JavaScript实现的图像滑动效果，如图11-59所示。

图11-59 在浏览器中预览并测试JavaScript效果

Q 在编写JavaScript脚本的过程中需要注意什么？

A 在编写JavaScript脚本的过程中，一定要耐心、细致，要注意字符是否输入正确，大小写是否正确。双引号、单引号和逗号都要注意英文和中文的区别，以及有没有空格等，养成良好的代码编写习惯。

Q 在JavaScript中定义标识符时是不是可以使用任意的名称？

A 标识符是指JavaScript中定义的符号，用来命名变量名、函数名、数组名等。JavaScript的命名规则和Java及其他许多语言的命名规则相同，标识符可以由任意顺序的大小写字母、数字、下划线"_"和美元符号组成，但标识符不能以数字开头。

JavaScript有许多保留关键字，它们在程序中是不能被用作标识符的。

实例 098 使用JavaScript实现特效——制作动态网站相册

经常在网页中看到许多非常绚丽的图像特效，例如动态的图像相册等，在Dreamweaver中可以通过JavaScript代码加以实现。在网页中添加相应的JavaScript脚本代码，可以实现许多动态的网页特效。

● **最终文件** ┃最终文件\第11章\实例98.html

● **视　　频** ┃视频\第11章\实例98.mp4

● **知 识 点** ┃JavaScript中的数据类型

● **学习时间** ┃20分钟

实例分析

　　网站相册是在网页中经常见到的一种图像展示效果，通常是通过与鼠标的交互操作产生动态的图像切换效果。本实例就通过JavaScript实现一种动态网站相册的效果，页面的最终效果如图11-60所示。

图11-60　最终效果

知识点链接

　　JavaScript提供了6种数据类型，其中4种基本的数据类型用来处理数字和文字，而变量提供存放信息的地方，表达式则可以完成较复杂的信息处理。

string字符串类型

　　字符串是通过单引号或双引号来说明的（可以在单引号里输入包含双引号的字符串，也可以在双引号里输入包含单引号的字符串），如"student" "学生"等。

数值数据类型

　　JavaScript支持整数和浮点数，整数可以为正数、0或者负数；浮点数可以包含小数点，也可以包含一个"e"（大小写均可，在科学记数法中表示"10的幂"），或者同时包含这两项。

boolean类型

　　可能的boolean值有true和false。这两个特殊值，不能用作1和0。

undefined数据类型

　　一个为undefined的值就是指在变量被创建后，但未给该变量赋值时具有的值。

null数据类型

　　null值指没有任何值，什么也不表示。

object类型

　　除了上面提到的各种常用类型外，对象也是JavaScript中的重要组成部分。如Window、Document、Date等，这些都是JavaScript中的对象。

制作步骤

01 执行"文件→打开"菜单命令，打开页面"源文件\第11章\实例98.html"，页面效果如图11-61所示。

图11-61　打开页面

02 转换到代码视图中，可以看到<body>标签之间的页面主体内容代码，代码如下：

```html
<body>
<div id="box">
<div id="center">
  <div id="slider">
    <div class="slide"><img src="images/p1.jpg" width="500" height="344" class="diapo" alt="" />
      <div class="text">纯美浪漫意境婚纱系列</div>
    </div>
    <div class="slide"><img src="images/p2.jpg" width="500" height="344" class="diapo" alt="" />
      <div class="text">纯美浪漫意境婚纱系列</div>
    </div>
    <div class="slide"><img src="images/p3.jpg" width="500" height="344" class="diapo" alt="" />
      <div class="text">朦胧浪漫写真系列</div>
    </div>
    <div class="slide"><img src="images/p4.jpg" width="500" height="344" class="diapo" alt="" />
      <div class="text">纯美浪漫意境婚纱系列</div>
    </div>
    <div class="slide"><img src="images/p5.jpg" width="500" height="344" class="diapo" alt="" />
      <div class="text">机械科技系列</div>
    </div>
    <div class="slide"><img src="images/p6.jpg" width="500" height="344" class="diapo" alt="" />
      <div class="text">诱惑写真系列</div>
    </div>
    <div class="slide"><img src="images/p7.jpg" width="500" height="344" class="diapo" alt="" />
      <div class="text">复古婚纱大片</div>
    </div>
    <div class="slide"><img src="images/p8.jpg" width="500" height="344" class="diapo" alt="" />
      <div class="text">复古婚纱大片</div>
    </div>
    <div class="slide"><img src="images/p9.jpg" width="500" height="344" class="diapo" alt="" />
      <div class="text">自然写真系列</div>
    </div>
    <div class="slide"><img src="images/p10.jpg" width="500" height="344" class="diapo" alt="" />
      <div class="text">时光记忆系列</div>
    </div>
  </div>
</div>
</div>
</body>
```

03 动态效果是通过JavaScript代码来实现的，这部分的JavaScript代码是用<script>和</script>包含起来的，将该部分JavaScript代码加入到页面<head>与</head>标签之间，JavaScript代码如下：

```javascript
<script type="text/javascript">
var slider = function() {
```

```
function getElementsByClass(object, tag, className) {
    var o = object.getElementsByTagName(tag);
    for ( var i = 0, n = o.length, ret = []; i < n; i++) {
        if (o[i].className == className) ret.push(o[i]);
    }
    if (ret.length == 1) ret = ret[0];
    return ret;
}
function setOpacity (obj,o) {
    if (obj.filters) obj.filters.alpha.opacity = Math.round(o);
    else obj.style.opacity = o / 100;
}
function Slider(oCont, speed, iW, iH, oP) {
    this.slides = [];
    this.over   = false;
    this.S      = this.S0 = speed;
    this.iW     = iW;
    this.iH     = iH;
    this.oP     = oP;
    this.oc     = document.getElementById(oCont);
    this.frm    = getElementsByClass(this.oc, 'div', 'slide');
    this.NF     = this.frm.length;
    this.resize();
    for (var i = 0; i < this.NF; i++) {
        this.slides[i] = new Slide(this, i);
    }
    this.oc.parent = this;
    this.view      = this.slides[0];
    this.Z         = this.mx;
    this.oc.onmouseout = function () {
        this.parent.mouseout();
        return false;
    }
}
Slider.prototype = {
    run : function () {
        this.Z += this.over ? (this.mn - this.Z) * .5 : (this.mx - this.Z) * .5;
        this.view.calc();
        var i = this.NF;
        while (i--) this.slides[i].move();
    },
    resize : function () {
        this.wh = this.oc.clientWidth;
        this.ht = this.oc.clientHeight;
        this.wr = this.wh * this.iW;
```

```
                    this.r   = this.ht / this.wr;
                    this.mx = this.wh / this.NF;
                    this.mn = (this.wh * (1 - this.iW)) / (this.NF - 1);
            },
            mouseout : function () {
                    this.over       = false;
                    setOpacity(this.view.img, this.oP);
            }
        }
    }
    Slide = function (parent, N) {
        this.parent = parent;
        this.N       = N;
        this.x0      = this.x1 = N * parent.mx;
        this.v       = 0;
        this.loaded = false;
        this.cpt     = 0;
        this.start   = new Date();
        this.obj     = parent.frm[N];
        this.txt     = getElementsByClass(this.obj, 'div', 'text');
        this.img     = getElementsByClass(this.obj, 'img', 'diapo');
        this.bkg     = document.createElement('div');
        this.bkg.className = 'backgroundText';
        this.obj.insertBefore(this.bkg, this.txt);
        if (N == 0) this.obj.style.borderLeft = 'none';
        this.obj.style.left = Math.floor(this.x0) + 'px';
        setOpacity(this.img, parent.oP);
        /* ==== mouse events ==== */
        this.obj.parent = this;
        this.obj.onmouseover = function() {
                this.parent.over();
                return false;
        }
    }
    Slide.prototype = {
        calc : function() {
                var that = this.parent;
                for (var i = 0; i <= this.N; i++) {
                    that.slides[i].x1 = i * that.Z;
                }
                for (var i = this.N + 1; i < that.NF; i++) {
                    that.slides[i].x1 = that.wh - (that.NF - i) * that.Z;
                }
        },
        move : function() {
                var that = this.parent;
```

```
                            var s = (this.x1 - this.x0) / that.S;
                            if (this.N && Math.abs(s) > .5) {
                                    this.obj.style.left = Math.floor(this.x0 += s) + 'px';
                            }
                            var v = (this.N < that.NF - 1) ? that.slides[this.N + 1].x0 - this.x0 : that.wh - this.x0;
                            if (Math.abs(v - this.v) > .5) {
                                    this.bkg.style.top = this.txt.style.top = Math.floor(2 + that.ht - (v - that.Z)
* that.iH * that.r) + 'px';
                            this.v = v;
                            this.cpt++;
                        } else {
                            if (!this.pro) {
                                this.pro = true;
                                var tps = new Date() - this.start;
                                if(this.cpt > 1) {
                                    that.S = Math.max(2, (28 / (tps / this.cpt)) * that.S0);
                                }
                            }
                        }
                        if (!this.loaded) {
                            if (this.img.complete) {
                                this.img.style.visibility = 'visible';
                                this.loaded = true;
                            }
                        }
                    },
                over : function () {
                    this.parent.resize();
                    this.parent.over = true;
                    setOpacity(this.parent.view.img, this.parent.oP);
                    this.parent.view = this;
                    this.start = new Date();
                    this.cpt = 0;
                    this.pro = false;
                    this.calc();
                    setOpacity(this.img, 100);
                }
            }
            return {
                init : function() {
                    this.s1 = new Slider("slider", 12, 1.84/3, 1/3.2, 70);
                    setInterval("slider.s1.run();", 16);
                }
            }
        }();
    </script>
```

04 在页面中id名称为center的Div的结束标签之后，添加如下的JavaScript代码：

```
<script type="text/javascript">
slider.init();
</script>
```

05 执行"文件→保存"菜单命令，保存页面。在浏览器中预览页面，可以看到通过JavaScript实现的动态网站相册的效果，如图11-62所示。

图11-62　在浏览器中预览并测试JavaScript效果

Q JavaScript能做什么？

A JavaScript脚本语言具有效率高、功能强大等特点，可以完成许多工作。例如，表单数据合法性验证、网页特效、交互式菜单、动态页面、数值计算，以及在增加网站的交互功能、提高用户体验等方面获得了广泛的应用，可见JavaScript脚本编程能力不一般。发展到今天，JavaScript的应用范围已经大大超出了一般人的想象。现在，在大部分人眼里，JavaScript表现最出色的领域依然是用户的浏览器，即我们所说的Web应用客户端。我们需要判断哪些交互是适合用JavaScript来实现的。JavaScript能够实现的功能主要表现在以下几个方面：

- 控制文档的外观和内容（动态页面）。
- 用cookie读写客户状态。
- 网页特效。
- 对浏览器的控制。
- 与HTML表单交互（表单数据合法性验证）。
- 与用户交互。
- 数值计算。

Q JavaScript不能做什么？

A 客户端JavaScript给人留下深刻的印象，但这些功能只限于与浏览器相关的任务或与文档相关的任务。由于客户端的JavaScript只能用于有限的环境中，所以它没有语言所必需的特性。这里所说的是客户端JavaScript受到浏览器的制约，并不意味着JavaScript本身不具备独立特性。由于客户端JavaScript受制于浏览器，而浏览器的安全环境和制约因素并不是绝对的，操作系统、用户权限、应用场合都会对其产生影响，具体有以下几点：

- 除了能够动态生成浏览器要显示的HTML文档（包括图像、表格、框架、表单和字体等）之外，JavaScript不具有任何图形处理能力。
- 出于安全性方面的原因，客户端的JavaScript不允许对文件进行读写操作。
- 除了能够引发浏览器下载任意URL所指的文档及把HTML表单的内容发送给服务器端脚本或电子邮件地址之外，JavaScript不支持任何形式的联网技术。

第 **12** 章

布局制作商业网站页面

在前面的章节中，我们主要向大家介绍了关于Dreamweaver的一些基本知识点，并且结合实例进行讲解。这一章是本书的最后一章，主要是将前面所学的知识进行汇总，并综合运用在不同类别的网站页面中，从而体现出各个知识点的功能，也进一步巩固前面所学的知识，使得读者能够真正地学以致用。

接下来，我们将通过制作不同类别的网站页面来向大家综合讲述每个知识点的运用方法和技巧。

实例 099　制作宠物猫咪网站页面

宠物类网站页面通常会使用色彩鲜明的颜色搭配一些漂亮美观的动画形象，并且整个页面会营造出一种充满生命活力的氛围，同时突出小动物灵气十足的特性，从而更好地表现出该页面所宣传的商品的实用性。

- **最终文件** | 最终文件\第12章\实例99.html
- **视　　频** | 视频\第12章\实例99.mp4
- **知 识 点** | Div标签、li标签
- **学习时间** | 20分钟

实例分析

本实例制作的是一个宠物类的网站页面，该页面宣传的是猫粮。该页面在整体色彩搭配上使用明艳的紫红色和沉稳的白色，紫红色突出了小动物的可爱和灵气，白色也突出产品质量的可靠性，该页面最终效果如图12-1所示。

图12-1　最终效果

知识点链接

本实例的页面结构从整体来看分为上中下3个部分，且中间的部分又分为左右两个部分，通过Div标签的定义将大致的框架进行划分和定位，再完成内部的内容制作，页面的顶部使用Flash动画进行展示。

制作步骤

01 执行"文件→新建"菜单命令，弹出"新建文档"对话框，设置如图12-2所示。单击"创建"按钮，新建空白文档，将该页面保存为"源文件\第12章\实例99.html"。使用相同的方法，新建一个CSS样式表文件，并将其保存为"源文件\第12章\style\12-99.css"，如图12-3所示。

图12-2　"新建文档"对话框

图12-3　"新建文档"对话框

02 单击"CSS设计器"面板中的"源"选项区右侧的"添加CSS源"按钮，在弹出菜单中选择"附加现有的CSS文件"选项，弹出"使用现有的CSS文件"对话框，设置如图12-4所示，单击"确定"按钮。切换到12-99.css文件中，创建名为"*"的通配符CSS规则和名为body的标签CSS规则，如图12-5所示。

图12-4 "使用现有的CSS文件"对话框　　　图12-5 CSS样式代码

03 返回到设计视图，可以看到页面的效果，如图12-6所示。将光标移至页面中，插入名为box的Div。切换到12-99.css文件中，创建名为#box的CSS规则，如图12-7所示。

图12-6 页面效果　　　　　　　　图12-7 CSS样式代码

04 返回到设计视图，页面效果如图12-8所示。将光标移至名为box的Div中，删除多余文字，插入名为top的Div。切换到12-99.css文件中，创建名为#top的CSS规则，如图12-9所示。

图12-8 页面效果　　　　　　　　图12-9 CSS样式代码

05 返回到设计视图，页面效果如图12-10所示。将光标移至名为top的Div中，删除多余文字，插入Flash动画"源文件\第12章\images\9908.swf"，如图12-11所示。

图12-10 页面效果　　　　　　　图12-11 插入Flash动画

06 在名为top的Div后，插入名为menu的Div。切换到12-99.css文件中，创建名为#menu的CSS规则，如图12-12所示。返回到设计视图，页面效果如图12-13所示。

图12-12 CSS样式代码　　　　　　图12-13 页面效果

07 将光标移至名为menu的Div中，将多余文字删除，输入段落文本，并为文字创建项目列表，如图12-14所示。转换到代码视图，可以看到相应的代码效果，如图12-15所示。

图12-14 输入段落文字　　图12-15 代码视图

08 切换到12-99.css文件中，创建名为#menu li 的CSS规则，如图12-16所示。返回到设计视图，页面效果如图12-17所示。

```
#menu li {
    list-style-type: none;
    width: 100px;
    float: left;
    border-right:solid 1px #87547d;
    text-align:center;
}
```

图12-16 CSS样式代码　　　　　

图12-17 页面效果

09 在名为menu的Div后，插入名为pic的Div。切换到12-99.css文件中，创建名为#pic的CSS规则，如图12-18所示。返回到设计视图，可以看到页面效果，如图12-19所示。

```
#pic {
    width: 888px;
    height: 253px;
    margin-top: 50px;
}
```

图12-18 CSS样式代码　　　　图12-19 页面效果

10 将光标移至名为pic的Div中，删除多余文字，插入名为pic01的Div。切换到12-99.css文件中，创建名为#pic01的CSS规则，如图12-20所示。返回到设计视图，页面效果如图12-21所示。

```
#pic01 {
    width: 580px;
    height: 253px;
    float: left;
}
```

图12-20 CSS样式代码　　　　图12-21 页面效果

11 将光标移至名为pic01的Div中，将多余文字删除，插入图像"源文件\第12章\images\9902.jpg"，如图12-22所示。在名为pic01的Div后，插入名为pic02的Div。切换到12-99.css文件中，创建名为#pic02的CSS规则，如图12-23所示。

图12-22 页面效果

```
#pic02 {
    width: 263px;
    height: 253px;
    background-image: url(../images/9903.jpg);
    background-repeat: no-repeat;
    float: left;
}
```

图12-23 CSS样式代码

12 返回到设计视图，页面效果如图12-24所示。将光标移至名为pic02的Div中，删除多余文字，插入名为title的Div。切换到12-99.css文件中，创建名为#title的CSS规则，如图12-25所示。

```
#title {
    width: 243px;
    height: 30px;
    line-height: 30px;
    font-size: 14px;
    font-weight: bold;
    color: #98689a;
    text-align: left;
    padding-left: 20px;
    background-image: url(../images/9905.jpg);
    background-repeat: no-repeat;
    background-position: left bottom;
}
```

图12-24 页面效果　　　　　　　　图12-25 CSS样式代码

13 返回到设计视图，页面效果如图12-26所示。将光标移至名为title的Div中，将多余文字删除，输入文字并插入图片，页面效果如图12-27所示。

图12-26 页面效果　　　　　　　　图12-27 输入文字并插入图像

14 切换到12-99.css文件中，创建名为#title img的CSS规则，如图12-28所示。返回到设计视图，页面效果如图12-29所示。

```
#title img {
    margin-left: 145px;
    margin-bottom: 2px;
}
```

图12-28 CSS样式代码　　　　　　　　图12-29 页面效果

15 在名为title的Div后插入名为news的Div。切换到12-99.css文件中，创建名为#news的CSS规则，如图12-30所示。返回到设计视图，页面效果如图12-31所示。

```
#news {
    width: 243px;
    height: 183px;
    padding: 20px 10px 20px 10px;
    color: #9b0280;
    line-height: 25px;
}
```

图12-30 CSS样式代码　　　　　　　　图12-31 页面效果

16 将光标移至名为news的Div中，将多余文字删除，输入段落文字，并为文字创建项目列表，如图12-32所示。转换到代码视图，可以看到相应的代码效果，如图12-33所示。

```
<div id="news">
    <ul>
        <li>专家将在社区开展讲述宠物专业知识的活动</li>
        <li>研究显示：各时期猫咪的喂养方法不同</li>
        <li>不同品牌的猫粮对猫咪的影响</li>
        <li>各种猫粮的优缺点及喂养注意事项</li>
        <li>专家亲临讲述如何选购猫粮的要点</li>
        <li>猫咪在各个不同时期的不同需求</li>
        <li>想让您的宠物更加温顺而且不生病吗？</li>
        <li>让猫咪成长更快更好的六大方法</li>
    </ul>
</div>
```

图12-32 输入文字并创建项目列表　　　　　　　　图12-33 代码视图

17 切换到12-99.css文件中，创建名为#news li 的CSS规则，如图12-34所示。返回到设计视图，页面效果如图12-35所示。

```
#news li {
    list-style-type: none;
    background-image: url(../images/9986.png);
    background-repeat: no-repeat;
    background-position: 5px center;
    padding-left: 15px;
}
```

图12-34 CSS样式代码　　　　图12-35 页面效果

18 在名为pic的Div后插入名为bottom的Div。切换到12-99.css文件中，创建名为#bottom的CSS规则，如图12-36所示。返回到设计视图，页面效果如图12-37所示。

```
#bottom {
    width: 800px;
    height: 64px;
    margin: 0px auto;
    margin-top: 40px;
    color: #666666;
    line-height: 25px;
}
```

图12-36 CSS样式代码　　　　　　图12-37 页面效果

19 将光标移至名为bottom的Div中，将多余文字删除，插入相应图像并输入文字，页面效果如图12-38所示。切换到12-99.css文件中，创建名为#bottom img的CSS规则，如图12-39所示。

```
#bottom img {
    margin-right: 50px;
    float: left;
}
```

图12-38 插入图像并输入文字　　　　图12-39 CSS样式代码

20 返回到设计视图，页面效果如图12-40所示。完成页面的制作，页面整体效果如图12-41所示。

图12-40 页面效果　　　　　　　　　图12-41 页面效果

21 执行"文件→保存"菜单命令，保存页面。在浏览器中浏览该页面的效果，如图12-42所示。

图12-42 预览效果

Q 在网页中插入多媒体对象后，在HTML语言中会生成什么标签？

A 当在网页中插入多媒体对象后，HTML语言中会生成\<embed\>标签；另外，若在网页中插入一些特殊对象，HTML语言中则会生成\<object\>标签。

多媒体对象插入标签\<embed\>的基本语法是\<embed src=#\>\</embed\>，其中"#"代表URL地址。

Q "对象标签辅助功能属性"对话框的作用是什么？

A 用于设置媒体对象辅助功能选项，屏幕阅读器会朗读该对象的标题。在"标题"文本框中输入媒体对象的标题，在"访问键"文本框中输入等效的键盘键（一个字母），用以在浏览器中选择该对象，这使得站点访问者可以使用Ctrl键（Windows）和Access键来访问该对象。例如，如果输入B作为快捷键，则使用Ctrl+B组合键在浏览器中选择该对象。在"Tab键索引"文本框中输入一个数字以指定该对象的Tab键顺序。当页面上有其他链接和对象，并且需要用户用Tab键以特定顺序通过这些对象时，设置Tab键顺序就会非常有用。如果为一个对象设置Tab键顺序，则一定要为所有对象设置Tab键顺序。

实例 100 制作设计工作室网站页面

创建链接是一个网页必不可少的步骤，如果一个网页没有添加任何有效的链接，那么这个网页便失去了意义，也没有任何价值和作用。因此，作为网页的设计和制作者，应熟悉各种链接的创建方法。下面我们将为大家讲述如何创建图像超链接，并为图像实现鼠标经过变化的效果。

● **最终文件** ┃ 最终文件\第12章\实例100.html

● **视　　频** ┃ 视频\第12章\实例100.mp4

● **知 识 点** ┃ 鼠标经过图像、创建图像超链接

● **学习时间** ┃ 30分钟

┃ 实例分析 ┃

本实例制作的是一个设计工作室的网站页面，整个页面居左显示，并且使用了鼠标经过图像和为图像创建超链接的方式来加强页面的互动性，从而使得页面更具活力，页面的最终效果如图12-43所示。

图12-43 最终效果

┃ 知识点链接 ┃

在网页的设计与制作过程中，总会有些需要创建链接的地方，但由于还不确定链接的地址，就需要用到空链接来留出链接的位置，从而方便以后添加链接。

空链接同样具有链接的所有属性，另外还可以用来验证页面中的CSS样式表效果、响应鼠标事件等。

┃ 制作步骤 ┃

01 执行"文件→新建"菜单命令，弹出"新建文档"对话框，设置如图12-44所示。单击"创建"按钮，新建一个空白文档，将该页面保存为"源文件\第12章\实例100.html"。使用相同的方法，新建一个CSS样式表文件，将其保存为"源文件\第12章\style\12-100.css"，如图12-45所示。

图12-44　"新建文档"对话框　　　　　　　　　　图12-45　"新建文档"对话框

02 单击"CSS设计器"面板中的"源"选项区右侧的"添加CSS源"按钮，在弹出菜单中选择"附加现有的CSS文件"选项，弹出"使用现有的CSS文件"对话框，设置如图12-46所示，单击"确定"按钮。切换到12-100.css文件中，创建名为"*"的通配符CSS规则和名为body的标签CSS规则，如图12-47所示。

```
* {
    margin: 0px;
    padding: 0px;
}
body {
    font-family: 宋体;
    font-size: 12px;
    color: #B68A18;
    background-image: url(../images/10001.gif);
    background-repeat: repeat-x;
    background-color: #F2EFDE;
}
```

图12-46　"使用现有的CSS文件"对话框　　　　　图12-47　CSS样式代码

03 返回到设计视图，可以看到页面的效果，如图12-48所示。将光标放置在页面中，插入名为box的Div。切换到12-100.css文件中，创建名为#box的CSS规则，如图12-49所示。

```
#box {
    width: 779px;
    height: auto;
    overflow: hidden;
}
```

图12-48　页面效果　　　　　　　　　　　　图12-49　CSS样式代码

04 返回到设计视图，可以看到页面的效果，如图12-50所示。将光标移至名为box的Div中，将多余文字删除，插入名为top的Div。切换到12-100.css文件中，创建名为#top的CSS规则，如图12-51所示。

```
#top {
    background-image: url(../images/10002.jpg);
    background-repeat: repeat-x;
    height: 91px;
    width: 779px;
}
```

图12-50　页面效果　　　　　　　　　　　　图12-51　CSS样式代码

05 返回到设计视图，页面效果如图12-52所示。将光标移至名为top的Div中，将多余文字删除，插入名为logo的Div。切换到12-100.css文件中，创建名为#logo的CSS规则，如图12-53所示。

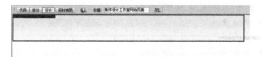

```
#logo {
    background-image: url(../images/10029.jpg);
    background-repeat: no-repeat;
    float: left;
    height: 84px;
    width: 211px;
    margin-top: 7px;
}
```

图12-52　页面效果　　　　　　　　　　　　图12-53　CSS样式代码

06 返回到设计视图，将名为logo的Div中多余文字删除，效果如图12-54所示。在该Div后插入名为menu的Div。切换到12-100.css文件中，创建名为#menu的CSS规则，如图12-55所示。

图12-54 页面效果　　图12-55 CSS样式代码

07 返回到设计视图，页面效果如图12-56所示。将光标移至名为menu的Div中，将多余文字删除，插入图像"源文件\第12章\images\10003.jpg"，如图12-57所示。

图12-56 页面效果　　　　　　　　　　　　图12-57 插入图像

08 将光标移至刚插入的图像后，单击"插入"面板上"常用"选项卡中的"图像"按钮旁的三角形按钮，在弹出菜单中选择"鼠标经过图像"选项，如图12-58所示。弹出"插入鼠标经过图像"对话框，设置如图12-59所示。

图12-58 "插入"面板　　图12-59 "插入鼠标经过图像"对话框

09 设置完成后，单击"确定"按钮，即可插入鼠标经过图像，如图12-60所示。使用相同的方法，完成其他鼠标经过图像的制作，页面效果如图12-61所示。

图12-60 页面效果　　　　　　　　图12-61 页面效果

10 在名为top的Div后插入名为main的Div。切换到12-100.css文件中，创建名为#main的CSS规则，如图12-62所示。返回到设计视图，页面效果如图12-63所示。

```
#main {
    width: 779px;
    height: auto;
    overflow: hidden;
}
```

图12-62 CSS样式代码　　　　　　　　图12-63 页面效果

11 将光标移至名为main的Div中，将多余文字删除，插入名为left的Div。切换到12-100.css文件中，创建名为#left的CSS规则，如图12-64所示。返回到设计视图，页面效果如图12-65所示。

```
#left {
    float: left;
    width: 520px;
    height: auto;
    overflow: hidden;
}
```

图12-64 CSS样式代码　　　　　　图12-65 页面效果

12 将光标移至名为left的Div中，将多余文字删除，插入图像"源文件\第12章\images\10012.jpg"，如图12-66所示。将光标移至图像后，插入名为content_title的Div。切换到12-100.css文件中，创建名为#content_title的CSS规则，如图12-67所示。

图12-66 插入图像

```css
#content_title {
    font-family: 微软雅黑;
    font-size: 16px;
    font-weight: bold;
    color: #FFFFFF;
    background-image: url(../images/10013.gif);
    background-repeat: no-repeat;
    height: 46px;
    width: 511px;
    padding-top: 19px;
    padding-left: 6px;
}
```

图12-67 CSS样式代码

13 返回到设计视图，页面效果如图12-68所示。将光标移至名为content_title的Div中，将多余文字删除，输入相应的文字，如图12-69所示。

图12-68 页面效果

图12-69 输入文字

14 使用相同的方法，完成其他部分内容的制作，页面效果如图12-70所示。在名为left的Div后插入名为right的Div。切换到12-100.css文件中，创建名为#right的CSS规则，如图12-71所示。

图12-70 页面效果

```css
#right {
    background-image: url(../images/10015.jpg);
    background-repeat: no-repeat;
    background-position: left top;
    float: right;
    width: 244px;
    padding-top: 68px;
}
```

图12-71 CSS样式代码

15 返回到设计视图，页面效果如图12-72所示。将光标移至名为right的Div中，将多余文字删除，依次插入相应的图像，如图12-73所示。

图12-72 页面效果

图12-73 插入图像

16 转换到代码视图，添加相应的列表标签，如图12-74所示。切换到12-100.css文件中，创建名为#right li的CSS规则，如图12-75所示。

```
<div id="right">
  <ul>
    <li><img src="images/10016.jpg" width="244" height="108" alt="" /></li>
    <li><img src="images/10017.jpg" width="244" height="108" alt="" /></li>
    <li><img src="images/10018.jpg" width="244" height="108" alt="" /></li>
  </ul>
</div>
```

图12-74 添加列表标签

```
#right li {
  list-style: none;
  margin-top: 5px;
  margin-bottom: 5px;
  border-bottom: 1px dashed #D1B464;
}
```

图12-75 CSS样式代码

17 返回到设计视图，页面效果如图12-76所示。使用相同的方法，完成其他部分的制作，页面效果如图12-77所示。

图12-76 页面效果

图12-77 页面效果

18 在名为link的Div后插入名为news的Div。切换到12-100.css文件中，创建名为#news的CSS规则，如图12-78所示。返回到设计视图，页面效果如图12-79所示。

```
#news {
  height: 309px;
  width: 779px;
}
```

图12-78 CSS样式代码

图12-79 页面效果

19 将光标移至名为news的Div中，将多余文字删除，插入名为company的Div。切换到12-100.css文件中，创建名为#company的CSS规则，如图12-80所示。返回到设计视图，页面效果如图12-81所示。

```
#company {
  background-image: url(../images/10023.jpg);
  background-repeat: no-repeat;
  float: left;
  height: 250px;
  width: 517px;
  padding-top: 59px;
}
```

图12-80 CSS样式代码

图12-81 页面效果

20 将光标移至名为company的Div中，将多余文字删除，插入名为company_content的Div。切换到12-100.css文件中，创建名为#company_content的CSS规则，如图12-82所示。返回到设计视图，页面效果如图12-83所示。

```
#company_content {
  line-height: 22px;
  background-image: url(../images/10024.gif);
  background-repeat: repeat-x;
  height: 250px;
  width: 495px;
  padding-right: 11px;
  padding-left: 11px;
}
```

图12-82 CSS样式代码

图12-83 页面效果

21 将光标移至名为company_content的Div中，将多余文字删除，并输入相应的文字，如图12-84所示。选中相应的文字，在"属性"面板上设置其"格式"为"标题2"，如图12-85所示。

图12-84 输入文字　　　　　　　　图12-85 属性设置

22 切换到12-100.css文件中，创建名为#company_content h2的CSS规则，如图12-86所示。返回到设计视图，页面效果如图12-87所示。

图12-86 CSS样式代码　　　　　　　图12-87 页面效果

23 在名为company的Div后，插入名为text的Div。切换到12-100.css文件中，创建名为#text的CSS规则，如图12-88所示。返回到设计视图，页面效果如图12-89所示。

图12-88 CSS样式代码　　　　　　　图12-89 页面效果

24 将光标移至名为text的Div中，将多余文字删除，插入名为text_content的Div。切换到12-100.css文件中，创建名为#text_content的CSS规则，如图12-90所示。返回到设计视图，页面效果如图12-91所示。

图12-90 CSS样式代码　　　　　　　图12-91 页面效果

25 将光标移至名为text_content的Div中，将多余文字删除，输入相应的文字，如图12-92所示。转换到代码视图，为文字添加项目列表标签，如图12-93所示。

图12-92 输入文字　　　图12-93 添加列表标签

26 切换到12-100.css文件中，创建名为#text_content li的CSS规则，如图12-94所示。返回到设计视图，页面效果如图12-95所示。

```
#text_content li{
    list-style: none;
    background-image: url(../images/10027.png);
    background-repeat: no-repeat;
    background-position: left center;
    padding-left: 15px;
}
```

图12-94 CSS样式代码　　　　图12-95 页面效果

27 使用相同的方法，完成其他内容的制作，页面效果如图12-96所示。将光标移至名为right的Div中，为该Div中的图像添加空链接。切换到12-100.css文件中，创建名为.rellover的类CSS样式，如图12-97所示。

```
.rellover {
    display: block;
}
```

图12-96 页面效果　　　　图12-97 CSS样式代码

28 转换到代码视图，在名为right的Div中的<a>标签中应用样式表rellover，如图12-98所示。切换到12-100.css文件中，创建名为.rellover:hover和.rellover:hover img的类CSS样式，如图12-99所示。

```
<div id="right">
  <ul>
    <li><a href="#" class="rellover"><img src=
"images/10016.jpg" width="244" height="108" alt="" /></a></li>
    <li><a href="#" class="rellover"><img src=
"images/10017.jpg" width="244" height="108" alt="" /></a></li>
    <li><a href="#" class="rellover"><img src=
"images/10018.jpg" width="244" height="108" alt="" /></a></li>
  </ul>
  <div id="large_more">查看更多精彩案例&gt;&gt;</div>
</div>
```

```
.rellover:hover {
    visibility: visible;
}
.rellover:hover img {
    visibility: hidden;
}
```

图12-98 代码视图　　　　图12-99 CSS样式代码

29 转换到代码视图，在该Div中的每个超链接标签中设置不同的id名称，如图12-100所示。切换到12-100.css文件中，创建名为#pic1、#pic2和#pic3的CSS规则，如图12-101所示。

```
<div id="right">
  <ul>
    <li><a href="#" class="rellover" id="pic1"><img src=
"images/10016.jpg" width="244" height="108" alt="" /></a></li>
    <li><a href="#" class="rellover" id="pic2"><img src=
"images/10017.jpg" width="244" height="108" alt="" /></a></li>
    <li><a href="#" class="rellover" id="pic3"><img src=
"images/10018.jpg" width="244" height="108" alt="" /></a></li>
  </ul>
  <div id="large_more">查看更多精彩案例&gt;&gt;</div>
</div>
```

```
#pic1{
    background-image:url(../images/10030.jpg);
    background-repeat:no-repeat;
}
#pic2{
    background-image:url(../images/10031.jpg);
    background-repeat:no-repeat;
}
#pic3{
    background-image:url(../images/10032.jpg);
    background-repeat:no-repeat;
}
```

图12-100 设置id名称　　　　图12-101 CSS样式代码

30 执行"文件→保存"菜单命令，保存该页面。按F12键即可在浏览器中预览该页面的效果如图12-102所示。

图12-102 预览效果

Q 什么是空链接？在网页中有什么作用？

A 所谓空链接，就是没有目标端点的链接。利用空链接，可以激活文件中链接所对应的对象和文本。当文本或对象被激活后，即可为之添加行为，如当鼠标经过后变换图片，或者使某一Div显示。

Q 什么是E-mail链接？在网页中有什么作用？

A E-Mail链接是指当用户在浏览器中单击该链接之后，不是打开一个网页文件，而是启动用户系统客户端的 E-Mail软件（如Outlook Express），并打开一个空白的新邮件，主要用于供用户撰写内容来与网站联系。

实例 101 制作医疗健康类网站页面

医疗健康类网站页面通常会使用色彩清淡柔和、明度低的色调搭配一些轻松快活的动画形象，整个页面营造出一种轻松温和的氛围，达到使浏览者身心愉快的效果，这样更能体现出该页面的实用性和浏览性。

- **最终文件** | 最终文件\第12章\实例101.html
- **视　　频** | 视频\第12章\实例101.mp4
- **知 识 点** | Div标签、li标签和<span>标签
- **学习时间** | 30分钟

实例分析

本实例制作的是医疗健康类的网站页面，该页面使用适合的排版方式将许多的页面信息排列得井井有条，给浏览者带来整洁、规律的视觉感受，并以图片、文字和动画相结合的方式减轻了浏览者浏览信息时的压力，页面最终效果如图12-103所示。

图12-103 最终效果

知识点链接

本实例页面采用了居左的布局方式，页面分为上中下3个部分，而中间部分采用左右布局的方式，层次清晰分明；左边中间部分使用一个轻松美观的动画展示，更显得页面整洁美观。该页面涉及的知识点有Div标签、<li>标签、<span>标签和图片与文字的类CSS样式等。

制作步骤

01 执行"文件→新建"菜单命令，弹出"新建文档"对话框，设置如图12-104所示。单击"创建"按钮，新建一个空白文档，将该页面保存为"源文件\第12章\实例101.html"。使用相同的方法，新建一个CSS样式表文件，并将其保存为"源文件\第12章\style\12-101.css"，如图12-105所示。

图12-104 "新建文档"对话框

图12-105 "新建文档"对话框

02 单击"CSS设计器"面板中的"源"选项区右侧的"添加CSS源"按钮，在弹出菜单中选择"附加现有的CSS文件"选项，弹出"使用现有的CSS文件"对话框，设置如图12-106所示，单击"确定"按钮。切换到12-101.css文件中，创建名为"*"的通配符CSS规则和名为body的标签CSS规则，如图12-107所示。

图12-106 "使用现有的CSS文件"对话框　　　　图12-107 CSS样式代码

03 返回到设计视图，页面的背景效果如图12-108所示。将光标移至页面中，插入名为box的Div。切换到12-101.css文件中，创建名为#box的CSS规则，如图12-109所示。

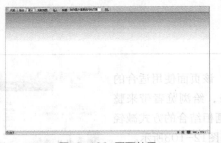

图12-108 页面效果　　　　　　　　　　图12-109 CSS样式代码

04 返回到设计视图，页面效果如图12-110所示。将光标移至名为box的Div中，删除多余文字，插入名为top的Div。切换到12-101.css文件中，创建名为#top的CSS规则，如图12-111所示。

图12-110 页面效果　　　　　　　　　　图12-111 CSS样式代码

05 返回到设计视图，页面效果如图12-112所示。将光标移至名为top的Div中，删除多余文字，插入名为logo的Div。切换到12-101.css文件中，创建名为#logo的CSS规则，如图12-113所示。

图12-112 页面效果　　　　　　　　　　图12-113 CSS样式代码

06 返回到设计视图，可以看到页面效果，如图12-114所示。将光标移至名为logo的Div中，将多余文字删除，插入图像"源文件\第12章\images\10102.gif"，如图12-115所示。

图12-114 页面效果　　　　　图12-115 插入图片

07 在名为logo的Div后插入名为menu的Div。切换到12-101.css文件中，创建名为#menu的CSS规则，如图12-116所示。返回到设计视图，页面效果如图12-117所示。

```
#menu {
    width: 766px;
    height: auto;
    overflow: hidden;
    float: left;
    padding-top: 11px;
    padding-bottom: 11px;
}
```

图12-116 CSS样式代码

图12-117 页面效果

08 将光标移至名为menu的Div中，将多余文字删除，插入名为menu_01的Div。切换到12-101.css文件中，创建名为#menu_01的CSS规则，如图12-118所示。返回到设计视图，页面效果如图12-119所示。

```
#menu_01 {
    width: 766px;
    height: 26px;
    padding-top: 13px;
    text-align: right;
}
```

图12-118 CSS样式代码

图12-119 页面效果

09 将光标移至名为menu_01的Div中，将多余文字删除，并输入相应的文字，页面效果如图12-120所示。转换到代码视图，添加相应的代码，如图12-121所示。

图12-120 页面效果

```
<div id="menu">
    <div id="menu_01"><span>设为首页</span>|<span>加入收藏
</span>|<span>联系方式</span>|<span>在线邮箱</span></div>
</div>
```

图12-121 代码视图

10 切换到12-101.css文件中，创建名为#menu_01 span的CSS规则，如图12-122所示。返回到设计视图，可以看到页面效果，如图12-123所示。

```
#menu_01 span {
    margin-left: 10px;
    margin-right: 10px;
}
```

图12-122 CSS样式代码

图12-123 页面效果

11 在名为menu_01的Div后插入名为flash的Div。切换到12-101.css文件中，创建名为#flash的CSS规则，如图12-124所示。返回到设计视图，页面效果如图12-125所示。

```
#flash {
    width: 766px;
    height: 72px;
}
```

图12-124 CSS样式代码

图12-125 页面效果

12 将光标移至名为flash的Div中，删除多余文字，插入flash动画"源文件\第12章\images\10119.swf"，页面效果如图12-126所示。单击选中刚插入的flash，在"属性"面板上设置其Wmode属性为"透明"，如图12-127所示。

图12-126 页面效果

图12-127 "属性"面板

13 在名为top的Div后，插入名为main的Div。切换到12-101.css文件中，创建名为#main的CSS规则，如图12-128所示。返回到设计视图，可以看到页面效果，如图12-129所示。

```
#main {
    width: 989px;
    height: auto;
    overflow: hidden;
}
```

图12-128 CSS样式代码

图12-129 页面效果

14 将光标移至名为main的Div中，将多余文字删除，插入名为left的Div。切换到12-101.css文件中，创建名为#left的CSS规则，如图12-130所示。返回到设计视图中，可以看到页面效果，如图12-131所示。

```
#left {
    width: 396px;
    height: 507px;
    float: left;
}
```

图12-130 CSS样式代码　　　　　图12-131 页面效果

15 将光标移至名为left的Div中，将多余文字删除，插入flash动画"源文件\第12章\images\10120.swf"，页面效果如图12-132所示。单击选中刚插入的flash，在"属性"面板上设置其Wmode属性为"透明"，如图12-133所示。

图12-132 插入动画　　　　　图12-133 "属性"面板

16 在名为left的Div后，插入名为right的Div。切换到12-101.css文件中，创建名为#right的CSS规则，如图12-134所示。返回到设计视图，页面效果如图12-135所示。

```
#right {
    width: 510px;
    height: auto;
    overflow: hidden;
    float: left;
}
```

图12-134 CSS样式代码　　　　　图12-135 页面效果

17 将光标移至名为right的Div中，将多余文字删除，插入名为right_01的Div。切换到12-101.css文件中，创建名为#right_01的CSS规则，如图12-136所示。返回到设计视图，页面效果如图12-137所示。

```
#right_01 {
    width: 281px;
    height: auto;
    overflow: hidden;
    float: left;
}
```

图12-136 CSS样式代码　　　　　图12-137 页面效果

18 将光标移至名为right_01的Div中，将多余文字删除，插入名为flash01的Div，切换到12-101.css文件中，创建名为#flash01的CSS规则，如图12-138所示。返回到设计视图，页面效果如图12-139所示。

```
#flash01 {
    width: 281px;
    height: 149px;
}
```

图12-138 CSS样式代码　　　　　图12-139 页面效果

19 将光标移至名为flash01的Div中，将多余文字删除，插入flash动画"源文件\第12章\images\10121.swf"，页面效果如图12-140所示。在名为flash01的Div后，插入名为news_title的Div。切换到12-101.css文件中，创建名为#news_title的CSS规则，如图12-141所示。

```
#news_title {
    width: 281px;
    height: 15px;
    background-image: url(../images/10106.gif);
    background-repeat: no-repeat;
    background-position: left center;
    border-bottom: solid 2px #d8bfe0;
    text-align: right;
    padding-top: 25px;
}
```

图12-140 插入动画　　　　　　　图12-141 CSS样式代码

20 返回到设计视图，页面效果如图12-142所示。将光标移至名为news_title的Div中，将多余文字删除，插入图像"源文件\第12章\images\10107.gif"，页面效果如图12-143所示。

图12-142 页面效果　　　　　图12-143 页面效果

21 将光标移至名为news_title的Div后，插入图像"源文件\第12章\images\10108.gif"，如图12-144所示。切换到12-101.css文件中，创建名为.pic01的类CSS样式，如图12-145所示。

```
.pic01 {
    margin-top: 5px;
    margin-bottom: 5px;
}
```

图12-144 页面效果　　　图12-145 CSS样式代码

22 返回到设计视图，为相应的图片应用该类CSS样式，页面效果如图12-146所示。将光标移至图像后，插入名为news_text的Div。切换到12-101.css文件中，创建名为#news_text的CSS规则，如图12-147所示。

```
#news_text {
    width: 281px;
    height: 96px;
}
```

图12-146 页面效果　　　　　图12-147 CSS样式代码

23 返回到设计视图，页面效果如图12-148所示。将光标移至名为news_text的Div中，将多余文字删除，输入相应的段落文字并为文字创建项目列表。转换到代码视图，可以看到相应的代码效果，如图12-149所示。

```
<div id="news_text">
  <ul>
    <li>[2016-10-01] 最新解压松弛美容</li>
    <li>[2016-10-01] 美白大王讲座</li>
    <li>[2016-10-01] 产后的身材护理</li>
    <li>[2016-10-01] 赶走衰老让青春常驻</li>
  </ul>
</div>
```

图12-148 页面效果　　　　　图12-149 代码视图

24 切换到12-101.css文件中，创建名为#news_text li的CSS规则，如图12-150所示。返回到设计视图，可以看到页面效果，如图12-151所示。

```
#news_text li {
    list-style-type: none;
    line-height: 24px;
    background-image: url(../images/10109.gif);
    background-repeat: no-repeat;
    background-position: 5px center;
    padding-left: 15px;
}
```

图12-150 CSS样式代码　　　　　图12-151 页面效果

25 使用相同的方法，完成其他内容的制作，页面效果如图12-152所示。在名为news_title02的Div后插入名为pic的Div。切换到12-101.css文件中，创建名为#pic的CSS规则，如图12-153所示。

图12-152 页面效果　　　　　　　　　　　　　图12-153 CSS样式代码

26 返回到设计视图，可以看到页面效果，如图12-154所示。将光标移至名为pic的Div中，删除多余文字，并依次插入相应的图像，页面效果如图12-155所示。

27 切换到12-101.css文件中，创建名为#pic img的CSS规则，如图12-156所示。返回到设计视图中，可以看到页面效果，如图12-157所示。

图12-154 页面效果　　　图12-155 页面效果　　　图12-156 CSS样式代码　　　图12-157 页面效果

28 使用相同的方法，完成其他内容的制作，页面效果如图12-158所示。在名为main的Div后插入名为bottom的Div。切换到12-101.css文件中，创建名为#bottom的CSS规则，如图12-159所示。

图12-158 页面效果　　　　　　　　　　　　图12-159 CSS样式代码

29 返回到设计视图中，可以看到页面效果，如图12-160所示。光标移至名为bottom的Div中，将多余文字删除，插入相应图像并输入文字，页面效果如图12-161所示。

图12-160 页面效果　　　　　　　　　　　　图12-161 页面效果

30 切换到12-101.css文件中，创建名为#bottom img的CSS规则，如图12-162所示。返回到设计视图中，可以看到页面效果，如图12-163所示。

31 完成页面的制作，执行"文件→保存"菜单命令，保存页面。在浏览器中浏览该页面，效果如图12-164所示。

```css
#bottom img {
    margin-left: 61px;
    margin-right: 61px;
    float: left;
}
```

图12-162 CSS样式代码

图12-163 页面效果

图12-164 预览效果

Q 在什么情况下才能够通过"属性"面板为文字创建项目列表？

A 若想通过单击"属性"面板上的"项目列表"按钮生成项目列表，则所选中的文本必须是段落文本，Dreamweaver CC才会自动将每一个段落转换成一个项目列表。

Q 怎样才能对项目列表的相关属性进行修改？

A 在设计视图中选中已有列表的其中一项，执行"格式→列表→属性"菜单命令，即可弹出"列表属性"对话框，如图12-165所示，在该对话框中可以对列表的相关属性进行更深入的设置。

图12-165 "列表属性"对话框

实例 102 制作教育类网站页面

在制作教育方面的网站时，首先应考虑到页面整体的视觉效果，例如图像的清晰度、文字的排版方式以及色彩搭配等。

不管网站的哪方面都要以体现教育的严谨性和科学性为目的，使得浏览者在浏览页面时能够充分信任页面中所展现的信息。下面我们将向大家介绍一个教育类网站页面的制作方法。

- **最终文件** | 最终文件\第12章\实例102.html
- **视 频** | 视频\第12章\实例102.mp4
- **知 识 点** | 鼠标经过图像
- **学习时间** | 35分钟

实例分析

本实例制作的是一个教育类的网站页面，页面采用了蓝色及其邻近色作为页面的主体色调，体现出教育严谨和端正的一面，而且蓝色能够给人一种理智、清晰的视觉效果，从而增强该页面的诚信度，页面的最终效果如图12-166所示。

图12-166 最终效果

知识点链接

字体样式的简写包括字体、字号、行高等属性，使用方法如下：

font:

font-style	（样式）
font-variant	（变体）
font-weight	（粗细）
font-size	（大小）
font-height	（行高）
font-family	（字体）

例如，如下的CSS样式是字体样式的传统写法：

```
.font01 {
font-family: "宋体";
font-size: 12px;
font-style: italic;
line-height: 20px;
font-weight: bold;
font-variant: normal;
}
```

可以对字体CSS样式的代码进行简写，简写如下：

```
.font01 {
        font: italic normal bold 12px/20px 宋体;}
```

字体颜色不可同字体样式一起缩写，如果要加入字体的颜色，颜色样式应为：

```
.font01 {
    font: italic normal bold 12px/20px 宋体;
    color: 000000;
}
```

制作步骤

01 执行"文件→新建"菜单命令，弹出"新建文档"对话框，设置如图12-167所示。单击"创建"按钮，新建一个空白文档，将该页面保存为"源文件\第12章\实例102.html"。使用相同的方法，新建一个CSS样式表文件，将其保存为"源文件\第12章\style\12-102.css"，如图12-168所示。

图12-167 "新建文档"对话框

图12-168 "新建文档"对话框

02 单击"CSS设计器"面板中的"源"选项区右侧的"添加CSS源"按钮，在弹出菜单中选择"附加现有的CSS文件"选项，弹出"使用现有的CSS文件"对话框，设置如图12-169所示，单击"确定"按钮。切换到12-102.css文件中，创建名为"*"的通配符CSS规则和名为body的标签CSS规则，如图12-170所示。

图12-169 "使用现有的CSS文件"对话框

```
* {
    margin: 0px;
    padding: 0px;
}
body{
    font-size: 12px;
    color: #565656;
    line-height: 28px;
    background-image:url(../images/18201.jpg);
    background-repeat:repeat-x;
}
```

图12-170 CSS样式代码

03 返回到设计视图，页面效果如图12-171所示。在页面中插入名为box的Div，切换到外部CSS样式表文件中，创建名为#box的CSS样式，如图12-172所示。

```
#box{
    width:990px;
    height:auto;
    overflow:hidden;
    background-image:url(../images/10202.jpg);
    background-repeat:no-repeat;
    background-position: center top;
    margin:0px auto;
    padding-left:5px;
    padding-right:5px;
}
```

图12-171 页面效果　　　　图12-172 CSS样式代码

04 返回到设计视图，可以看到页面的效果，如图12-173所示。光标移至名为box的Div中，将多余文字删除，在该Div中插入名为top的Div，切换到外部CSS样式表文件中，创建名为#top的CSS样式，如图12-174所示。

```
#top{
    width: 990px;
    height: 35px;
    margin-top: 20px;
    margin-bottom: 10px;
}
```

图12-173 页面效果　　　　图12-174 CSS样式代码

05 返回页面设计视图中，在名为top的Div中插入相应的图像，如图12-175所示。光标移至刚插入的图像之前，在光标位置插入名为language的Div，切换到外部CSS样式表文件中，创建名为#language的CSS样式，如图12-176所示。

```
#language{
    float:right;
    width:198px;
    height:23px;
    color:#117abe;
    font-weight:bold;
    text-align:center;
    line-height:23px;
    background-image:url(../images/10204.gif);
    background-repeat:no-repeat;
}
```

图12-175 插入图像　　　　图12-176 CSS样式代码

06 返回到设计视图，可以看到页面的效果，如图12-177所示。光标移至名为language的Div中，将多余文字删除并输入相应的文字，如图12-178所示。

图12-177 页面效果　　　　　　　　　　图12-178 输入文字

07 在名为top的Div之后插入名为menu的Div，切换到外部CSS样式表文件中，创建名为#menu的CSS样式，如图12-179所示。返回页面设计视图中，可以看到页面的效果，如图12-180所示。

```
#menu{
    width:985px;
    height:34px;
    background-image:url(../images/10205.gif);
    background-repeat:no-repeat;
    padding-left:5px;
}
```

图12-179 CSS样式代码　　　　　　图12-180 页面效果

08 光标移至名为menu的Div中，将多余文字删除，单击"插入"面板上的"鼠标经过图像"按钮，在弹出的对话框中进行设置，如图12-181所示。单击"确定"按钮，插入鼠标经过图像，效果如图12-182所示。

图12-181 "插入鼠标经过图像"对话框　　图12-182 页面效果

09 使用相同的制作方法，光标移至刚插入的鼠标经过图像之后，插入其他的鼠标经过图像，如图12-183所示。

图12-183 页面效果

10 在名为menu的Div之后插入名为pic的Div，切换到外部CSS样式表文件中，创建名为#pic的CSS样式，如图12-184所示。返回页面设计视图中，在该Div中依次插入相应的图像，如图12-185所示。

图12-184 CSS样式代码   图12-185 插入图像

11 切换到外部CSS样式表文件中，创建名为#pic img的CSS样式，如图12-186所示。返回页面设计视图中，可以看到刚插入的图像的效果，如图12-187所示。

图12-186 CSS样式代码   图12-187 页面效果

12 在名为pic的Div之后插入名为main的Div，切换到外部CSS样式表文件中，创建名为#main的CSS样式，如图12-188所示。返回页面设计视图中，可以看到页面的效果，如图12-189所示。

```
#main{
    width:990px;
    height:211px;
}
```

图12-188 CSS样式代码   图12-189 页面效果

13 光标移至名为main的Div中，将多余文字删除，在该Div中插入名为main-left的Div，切换到外部CSS样式表文件中，创建名为#main-left的CSS样式，如图12-190所示。返回页面设计视图中，在该Div中顺序插入相应的图像，如图12-191所示。

```
#main-left{
    width:424px;
    height:194px;
    float:left;
}
```

图12-190 CSS样式代码   图12-191 插入图像

14 在名为main-left的Div之后插入名为main-right的Div，切换到外部CSS样式表文件中，创建名为#main-right的CSS样式，如图12-192所示。返回页面设计视图中，在该Div中插入相应的图像，如图12-193所示。

```
#main-right{
    width:482px;
    height:211px;
    float:left;
    background-image:url(../images/10232.gif);
    background-repeat:no-repeat;
    margin-left:68px;
    padding-left:19px;
}
```

图12-192 CSS样式代码   图12-193 插入图像

15 在名为main的Div之后插入名为flash的Div，切换到外部CSS样式表文件中，创建名为#flash的CSS样式，如图12-194所示。返回页面设计视图中，在该Div中插入Flash动画"源文件\第13章\images\10234.swf"，如图12-195所示。在"属性"面板中设置该Flash动画的Wmode属性为"透明"。

```
#flash{
    width:990px;
    height:324px;
    text-align:center;
    padding-top:120px;
}
```

图12-194 CSS样式代码   图12-195 插入Flash动画

16 在名为Flash的Div之后插入名为ap的Div，切换到外部CSS样式表文件中，创建名为#ap的CSS样式，如图12-196所示。返回页面设计视图中，可以看到该Div的效果，如图12-197所示。

```
#ap {
    position: absolute;
    width: 990px;
    height: 179px;
    top: 412px;
    left: 50%;
    margin-left: -495px;
    z-index: 1;
}
```

图12-196 CSS样式代码   图12-197 页面效果

17 光标移至名为ap的Div中，将多余文字删除，依次插入两张图像，如图12-198所示。切换到外部CSS样式表文件中，创建名为.pic01的类CSS样式，如图12-199所示。

```
.pic01 {
    float:left;
    margin-right:50px;
}
```

图12-198 插入图像   图12-199 CSS样式代码

18 返回设计视图中，选中刚插入的图像，在"属性"面板上的Class下拉列表中选择类CSS样式pic01应用，如图12-200所示。光标移至刚插入的图像后插入名为text的Div，切换到外部CSS样式表文件中，创建名为#text的CSS样式，如图12-201所示。

```
#text {
    float:left;
    width:300px;
    height:179px;
    background-image:url(../images/10237.gif);
    background-repeat:no-repeat;
    padding-left:5px;
    padding-right:6px;
}
```

图12-200 页面效果   图12-201 CSS样式代码

19 返回页面设计视图中，可以看到该Div的效果，如图12-202所示。光标移至名为text的Div中，将多余文字删除，在该Div中插入名为title的Div，切换到外部CSS样式表文件中，创建名为#title的CSS样式，如图12-203所示。

```
#title{
    width:300px;
    height:12px;
    background-image:url(../images/10239.png);
    background-repeat:no-repeat;
    background-position:left center;
    text-align: right;
    padding-top: 3px;
}
```

图12-202 页面效果   图12-203 CSS样式代码

20 返回设计视图中，将名为title的Div中多余文字删除，在该Div中插入相应的图像，如图12-204所示。在名为title的Div之后插入名为news的Div，切换到外部CSS样式表文件中，创建名为#news的CSS样式，如图12-205所示。

```
#news{
    width:280px;
    height:138px;
    margin:12px auto 8px auto;
}
```

图12-204 插入图像　　　　图12-205 CSS样式代码

21 返回设计视图中，将名为title的Div中多余文字删除，在该Div中输入相应的段落文本，如图12-206所示。转换到网页的代码视图中，可以看到该部分的HTML代码，如图12-207所示。

```
<div id="news">
    <p>践行能行教育理念 搞好音乐欣赏教学09-14</p>
    <p>学校小课堂和社会大课堂结合教学法09-12</p>
    <p>《在文化生活中选择》09-06</p>
    <p>《神奇的货币》（复习）09-06</p>
    <p>《认识社会和价值选择》06-04</p>
    <p>千以内的数的认识教学设计08-27</p>
</div>
```

图12-206 输入段落文本　　　　图12-207 页面HTML代码

22 将相应的段落<p>标签修改为定义列表的相关标签，如图12-208所示。切换到外部CSS样式表文件中，创建名为#news dt和#news dd的CSS样式，如图12-209所示。

```
<div id="news">
    <dl>
        <dt>践行能行教育理念 搞好音乐欣赏教学</dt><dd>09-14</dd>
        <dt>学校小课堂和社会大课堂结合教学法</dt><dd>09-12</dd>
        <dt>《在文化生活中选择》</dt><dd>09-06</dd>
        <dt>《神奇的货币》（复习）</dt><dd>09-06</dd>
        <dt>《认识社会和价值选择》</dt><dd>06-04</dd>
        <dt>千以内的数的认识教学设计</dt><dd>08-27</dd>
    </dl>
</div>
```

```
#news dt {
    float:left;
    width:205px;
    line-height: 22px;
    background-image:url(../images/18242.gif);
    background-repeat:no-repeat;
    background-position:5px center;
    padding-left:15px;
    border-bottom: dashed 1px #CCC;
}
#news dd {
    float:left;
    width:60px;
    line-height: 22px;
    text-align:center;
    border-bottom: dashed 1px #CCC;
}
```

图12-208 添加定义列表标签　　　　图12-209 CSS样式代码

23 返回页面设计视图中，可以看到所制作的新闻列表的效果，如图12-210所示。在名为box的Div之后插入名为link的Div，切换到外部CSS样式表文件中，创建名为#link的CSS样式，如图12-211所示。

```
#link {
    width:990px;
    height:30px;
    margin:0px auto;
    background-color:#FFF;
    text-align:center;
    line-height:30px;
    font-weight:bold;
}
```

图12-210 页面效果　　　　图12-211 CSS样式代码

24 返回页面设计视图中，光标移至名为link的Div中，将多余文字删除，输入相应的文字，如图12-212所示。切换到代码视图中，为相应的文字添加<span>标签，如图12-213所示。

```
<div id="link">首页<span>|</span>考研<span>|</span>出国留学
<span>|</span>精品培训<span>|</span>考生家园<span>|</span>高考
咨询<span>|</span>招聘会<span>|</span>关于我们<span>|</span>联
系我们</div>
```

图12-212 输入文字　　　　图12-213 添加相应的标签

25 切换到外部CSS样式表文件中，创建名为#link span的CSS样式，如图12-214所示。返回页面设计视图中，可以看到页面的效果，如图12-215所示。

```
#link span {
    font-weight:normal;
    margin-left:20px;
    margin-right:20px;
}
```

图12-214 CSS样式代码　　　　图12-215 页面效果

26 使用相同的制作方法，可以完成页面版底信息部分内容的制作，效果如图12-216所示。

27 完成该页面的制作，执行"文件→保存"菜单命令，保存该页面。按F12键即可在浏览器中预览页面的效果，如图12-217所示。

图12-216 面板效果

图12-217 预览页面效果

Q 在CSS样式中简写font属性时需要注意什么？

A 使用CSS简写时，不需要的参数可以使用normal代替，也可以直接去掉整个参数，因为在CSS中，各个属性的值的写法不是都相同，因此直接去掉某个参数不会影响顺序和值的关系。但是本例中的font-size（字号）和line-height（行高）使用的同一计量单位，为了保证CSS对两个值所对应的属性一致，在缩写时必须使用反斜线来分割两个数值。

对于字体样式的简写来说，只要使用font作为属性名称，后接各个属性的值，各个属性值之间用空格分开。

实例 103　制作企业类网站页面

企业类网站的制作一要凸显整个企业的全体面貌，二要详细介绍公司的服务或产品。网络公司网站页面大多采用蓝色的主色调，给人一种坚定、理智的色彩印象。

● **最终文件** ┃ 最终文件\第12章\实例103.html

● **视　　频** ┃ 视频\第12章\实例103.html

● **知 识 点** ┃ Div标签、li标签

● **学习时间** ┃ 30分钟

┃ 实例分析 ┃

本实例制作一个网络公司网站页面，页面整体使用蓝色调，并在蓝色背景的基础上添加细微的纹理效果，使得网页背景显得更加精致、美观，在网页局部还使用橙色进行搭配，从而很好的突出页面中相应的内容，最终效果如图12-218所示。

图12-218 最终效果

┃ 知识点链接 ┃

背景简写主要用于对背景控制的相关属性进行简写，格式如下所示：

background:

background-color　　　　　　　　　（背景颜色）

```
background-image          （背景图像）
background-repeat         （背景重复）
background-attachment     （背景滚动）
background-position       （背景位置）
```

例如，下面一段背景控制CSS代码：

```
#box {
    background-color: #FFFFFF;
    background-image: url(images/bg.gif);
    background-repeat: no-repeat;
    background-attachment: fixed;
    background-position: 20% 30px;
}
```

可对背景样式代码简写，简写后的代码如下所示：

```
#box {
background: #FFF url(images/bg.gif) no-repeat fixed 20% 30px;
}
```

┤ 制作步骤 ├

01 执行"文件→新建"菜单命令，弹出"新建文档"对话框，设置如图12-219所示。单击"创建"按钮，新建一个空白文档，将该页面保存为"源文件\第12章\实例103.html"。使用相同的方法，新建一个CSS样式表文件，并将其保存为"源文件\第12章\style\12-103.css"，如图12-220所示。

图12-219 "新建文档"对话框

图12-220 "新建文档"对话框

02 单击"CSS设计器"面板中的"源"选项区右侧的"添加CSS源"按钮，在弹出菜单中选择"附加现有的CSS文件"选项，弹出"使用现有的CSS文件"对话框，设置如图12-221所示，单击"确定"按钮。切换到12-103.css文件中，创建名为"*"的通配符CSS规则和名为body的标签CSS规则，如图12-222所示。

图12-221 "使用现有的CSS文件"对话框

```
*{
    margin: 0px;
    padding: 0px;
}
body{
    font-size: 12px;
    font-family: 微软雅黑;
    color: #FFF;
    background-image: url(../images/18301.jpg);
    background-repeat:repeat-x;
}
```
图12-222 CSS样式代码

03 返回网页设计视图，可以看到页面的背景效果，如图12-223所示。在页面中插入名为bg的Div，转换到外部CSS样式文件中，创建名为#bg的CSS样式，如图12-224所示。

图12-223 页面效果

```
#bg{
    width: 100%;
    height: 533px;
    background-image: url(../images/18302.jpg);
    background-position: center top;
}
```
图12-224 CSS样式代码

04 返回设计视图中，可以页面中名为bg的Div的效果，如图12-225所示。光标移至名为bg的Div中，将多余文字删除，在该Div中插入名为top的Div，转换到外部CSS样式文件中，创建名为#top的CSS样式，如图12-226所示。

图12-225 页面效果

```
#top{
    width: 986px;
    height: 138px;
    margin: 0px auto;
}
```

图12-226 CSS样式代码

05 返回页面的设计视图中，可以看到页面中名为top的Div的效果，如图12-227所示。光标移至名为top的Div中，将多余文字删除，在该Div中插入名为logo的Div，转换到外部CSS样式文件中，创建名为#logo的CSS样式，如图12-228所示。

图12-227 页面效果

```
#logo{
    width: 346px;
    height: 38px;
    margin-top: 50px;
    float: left;
}
```

图12-228 CSS样式代码

06 返回页面的设计视图中，可以看到页面中名为logo的Div的效果，如图12-229所示。光标移至该Div中，将多余文字删除并插入相应的图像，如图12-230所示。

图12-229 页面效果

图12-230 插入图像

07 在名为logo的Div之后插入名为search的Div，转换到外部CSS样式文件中，创建名为#search的CSS样式，如图12-231所示。返回页面的设计视图中，可以看到名称为search的Div的效果，如图12-232所示。

```
#search{
    width: 189px;
    height: 28px;
    background-color: #061264;
    margin-top: 78px;
    margin-right: 5px;
    float: right;
    border: 1px solid #FFF;
}
```

图12-231 CSS样式代码

图12-232 页面效果

08 光标移至名为search的Div中，将多余文字删除，单击"插入"面板上"表单"选项卡中的"表单"按钮，插入表单域，如图12-233所示。将光标移至表单域中，单击"插入"面板上的"表单"选项卡中的"文本"按钮，插入文本域，删除多余文字，在"属性"面板上对其相关属性进行设置，如图12-234所示。

图12-233 插入表单域

图12-234 设置文本域属性

09 转换到外部CSS样式文件中，创建名为#textfield的CSS样式，如图12-235所示。执行"文件→保存"菜单命令，保存页面，在浏览器中预览该页面，可以看到文本域的效果，如图12-236所示。

```
#textfield {
    width: 145px;
    height: 18px;
    line-height: 18px;
    border-top: none;
    border-right: 1px solid #1b34aa;
    border-bottom: none;
    border-left: none;
    margin-top: 5px;
    margin-left: 18px;
    background: none;
}
```

图12-235 CSS样式代码

图12-236 文本域效果

10 光标移至刚插入的文本域之后，单击"插入"面板上的"表单"选项卡中的"图像按钮"按钮，在弹出的"选择图像源文件"对话框中选择相应的图像，插入图像按钮。选中刚插入的图像按钮，在"属性"面板上对其相关属性进行设置，如图12-237所示。转换到外部CSS样式文件中，创建名为#btn的CSS样式，如图12-238所示。

图12-237 "属性"面板

```
#btn{
    margin-top: 5px;
    margin-left: 3px;
}
```

图12-238 CSS样式代码

11 保存页面，在浏览器中预览该页面，可以看到搜索栏的效果，如图12-239所示。返回设计视图中，在名为top的Div之后插入名为menu的Div，转换到外部CSS样式文件中，创建名为#menu的CSS样式，如图12-240所示。

图12-239 预览效果

```
#menu{
    width: 100%;
    height: 54px;
    background-color: #023979;
}
```

图12-240 CSS样式代码

12 返回设计视图中，可以看到名称为menu的Div的效果，如图12-241所示。光标移至名为menu的Div中，将多余文字删除，插入名为link的Div，转换到外部CSS样式文件中，创建名为#link的CSS样式，如图12-242所示。

图12-241 页面效果

```
#link{
    width: 986px;
    height:54px;
    margin: 0px auto;
}
```

图12-242 CSS样式代码

13 返回设计视图中，将光标移至名为link的Div中，将多余文字删除，输入相应的文字，如图12-243所示。切换到代码视图中，为该部分文字添加相应的项目列表标签，如图12-244所示。

图12-243 输入文本

```
<div id="link">
    <ul>
        <li>网站首页</li>
        <li>公司简介</li>
        <li>资质荣誉</li>
        <li>产品展示</li>
        <li>成功案例</li>
        <li>留言反馈</li>
        <li>人才招聘</li>
        <li>联系我们</li>
    </ul>
</div>
```

图12-244 添加项目列表标签

14 转换到外部CSS样式文件中，创建名为#link li的CSS样式，如图12-245所示。返回设计视图中，可以看到所制作的导航菜单的效果，如图12-246所示。

```
#link li{
    list-style-type: none;
    width: 109px;
    height: 54px;
    line-height:54px;
    font-size: 14px;
    font-family:微软雅黑;
    float: left;
    text-align: center;
    background-image: url(../images/10305.png);
    background-position: right;
    background-repeat: no-repeat;
}
```

图12-245 CSS样式代码

图12-246 页面效果

15 在名为menu的Div之后插入名为middle01的Div，转换到外部CSS样式文件中，创建名为#middle01的CSS样式，如图12-247所示。返回设计视图中，可以看到相应的效果，如图12-248所示。

```
#middle01{
    width: 986px;
    height: 334px;
    margin: 8px auto 0 auto;
    position: relative;
    background-image: url(../images/10306.png);
}
```

图12-247 CSS样式代码

图12-248 页面效果

16 光标移至名为middle01的Div中，将多余文字删除，插入名为products的Div，转换到外部CSS样式文件中，创建名为#products的CSS样式，如图12-249所示。返回设计视图中，可以看到名为products的Div的效果，如图12-250所示。

```
#products{
    width: 355px;
    height: 146px;
    line-height: 20px;
    padding: 122px 20px 0px 74px;
    font-family:微软雅黑;
}
```

图12-249 CSS样式代码

图12-250 页面效果

17 光标移至名为products的Div中，将多余文字删除，输入相应的文字，如图12-251所示。转换到外部CSS样式文件中，创建名为.font01和.font02的类CSS样式，如图12-252所示。返回设计视图中，为相应的文字应用刚创建的类CSS样式，如图12-253所示。

图12-251 输入文字

```
.font01{
    margin-right: 20px;
    font-size: 30px;
}
.font02{
    font-size:14px;
}
```

图12-252 CSS样式代码

图12-253 页面效果

18 在名为products的Div之后插入名为btn01的Div，转换到外部CSS样式文件中，创建名为#btn01的CSS样式，如图12-254所示。返回设计视图中，光标移至名为btn01的Div中，将多余文字删除，插入相应的图像，如图12-255所示。

```
#btn01{
    width:58px;
    height:62px;
    position: absolute;
    top: 132px;
}
```

图12-254 CSS样式代码

图12-255 插入图像

19 使用相同的制作方法，完成相似的部分内容，效果如图12-256所示。在名为middle01的Div之后插入名为nav的Div，转换到外部CSS样式文件中，创建名为#nav的CSS样式，如图12-257所示。

图12-256 页面效果　　　　图12-257 CSS样式代码

20 返回设计视图中，可以看到名为nav的Div的效果，如图12-258所示。光标移至名为nav的Div中，删除多余的文字，在该Div中插入名为subnav的Div，转换到外部CSS样式文件中，创建名为#subnav的CSS样式，如图12-259所示。

图12-258 页面效果　　　　图12-259 CSS样式代码

21 返回设计视图中，可以看到名为sunnav的Div的效果，如图12-260所示。光标移至名为subnav的Div中，将多余的文字删除，插入名为subnav01的Div，转换到外部CSS样式文件中，创建名为#subnav01的CSS样式，如图12-261所示。

图12-260 页面效果　　　　图12-261 CSS样式代码

22 返回设计视图中，光标移至名为subnav01的Div中，将多余的文字删除，输入相应的文字，如图12-262所示。切换到代码视图中，为该Div中的文本内容添加滚动文本的设置代码，如图12-263所示。

图12-262 页面效果　　　　图12-263 添加滚动文本代码

23 返回设计视图中，在名为subnav01的Div之后插入名为subnav02的Div，转换到外部CSS样式文件中，创建名为#subnav02的CSS样式，如图12-264所示。返回页面的设计视图中，光标移至名subnav02的Div中，将多余的文字删除，单击"插入"面板上的"日期"按钮，弹出"插入日期"对话框，设置如图12-265所示。

图12-264 CSS样式代码　　　　图12-265 "插入日期"对话框

24 切换到代码视图中，可以看到自动添加的日期，添加相应的文字，如图12-266所示。返回页面的设计视图中，在名为nav的Div之后插入名为middle02的Div。转换到外部CSS样式文件中，创建名为# middle02的CSS样式，如图12-267所示。

```
</div>
<div id="subnav02">您好访客！今天是
2017年6月22日    11:22</div>
</div>
```

图12-266 添加文字

```
#middle02{
    width: 100%;
    height: 372px;
    background-color: #e7f3ff;
}
```

图12-267 CSS样式代码

25 光标移至名为middle02的Div中，将多余的文字删除，在名为middle02的Div中插入名为main的Div，转换到外部CSS样式文件中，创建名为#main的CSS样式，如图12-268所示。返回设计视图中，可以看到名为main的Div的效果，如图12-269所示。

```
#main{
    width: 986px;
    height: 230px;
    margin: 0px auto;
    padding-top: 34px;
    padding-bottom: 38px;
}
```

图12-268 CSS样式代码

图12-269 页面效果

26 光标移至名为main的Div中，将多余的文字删除，在该Div中插入名为left的Div，转换到外部CSS样式文件中，创建名为# left的CSS样式，如图12-270所示。返回设计视图中，将光标移至名为left的Div中，将多余的文字删除，插入相应的图像，如图12-271所示。

```
#left{
    width: 270px;
    height: 226px;
    padding-top: 4px;
    padding-left:4px;
    margin-right: 20px;
    float: left;
    background-image: url(../images/10312.png);
    background-repeat: no-repeat;
}
```

图12-270 CSS样式代码

图12-271 插入图像

27 在名为left的Div之后插入名为center的Div，转换到外部CSS样式文件中，创建名为# center的CSS样式，如图12-272所示。将光标移至名为center的Div中，将多余的文字删除，在该Div中插入名为center01的Div，转换到外部CSS样式文件中，创建名为#center01的CSS样式，如图12-273所示。

```
#center{
    width: 420px;
    height: 230px;
    float: left;
    color: #01669c;
}
```

图12-272 CSS样式代码

```
#center01{
    width: 64px;
    height: 26px;
    padding-top: 10px;
    padding-left: 320px;
    background-image: url(../images/10314.png);
    background-repeat: no-repeat;
    background-position: 0px 9px;
}
```

图12-273 CSS样式代码

28 光标移至名为center01的Div中，将多余的文字删除，插入相应的图像，如图12-274所示。在名为center01的Div之后插入名为center02的Div，转换到外部CSS样式文件中，创建名为# center02的CSS样式，如图12-275所示。

图12-274 插入图像

```
#center02{
    width: 384px;
    height: 176px;
    padding-top: 18px;
    line-height: 35px;
}
```

图12-275 CSS样式代码

29 光标移至名为center02的Div中，将多余的文字删除，输入相应的文字，如图12-276所示。切换到代码视图中，为该部分文字添加相应的定义列表标签，如图12-277所示。

图12-276 输入文字　　　　　图12-277 添加定义列表标签

30 转换到外部CSS样式文件中，分别创建两个名称为#center02 dt和#center02 dd的CSS样式，如图12-278所示。返回设计视图中，可以看到新闻列表的效果，如图12-279所示。

图12-278 CSS样式代码　　　　　图12-279 页面效果

31 在名为center的Div之后插入名为right的Div。转换到外部CSS样式文件中，创建名为#right的CSS样式，如图12-280所示。返回页面的设计视图中，光标移至名为right的Div中，将多余文字删除，输入相应的文字并插入相应的图像，如图12-281所示。

图12-280 CSS样式代码　　　　　图12-281 页面效果

32 转换到外部CSS样式文件中，创建名为.font03和.img01的类CSS样式，如图12-282所示。返回设计视图中，分别为相应的文字和图像应用刚创建的类CSS样式，效果如图12-283所示。

图12-282 CSS样式代码　　　　　图12-283 应用类CSS样式效果

33 使用相同的制作方法，可以完成页面版底信息部分内容的制作，效果如图12-284所示。

34 完成该网站页面的制作，执行"文件→保存"菜单命令，保存该页面。在浏览器中预览页面效果，如图12-285所示。

图12-284 页面效果　　　　　图12-285 在浏览器中预览页面效果

Q 什么是Div?

A Div是HTML中指定的、专门用于布局设计的容器对象。"CSS布局"是一种全新的布局方式，Div是这种布局方式的核心对象，使用CSS布局的页面排版不用依赖表格，仅从Div的使用上说，做一个简单的布局只需要依赖Div与CSS，因此也可以称为Div+CSS布局。

Q 使用Div+CSS的方式来布局页面有什么优势?

A 相对传统HTML的简单样式控制而言，CSS样式能够对网页中对象的位置进行像素级的精确控制，支持几乎所有的字体字号样式以及拥有对网页对象盒模型样式的控制能力，并能够进行初步页面交互设计，是目前基于文本展示的最优秀的表现设计语言。

总体来说，其优势主要有：浏览器支持完善、表现与结构分离、样式设计控制功能强大及继承性能优越。

实例 104　制作水上乐园网站页面

通常，一些娱乐性的网站都会采用Flash动画来体现娱乐精神，并通过图文结合的方式来更加形象、生动地展现出其值得体验的页面效果。在页面的色彩搭配上，应采用较为鲜亮、明快的色彩，从而能够使浏览者在浏览页面时找到游玩的激情。下面我们通过一个水上乐园的网站向大家详细讲述制作的步骤和技巧。

● **最终文件** | 最终文件\第12章\实例104.html
● **视　　频** | 视频\第12章\实例104.mp4
● **知识点** | 鼠标经过图像、项目列表
● **学习时间** | 35分钟

实例分析

本实例制作的是一个水上乐园的网站页面，该页面无论在色彩搭配上还是页面排版上都以体现水的灵动与清澈为前提，能够在视觉上给浏览者身临其境的感觉，页面的最终效果如图12-286所示。

图12-286　最终效果

知识点链接

一般，我们会通过为页面中的文字添加项目列表的方式来进一步对文字进行排版和修饰，并且还可以在CSS样式表中对项目列表进行定义，从而使其能够展现出更加完美的视觉效果。

制作步骤

01 执行"文件→新建"菜单命令，弹出"新建文档"对话框，设置如图12-287所示。单击"创建"按钮，新建一个空白文档，将该页面保存为"源文件\第12章\实例104.html"。使用相同的方法，新建一个CSS样式表文件，将其保存为"源文件\第12章\style\12-104.css"，如图12-288所示。

图12-287 "新建文档"对话框　　　　图12-288 "新建文档"对话框

02 单击"CSS设计器"面板中的"源"选项区右侧的"添加CSS源"按钮，在弹出菜单中选择"附加现有的CSS文件"选项，弹出"使用现有的CSS文件"对话框，设置如图12-289所示，单击"确定"按钮。切换到12-104.css文件中，创建名为"*"的通配符CSS规则和名为body的标签CSS规则，如图12-290所示。

```
*{
    margin:0px;
    padding:0px;
}
body{
    font-family:微软雅黑;
    font-size:12px;
    color:#494949;
    line-height:20px;
    background-image:url(../images/10401.gif);
    background-repeat:repeat-x;
}
```

图12-289 "使用现有的CSS文件"对话框　　　图12-290 CSS样式代码

03 返回到设计视图，可以看到页面的效果，如图12-291所示。将光标放置在页面中，插入名为box的Div。切换到12-104.css文件中，创建名为#box的CSS规则，如图12-292所示。

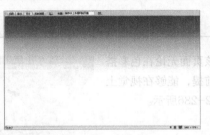

```
#box{
    width:1005px;
    height:100%;
    overflow:hidden;
    margin:0px auto;
    padding-left:5px;
    padding-right:5px;
}
```

图12-291 页面效果　　　　　图12-292 CSS样式代码

04 返回到设计视图，将光标移至名为box的Div中，将多余文字删除，插入名为top的Div。切换到12-96.css文件中，创建名为#top的CSS规则，如图12-293所示。返回到设计视图，可以看到页面的效果，如图12-294所示。

```
#top{
    width:940px;
    height:19px;
    color:#FFF;
    font-weight:bold;
    line-height:19px;
    text-align:right;
    margin-top:15px;
    margin-bottom:15px;
    background-image:url(../images/10402.jpg);
    background-repeat:no-repeat;
    background-position:right center;
    padding-right:65px;
}
```

图12-293 CSS样式代码

图12-294 页面效果

05 将光标移至名为top的Div中，将多余文字删除，并输入相应的文字，如图12-295所示。切换到12-104.css文件中，创建名为.a的类CSS样式，如图12-296所示。

```
.a{
    margin-left:5px;
    margin-right:5px;
    font-weight:normal;
}
```

图12-295 输入文字　　　图12-296 CSS样式代码

06 返回到设计视图，为相应的分隔线应用该类CSS样式，效果如图12-297所示。在名为top的Div后插入名为menu的Div。切换到12-104.css文件中，创建名为menu的CSS规则，如图12-298所示。

```
#menu{
    width:1005px;
    height:53px;
    background-image:url(../images/10403.gif);
    background-repeat:no-repeat;
}
```

图12-297 页面效果　　　　　　　　　　图12-298 CSS样式代码

07 返回到设计视图，页面效果如图12-299所示。将光标移至名为menu的Div中，将多余文字删除，插入图像"源文件\第12章\images\10404.jpg"，如图12-300所示。

图12-299 页面效果　　　　　　　　　　图12-300 插入图像

08 将光标移至刚插入的图像后，单击"插入"面板上"常用"选项卡中的"鼠标经过图像"按钮，弹出"插入鼠标经过图像"对话框，设置如图12-301所示。单击"确定"按钮，即可插入鼠标经过图像，页面效果如图12-302所示。

图12-301 "插入鼠标经过图像"对话框　　　　图12-302 页面效果

09 使用相同的方法，完成其他鼠标经过图像的制作，效果如图12-303所示。在名为menu的Div后，插入名为flash的Div。切换到12-104.css文件中，创建名为#flash的CSS规则，如图12-304所示。

```
#flash{
    width:100%;
    height:482px;
}
```

图12-303 页面效果　　　　　　　　　　图12-304 CSS样式代码

10 返回到设计视图，将光标移至名为flash的Div中，将多余文字删除，插入Flash动画，设置该Flash动画的"宽"为100%，Wmode属性为"透明"，如图12-305所示。在名为flash的Div后，插入名为main的Div。切换到12-104.css文件中，创建名为#main的CSS规则，如图12-306所示。

```
#main{
    position: relative;
    z-index: 100;
    width:949px;
    height:100%;
    overflow:hidden;
    padding-top:16px;
    padding-left:28px;
    padding-right:28px;
    margin-top: -47px;
    background-image:url(../images/10418.gif);
    background-repeat:no-repeat;
}
```

图12-305 插入Flash动画并设置属性　　　　图12-306 CSS样式代码

11 返回到设计视图，页面效果如图12-307所示。将光标移至名为main的Div中，将多余文字删除，插入名为left的Div。切换到12-104.css文件中，创建名为#left的CSS规则，如图12-308所示。

图12-307 页面效果

```css
#left{
    float:left;
    width:302px;
    height:488px;
    background-image:url(../images/10419.png);
    background-repeat:no-repeat;
    background-position:right;
    padding-right:16px;
}
```

图12-308 CSS样式代码

12 返回到设计视图，页面效果如图12-309所示。将光标移至名为left的Div中，将多余文字删除，插入名为guide的Div。切换到12-104.css文件中，创建名为#guide的CSS规则，如图12-310所示。

```css
#guide{
    width:302px;
    height:207px;
    margin-bottom:10px;
}
```

图12-309 页面效果　　图12-310 CSS样式代码

13 返回到设计视图，页面效果如图12-311所示。将光标移至名为guide的Div中，将多余文字删除，插入名为guide_title的Div。切换到12-104.css文件中，创建名为#guide_title的CSS规则，如图12-312所示。

图12-311 页面效果

```css
#guide_title{
    width:302px;
    height:23px;
    border-bottom:#8ea3d7 solid 1px;
}
```

图12-312 CSS样式代码

14 返回到设计视图，将光标移至名为guide_title的Div中，将多余文字删除，插入相应的图像，如图12-313所示。在名为guide_title的Div后插入名为guide_text的Div。切换到12-104.css文件中，创建名为#guide_text的CSS规则，如图12-314所示。

```css
#guide_text{
    width:296px;
    height:68px;
    margin:10px auto 10px;
}
```

图12-313 插入图像　　图12-314 CSS样式代码

15 返回到设计视图，将光标移至名为guide_text的Div中，将多余文字删除，依次插入相应的图像，如图12-315所示。转换到代码视图，为刚插入的图像添加相应的项目列表标签，如图12-316所示。

图12-315 插入图像

```html
<div id="guide_text">
  <ul>
    <li><img src="images/10421.jpg" width="62" height="68" alt=""/></li>
    <li><img src="images/10422.jpg" width="62" height="68" alt=""/></li>
    <li><img src="images/10423.jpg" width="62" height="68" alt=""/></li>
    <li><img src="images/10424.jpg" width="62" height="68" alt=""/></li>
  </ul>
</div>
```

图12-316 添加项目列表标签

16 切换到12-105.css文件中，创建名为#guide_text li的CSS规则，如图12-317所示。返回到设计视图，页面效果如图12-318所示。

```
#guide_text li{
    float:left;
    list-style:none;
    border-right:#c9c9c9 dashed 1px;
    margin-left:3px;
    margin-right:3px;
    padding-right:5px;
}
```

图12-317 CSS样式代码

图12-318 页面效果

17 将光标移至名为guide_text的Div后，插入图像"源文件\第12章\images\10425.jpg"，如图12-319所示。使用相同的方法，完成其他相似内容的制作，页面效果如图12-320所示。

图12-319 插入图像

图12-320 页面效果

18 在名为price_title的Div后，插入名为price_pic的Div。切换到12-104.css文件中，创建名为#price_pic的CSS规则，如图12-321所示。返回到设计视图，页面效果如图12-322所示。

```
#price_pic{
    width:160px;
    height:40px;
    font-weight:bold;
    margin:10px auto;
    background-image:url(../images/10430.gif);
    background-repeat:no-repeat;
    padding-left:140px;
    padding-top:21px;
    padding-bottom:22px;
}
```

图12-321 CSS样式代码

图12-322 页面效果

19 将光标移至名为price_pic的Div中，将多余文字删除，输入相应的文字，如图12-323所示。切换到12-104.css文件中，创建名为.font01的类CSS样式，如图12-324所示。

图12-323 输入文字

```
.font01{
    color:#4365bc;
}
```

图12-324 CSS样式代码

20 返回到设计视图，为相应文字应用名为font01的类CSS样式，如图12-325所示。在名为left的Div后，插入名为center的Div。切换到12-104.css文件中，创建名为#center的CSS规则，如图12-326所示。

图12-325 页面效果

```
#center{
    float:left;
    width:302px;
    height:488px;
    background-image:url(../images/10419.png);
    background-repeat:no-repeat;
    background-position:right;
    padding-right:16px;
    padding-left:16px;
}
```

图12-326 CSS样式代码

21 返回到设计视图，页面效果如图12-327所示。将光标移至名为center的Div中，将多余文字删除，插入名为activity的Div。切换到12-104.css文件中，创建名为#activity的CSS规则，如图12-328所示。

图12-327 页面效果

```
#activity{
    width:302px;
    height:124px;
```

图12-328 CSS样式代码

22 返回到设计视图，页面效果如图12-329所示。将光标移至名为activity的Div中，将多余文字删除，插入名为activity_title的Div。切换到12-104.css文件中，创建名为#activity_title的CSS规则，如图12-330所示。

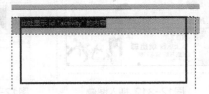

图12-329 页面效果

```
#activity_title{
    width:302px;
    height:23px;
    border-bottom:#8ea3d7 solid 1px;
    background-image:url(../images/10426.gif);
    background-repeat:no-repeat;
    background-position:right center;
}
```

图12-330 CSS样式代码

23 返回到设计视图，将光标移至名为activity_title的Div中，将多余文字删除，插入相应的图像，如图12-331所示。在名为activity_title的Div后插入名为activity_text的Div。切换到12-104.css文件中，创建名为#activity_text的CSS规则，如图12-332所示。

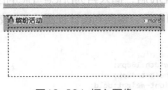

图12-331 插入图像

```
#activity_text{
    width:302px;
    height:80px;
    padding-top:10px;
    padding-bottom:10px;
}
```

图12-332 CSS样式代码

24 返回到设计视图，将光标移至名为activity_text的Div中，将多余文字删除，输入相应的文字，如图12-333所示。转换到代码视图，为文字添加定义列表标签，如图12-334所示。

图12-333 输入文字

```
<div id="activity_text">
    <dl>
        <dt>VIP水上多功能商务会议室</dt><dd>8/30-9/11</dd>
        <dt>票价大优惠 带你玩出刺激玩出精彩</dt><dd>8/15-9/15</dd>
        <dt>奥运猜猜猜 关注比赛，加油中国</dt><dd>8/07-8/10</dd>
        <dt>冰爽夏天，来水上乐园过冰泉节</dt><dd>6/22-8/30</dd>
    </dl>
</div>
```

图12-334 添加定义列表标签

25 切换到12-104.css文件中，创建名为#activity_text dt和#activity_text dd的CSS规则，如图12-335所示。返回到设计视图，页面效果如图12-336所示。

```
#activity_text dt{
    float:left;
    width:212px;
    background-image:url(../images/10432.gif);
    background-repeat:no-repeat;
    background-position:5px center;
    padding-left:15px;
}
#activity_text dd{
    float:left;
    width:75px;
    color:#999;
    text-align:right;
}
```

图12-335 CSS样式代码

图12-336 页面效果

26 使用相同的方法，完成其他相似内容的制作，页面效果如图12-337所示。在名为base_title的Div后，插入名为base_pic的Div。切换到12-104.css文件中，创建名为#base_pic的CSS规则，如图12-338所示。

```
#base_pic{
    width:300px;
    height:84px;
    padding-top:10px;
    padding-bottom:10px;
    margin:0px auto;
}
```

图12-337 页面效果　　　　图12-338 CSS样式代码

27 返回到设计视图，页面效果如图12-339所示。将光标移至名为base_pic的Div中，将多余文字删除，插入名为pic1的Div。切换到12-104.css文件中，创建名为#pic1的CSS规则，如图12-340所示。

```
#pic1{
    float:left;
    width:98px;
    height:84px;
    text-align:center;
    margin-left:1px;
    margin-right:1px;
}
```

图12-339 页面效果　　　　图12-340 CSS样式代码

28 返回到设计视图，将光标移至名为pic1的Div中，将多余文字删除，插入图像并输入文字，如图12-341所示。使用相同的方法，完成相似内容的制作，页面效果如图12-342所示。

图12-341 页面效果　　　　图12-342 页面效果

29 在名为base的Div后插入名为pic的Div。切换到12-104.css文件中，创建名为#pic的CSS规则，如图12-343所示。返回到设计视图，将光标移至名为pic的Div中，将多余文字删除，依次插入相应的图像，如图12-344所示。

```
#pic{
    width:302px;
    height:68px;
}
```

图12-343 CSS样式代码　　　　图12-344 插入图像

30 切换到12-104.css文件中，创建名为#pic img的CSS规则，如图12-345所示。返回到设计视图，页面效果如图12-346所示。

```
#pic img{
    margin-left:5px;
    margin-right:5px;
}
```

图12-345 CSS样式代码　　　　图12-346 页面效果

31 使用相同的方法，完成其他部分内容的制作，页面效果如图12-347所示。执行"文件→保存"菜单命令，保存该页面。按F12键即可在浏览器中预览页面效果，如图12-348所示。

图12-347 页面效果 图12-348 在浏览器中预览页面效果

Q 如果在网页中所插入的图像并不在本地站点的根目录下将会怎样？

A 在网页中插入图像时，如果所选择的图像文件不在本
地站点的根目录下，则会弹出提示对话框，提示用户
复制图像文件到本地站点的根目录中，如图12-349
所示。单击"是"按钮后，会弹出"复制文件为"对
话框，让用户选择图像文件的存放位置，可选择根目
录或根目录下的任何文件夹，如图12-350所示。

图12-349 提示对话框 图12-350 "复制文件为"对话框

Q 如何在Dreamweaver CC中调整图像的尺寸？

A 可以通过在Dreamweaver CC的设计视图中单击选中需要调整的图像，拖曳图像的角点到合适的大小即可。
这时，会在"属性"面板上的"宽"和"高"文本框后面会出现"重置为原始大小"按钮，单击该按钮即
可将图像恢复到原始的大小。

实例 105 制作休闲游戏网站页面

　　休闲游戏网站页面一般运用鲜明的色彩，追求能够营造强烈愉快感觉的设计。无论是游戏的网站，还是漫画、
人物的网站，最重要的是它的设计能够给浏览者带来趣味和快乐，对网站页面进行合理的搭配能够唤起人们强烈的
兴趣和好奇心，使界面的构成不会让浏览者产生厌烦感。

- **最终文件** | 最终文件\第12章\实例105.html
- **视　　频** | 视频\第12章\实例105.mp4
- **知 识 点** | Div标签、li标签和<dl>标签
- **学习时间** | 30分钟

┃实例分析┃

　　本实例制作的是一个休闲游戏的网站页面，运用游戏场景和游戏卡
通插画的造型，将浏览者带入到该款游戏的世界中。页面多处运用与该
游戏相关的元素进行设计，从而突出游戏带给浏览者的印象，该网站页
面的最终效果如图12-351所示。

图12-351 最终效果

｜知识点链接｜

通过本实例的制作，向读者介绍了使用Div+CSS布局制作游戏网站页面的方法，同时用户也应该学会适当地为网站选择合适的页面元素和页面色彩进行搭配，以网站能够给浏览者带来乐趣和快乐为出发点，从而制作出更丰富多彩的网站页面。

｜制作步骤｜

01 执行"文件→新建"菜单命令，弹出"新建文档"对话框，设置如图12-352所示。单击"创建"按钮，新建一个空白文档，将该页面保存为"源文件\第12章\实例105.html"。使用相同的方法，新建一个CSS样式表文件，并将其保存为"源文件\第12章\style\12-105.css"，如图12-253所示。

图12-352 "新建文档"对话框　　　　图12-353 "新建文档"对话框

02 单击"CSS设计器"面板中的"源"选项区右侧的"添加CSS源"按钮，在弹出菜单中选择"附加现有的CSS文件"选项，弹出"使用现有的CSS文件"对话框，设置如图12-354所示，单击"确定"按钮。切换到12-105.css文件中，创建名为"*"的通配符CSS规则和名为body的标签CSS规则，如图12-355所示。

```
* {
    margin: 0px;
    padding: 0px;
}
body {
    font-family: 微软雅黑;
    font-size: 12px;
    color: #333;
    background-image: url(../images/bg10501.gif);
    background-repeat: repeat-x;
}
```

图12-354 "使用现有的CSS文件"对话框　　　　图12-355 CSS样式代码

03 返回到设计视图，页面效果如图12-356所示。将光标移至页面中，插入名为top的Div。切换到12-105.css文件中，创建名为#top的CSS规则，如图12-357所示。

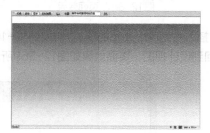

```
#top {
    width: 884px;
    height: 37px;
    overflow: hidden;
    margin: 0px auto;
}
```

图12-356 页面效果　　　　图12-357 CSS样式代码

04 返回到设计视图，页面效果如图12-358所示。将光标移至名为top的Div中，将多余文字删除，在该Div中插入名为logo的Div。切换到12-105.css文件中，创建名为#logo的CSS规则，如图12-359所示。

```
#logo {
    width: 60px;
    height: 34px;
    margin-right: 26px;
    margin-top: 2px;
    float: left;
}
```

图12-358 页面效果　　　　图12-359 CSS样式代码

05 将光标移至名为logo的Div中，删除多余文字，在该Div中插入相应的图像，如图12-360所示。在名为logo的Div后，插入名为list的Div。切换到12-105.css文件中，创建名为#list的CSS规则，如图12-361所示。

图12-360 插入图像　　　　　　图12-361 CSS样式代码

06 返回到设计视图，页面效果如图12-362所示。将光标移至名为list的Div中，将多余文字删除，输入段落文字，并为文字创建项目列表。转换到代码视图中，可以看到相应的代码效果，如图12-363所示。

图12-362 页面效果　　　　　　图12-363 项目列表代码

07 切换到12-105.css文件中，创建名为#list li的CSS规则，如图12-364所示。返回到设计视图，页面效果如图12-365所示。

图12-364 CSS样式代码　　　　　　图12-365 页面效果

08 在名为top的Div后插入名为box的Div。切换到12-105.css文件中，创建名为#box的CSS规则，如图12-366所示。返回到设计视图中，可以看到页面效果，如图12-367所示。

图12-366 CSS样式代码　　　　　　图12-367 页面效果

09 光标移至名为box的Div中，将多余文字删除，插入名为box_top的Div。切换到12-105.css文件中，创建名为#box_top的CSS规则，如图12-368所示。返回到设计视图，页面效果如图12-369所示。

图12-368 CSS样式代码　　　　　　图12-369 页面效果

10 将光标移至名为box_top的Div中，将多余文字删除，插入名为menu的Div。切换到12-105.css文件中，创建名为#menu的CSS规则，如图12-370所示。返回到设计视图，可以看到页面的效果，光标移至名为menu的Div中，将多余文字删除，依次插入相应的图像，如图12-371所示。

```
#menu {
    width: 873px;
    height: 60px;
    padding-top: 25px;
    padding-left: 10px;
}
```

图12-370 CSS样式代码　　　　　　图12-371 页面效果

11 切换到12-105.css文件中，创建名为#menu img的CSS样式，如图12-372所示。返回到设计视图中，可以看到名为menu的Div中的图像间距效果，如图12-373所示。

```
#menu img {
    margin-right: 40px;
}
```

图12-372 CSS样式代码　　　　　图12-373 页面效果

12 在名为menu的Div后插入名为top_left的Div。切换到12-105.css文件中，创建名为#top_left的CSS规则，如图12-374所示。返回到设计视图中，可以看到页面效果，如图12-375所示。

```
#top_left {
    width: 420px;
    height: 376px;
    float: left;
    margin-right: 8px;
}
```

图12-374 CSS样式代码　　　　　　图12-375 页面效果

13 将光标移至名为top_left的Div中，将多余文字删除，插入名为left01的Div。切换到12-105.css文件中，创建名为#left01的CSS规则，如图12-376所示。返回到设计视图，页面效果如图12-377所示。

```
#left01 {
    width: 394px;
    height: 212px;
    margin-left: 26px;
    margin-top: 11px;
}
```

图12-376 CSS样式代码　　　　　　图12-377 页面效果

14 光标移至名为left01的Div中，插入名为menu01的Div。切换到12-105.css文件中，创建名为#menu01的CSS规则，如图12-378所示。返回到设计视图中，将光标移至名为menu01的Div中，将多余文字删除，插入相应的图像，如图12-379所示。

```
#menu01 {
    width: 384px;
    height: 18px;
    background-image: url(../images/bg10503.gif);
    background-repeat: no-repeat;
    text-align: right;
    padding-top: 7px;
    padding-right: 10px;
    padding-bottom: 17px;
}
```

图12-378 CSS样式代码　　　　　　图12-379 页面效果

15 在名为menu01的Div后，插入名为pic01的Div。切换到12-105.css文件中，创建名为#pic01的CSS规则，如图12-380所示。返回到设计视图，将光标移至名为pic01的Div中，将多余文字删除，插入相应的图像并输入文字，效果如图12-381所示。

```
#pic01 {
    width: 182px;
    height: 64px;
    color: #636267;
    line-height: 16px;
    float: left;
    margin-right: 15px;
    margin-bottom: 20px;
}
```

图12-380 CSS样式代码

图12-381 页面效果

16 切换到12-105.css文件中，创建名为#pic01 img和.font的CSS样式，如图12-382所示。返回到设计视图，为相应的文字应用名为font的类CSS样式，效果如图12-383所示。

```
#pic01 img {
    float: left;
    margin-right: 6px;
}
.font {
    font-weight: bold;
}
```

图12-382 CSS样式代码

图12-383 页面效果

17 使用相同的方法，完成其他内容的制作，页面效果如图12-384所示。在名为left01的Div后，插入名为left02的Div。切换到12-105.css文件中，创建名为#left02的CSS规则，如图12-385所示。

图12-384 页面效果

```
#left02 {
    width: 407px;
    height: 140px;
    margin-left: 13px;
    margin-top: 7px;
}
```

图12-385 CSS样式代码

18 返回到设计视图，页面效果如图12-386所示。将光标移至名为left02的Div中，删除多余文字，插入名为left_pic的Div。切换到12-105.css文件中，创建名为#left_pic的CSS规则，如图12-387所示。

图12-386 页面效果

```
#left_pic {
    width: 275px;
    height: 140px;
    background-image: url(../images/bg10504.gif);
    background-repeat: no-repeat;
    float: left;
}
```

图12-387 CSS样式代码

19 返回到设计视图，页面效果如图12-388所示。将光标移至名为left_pic的Div中，将多余文字删除，插入名为pic05的Div。切换到12-105.css文件中，创建名为#pic05的CSS规则，如图12-389所示。

```
#pic05 {
    width: 82px;
    height: 90px;
    margin-top: 36px;
    margin-left: 15px;
    text-align: center;
    color: #636267;
    font-weight: bold;
    line-height: 25px;
    float: left;
}
```

图12-388 页面效果　　　　图12-389 CSS样式代码

20 返回到设计视图，将光标移至名为pic05的Div中，将多余文字删除，插入相应的图像并输入文字，如图12-390所示。在名为pic05的Div后，插入名为pic06的Div。切换到12-105.css文件中，创建名为#pic06的CSS规则，如图12-391所示。

```
#pic06 {
    width: 153px;
    height: 92px;
    margin-top: 36px;
    margin-left: 15px;
    float: left;
    color: #636267;
}
```

图12-390 页面效果　　　　图12-391 CSS样式代码

21 返回到设计视图，将光标移至名为pic06的Div中，将多余文字删除，插入相应的图像并输入文字，如图12-392所示。转换到代码视图，为该部分内容添加相应的定义列表标签，如图12-393所示。

```
<div id="pic06">
    <dl>
        <dt><img src="images/01.gif" width="15" height="15" alt=""/><img
src="images/06.gif" width="15" height="15" alt=""/></dt><dd>疯狂魔法师</dd>
        <dt><img src="images/02.gif" width="15" height="15" alt=""/><img
src="images/07.gif" width="15" height="15" alt=""/></dt><dd>泡泡岛奇遇记</dd>
        <dt><img src="images/03.gif" width="15" height="15" alt=""/><img
src="images/08.gif" width="15" height="15" alt=""/></dt><dd>热血江湖</dd>
        <dt><img src="images/04.gif" width="15" height="15" alt=""/><img
src="images/09.gif" width="15" height="15" alt=""/></dt><dd>Q娃巧遇记</dd>
        <dt><img src="images/05.gif" width="15" height="15" alt=""/><img
src="images/10.gif" width="15" height="15" alt=""/></dt><dd>小猴跳跳</dd>
    </dl>
</div>
```

图12-392 页面效果　　　　图12-393 添加定义列表标签

22 切换到12-105.css文件中，创建名为#pic06 dt、#pic06 dd和#pic06 dt img的CSS规则，如图12-394所示。返回到设计视图，可以看到页面效果，如图12-395所示。

```
#pic06 dt {
    width: 38px;
    height: 15px;
    float: left;
    margin-top: 1px;
    margin-bottom: 1px;
    border-bottom: solid 1px #98dee8;
    padding-bottom: 1px;
}
#pic06 dd {
    width: 100px;
    height: 15px;
    line-height:15px;
    float: left;
    margin-top: 1px;
    margin-bottom: 1px;
    border-bottom: solid 1px #98dee8;
    padding-bottom: 1px;
}
#pic06 dt img {
    margin-right: 4px;
}
```

图12-394 CSS样式代码　　　　图12-395 页面效果

23 使用相同的方法，完成其他内容的制作，页面效果如图12-396所示。在名为top_center的Div后，插入名为top_right的Div。切换到12-105.css文件中，创建名为#top_right的CSS规则，如图12-397所示。

图12-396 页面效果

```
#top_right {
    width: 190px;
    height: 297px;
    float: left;
    margin-top: 77px;
    margin-left: 8px;
}
```

图12-397 CSS样式代码

24 返回到设计视图，页面效果如图12-398所示。光标移至名为top_right的Div中，将多余文字删除，插入名为login的Div。切换到12-105.css文件中，创建名为#login的CSS规则，如图12-399所示。

图12-398 页面效果

```
#login {
    width: 182px;
    height: 104px;
    background-image: url(../images/bg10506.gif);
    background-repeat: no-repeat;
    padding-top: 29px;
}
```

图12-399 CSS样式代码

25 返回到设计视图，光标移至名为login的Div中，将多余文字删除，单击"插入"面板上的"表单"选项卡中的"表单"按钮，插入表单域，如图12-400所示。将光标移至表单域中，单击"表单"选项卡中的"文本"按钮，插入文本域，将多余的文字删除，如图12-401所示。

图12-400 插入表单域　　　　图12-401 插入文本域

26 光标移至刚插入的文本域之后，按Shift+Enter键，插入换行符，单击"表单"选项卡中的"密码"按钮，插入密码域，将多余的文字删除，如图12-402所示。切换到12-105.css文件中，创建名为.input01的CSS规则，如图12-403所示。

```
.input01 {
    width: 85px;
    height: 16px;
    margin-top: 3px;
    margin-bottom: 3px;
    margin-left: 8px;
    border: solid 1px #c9c9c9;
}
```

图12-402 插入密码域　　图12-403 CSS样式代码

27 返回到设计视图中，分别为刚插入的文本域和密码域应用名为input01的类CSS样式，效果如图12-404所示。将光标移至文本域之前，单击"表单"选项卡中的"图像按钮"按钮，在弹出的对话框中选择相应的图像，单击"确定"按钮，效果如图12-405所示。

| 图12-404 页面效果 | 图12-405 插入图像域 |

28 切换到12-105.css文件中，创建名为.login_btn的
CSS规则，如图12-406所示。返回到设计视图，为刚
插入的图像域应用名为login_btn的类CSS样式，效果
如图12-407所示。

```
.login_btn {
    margin-top: 8px;
    margin-right: 4px;
    float: right;
}
```

| 图12-406 CSS样式代码 | 图12-407 页面效果 |

29 将光标移至密码域后，按Shift+Enter键，插入换行符，单击"表单"选项卡中的"复选框"按钮，插入复选
框并对相应的文字进行修改，如图12-408所示。切换到12-105.css文件中，创建名为.check01的CSS样式，
如图12-409所示。

```
.check01 {
    margin-left: 12px;
    margin-top: 5px;
    vertical-align: bottom;
}
```

| 图12-408 插入复选框 | 图12-409 CSS样式代码 |

30 返回到设计视图，为刚插入的复选框应用名为
check01的类CSS样式，效果如图12-410所示。使用
相同的方法，插入相应的图像并输入文字，页面效果
如图12-411所示。

| 图12-410 页面效果 | 图12-411 页面效果 |

31 切换到12-105.css文件中，创建名为#login img的CSS规则，如图12-412所示。返回到设计视图，并为文
字应用相应的样式，页面效果如图12-413所示。

```
#login img {
    margin-left: 12px;
    margin-right: 8px;
    margin-top: 10px;
}
```

| 图12-412 CSS样式代码 | 图12-413 页面效果 |

32 根据前面的方法，完成其他内容的制作，页面效果如图12-414所示。在名为box_top的Div后插入名为center的Div。切换到12-105.css文件中，创建名为#center的CSS规则，如图12-415所示。

```css
#center {
    width: 871px;
    height: 450px;
    overflow: hidden;
    background-image: url(../images/bg10508.gif);
    background-repeat: no-repeat;
    background-position: 13px center;
    padding-left: 13px;
}
```

图12-414 页面效果　　　　　　　　图12-415 CSS样式代码

33 返回到设计视图，页面效果如图12-416所示。将光标移至名为center的Div中，将多余文字删除，插入名为menu02的Div。切换到12-105.css文件中，创建名为#menu02和#menu02 img的CSS规则，如图12-417所示。

```css
#menu02 {
    width: 871px;
    height: 33px;
    text-align: right;
    padding-top: 11px;
}
#menu02 img {
    margin-right: 12px;
}
```

图12-416 页面效果　　　　　　　　图12-417 CSS样式代码

34 返回到设计视图，将光标移至名为menu02的Div中，将多余文字删除，依次插入相应的图像，如图12-418所示。在名为menu02的Div后，插入名为center03的Div。切换到12-105.css文件中，创建名为#center03的CSS规则，如图12-419所示。

```css
#center03 {
    width: 204px;
    height: 393px;
    margin-left: 10px;
    background-image: url(../images/bg10509.gif);
    background-repeat: no-repeat;
    float: left;
}
```

图12-418 插入图像　　　　　　　　图12-419 CSS样式代码

35 返回到设计视图，页面效果如图12-420所示。将光标移至名为center03的Div中，将多余文字删除，插入名为pic09的Div。切换到12-105.css文件中，创建名为#pic09的CSS规则，如图12-421所示。

```css
#pic09 {
    width: 160px;
    height: 49px;
    margin-top: 37px;
    margin-left: 22px;
}
```

图12-420 页面效果　　　　　　　　图12-421 CSS样式代码

36 返回到设计视图，光标移至名为pic09的Div中，将多余的文字删除，插入相应的图像，效果如图12-422所示。在名为pic09的Div后，插入名为news01的Div。切换到12-105.css文件中，创建名为#news01的CSS规则，如图12-423所示。

```
#news01 {
    width: 160px;
    height: 170px;
    margin-left: 22px;
    margin-top: 15px;
}
```

图12-422 页面效果　　图12-423 CSS样式代码

37 返回到设计视图，页面效果如图12-424所示。将光标移至名为news01的Div中，将多余文字删除，插入相应的图像并输入文字。转换到代码视图，为该部分内容添加相应的定义列表标签，如图12-425所示。

```
<div id="news01">
<dl>
<dt><img src="images/20.gif" width="15" height="15" alt=""/></dt>
<dd>水管大战<img src="images/21.gif" width="9" height="9" alt=""/></dd>
<dt><img src="images/22.gif" width="15" height="15" alt=""/></dt>
<dd>野菜部落</dd>
<dt><img src="images/23.gif" width="15" height="15" alt=""/></dt>
<dd>Rich大富豪</dd>
<dt><img src="images/24.gif" width="15" height="15" alt=""/></dt>
<dd>连连看II</dd>
<dt><img src="images/25.gif" width="15" height="15" alt=""/></dt>
<dd>一起来找茬</dd>
<dt><img src="images/26.gif" width="15" height="15" alt=""/></dt>
<dd>对对碰<img src="images/21.gif" width="9" height="9" alt=""/></dd>
<dt><img src="images/27.gif" width="15" height="15" alt=""/></dt>
<dd>宝石公园</dd>
<dt><img src="images/28.gif" width="15" height="15" alt=""/></dt>
<dd>梦幻泡泡<img src="images/29.gif" width="9" height="9" alt=""/></dd>
</dl>
</div>
```

图12-424 页面效果　　图12-425 添加定义列表标签

38 切换到12-105.css文件中，创建名为#news01 dt和#news01 dd的 CSS规则，如图12-426所示。返回到设计视图中，可以看到页面效果，如图12-427所示。

```
#news01 dt {
    width: 25px;
    height: 21px;
    float: left;
    margin-left: 10px;
}
#news01 dd {
    width: 100px;
    height: 21px;
    float: left;
    color: #636267;
}
```

图12-426 CSS样式代码　　图12-427 页面效果

39 使用相同的方法，完成其他内容的制作，页面效果如图12-428所示。执行"文件→保存"菜单命令，保存该页面。在浏览器中预览页面效果，如图12-429所示。

图12-428 页面效果　　图12-429 在浏览器中预览页面效果

Q 一般的表单由哪几部分组成？

A 一般的表单由两部分组成，一是描述表单元素的HTML源代码；二是客户端的脚本，或者服务器端用来处理用户所填写信息的程序。

Q 如何在设计视图中显示表单域的红色虚线框？

A 如果插入表单域后，在Dreamweaver CC的设计视图中并没有显示红色的虚线框，则可以执行"查看→可视化助理→不可见元素"菜单命令，即可在设计视图中看到表单域的红色虚线框。

实例 106 制作野生动物园网站页面

野生动物园网站页面的整体风格应以生态、绿色以及环保为主题，通过对页面中的文字与图片的设计展现出动物园的活跃氛围，并运用一些较为清爽、活力的色调加以修饰，从而能够吸引人们进去观赏、游玩。

● **最终文件** | 最终文件\第12章\实例106.html

● **视　　频** | 视频\第12章\实例106.mp4

● **知 识 点** | 鼠标经过图像、项目列表、应用类CSS样式

● **学习时间** | 30分钟

实例分析

本实例制作的是一个野生动物园网站页面，该页面中的图片以及整体的背景都是以绿色为主色调进行展示的，这样一来不仅体现出了网站的主体内容，并且在视觉上给人一种自然、清爽的感觉，页面的最终效果如图12-430所示。

图12-430 最终效果

知识点链接

该页面两处运用了鼠标经过图像的方式进行展示，需要注意的是，在页面中插入鼠标经过图像之前，应保证用来制作鼠标经过图像的两张图像的宽度和高度一致，否则便无法实现鼠标经过图像的效果。

制作步骤

01 执行"文件→新建"菜单命令，弹出"新建文档"对话框，设置如图12-431所示。单击"创建"按钮，新建一个空白文档，将该页面保存为"源文件\第12章\实例106.html"。使用相同的方法，新建一个CSS样式表文件，将其保存为"源文件\第12章\style\12-106.css"，如图12-432所示。

图12-431 "新建文档"对话框

图12-432 "新建文档"对话框

02 单击"CSS设计器"面板中的"源"选项区右侧的"添加CSS源"按钮,在弹出菜单中选择"附加现有的CSS文件"选项,弹出"使用现有的CSS文件"对话框,设置如图12-433所示,单击"确定"按钮。切换到12-106.css文件中,创建名为"*"的通配符CSS规则和名为body的标签CSS规则,如图12-434所示。

```
*{
    margin:0px;
    padding:0px;
}
body{
    font-family:微软雅黑;
    font-size:12px;
    color:#666;
    background-image:url(../images/10601.jpg);
    background-repeat:no-repeat;
    background-position:center top;
}
```

图12-433 "使用现有的CSS文件"对话框

图12-434 CSS样式代码

03 返回到设计视图,页面效果如图12-435所示。将光标放置在页面中,插入名为box的Div。切换到12-106.css文件中,创建名为#box的CSS规则,如图12-436所示。

```
#box{
    width:979px;
    height:auto;
    overflow:hidden;
    margin:0px auto;
    padding-left:10px;
    padding-right:10px;
    padding-bottom:169px;
}
```

图12-435 页面效果

图12-436 CSS样式代码

04 返回到设计视图,页面效果如图12-437所示。将光标移至名为box的Div中,将多余文字删除,插入名为top的Div。切换到12-106.css文件中,创建名为#top的CSS规则,如图12-438所示。

```
#top{
    width:743px;
    height:99px;
    background-image:url(../images/10602.png);
    background-repeat:no-repeat;
    background-position:40px center;
    padding-left:240px;
}
```

图12-437 页面效果

图12-438 CSS样式代码

05 返回到设计视图，页面效果如图12-439所示。将光标移至名为top的Div中，将多余文字删除，插入名为menu的Div。切换到12-106.css文件中，创建名为#menu的CSS规则，如图12-440所示。

```
#menu{
    width:685px;
    height:56px;
    background-image:url(../images/10603.png);
    background-repeat:no-repeat;
    padding-left:18px;
}
```

图12-439 页面效果　　　　　　　　　　　　　　　　　图12-440 CSS样式代码

06 返回到设计视图，页面效果如图12-441所示。将光标移至名为menu的Div中，将多余文字删除，插入名为language的Div。切换到12-106.css文件中，创建名为#language的CSS规则，如图12-442所示。

```
#language{
    width:225px;
    height:22px;
    color:#695a58;
    font-weight:bold;
    margin-left:25px;
    line-height:22px;
}
```

图12-441 页面效果　　　　　　　　　　　　　　　　　图12-442 CSS样式代码

07 返回到设计视图，光标移至名为language的Div中，将多余文字删除，输入相应的文字，如图12-443所示。切换到12-106.css文件中，创建名为.font的类CSS样式，如图12-444所示。

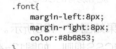

```
.font{
    margin-left:8px;
    margin-right:8px;
    color:#8b6853;
}
```

图12-443 输入文字　　　　　　图12-444 CSS样式代码

08 返回到设计视图，为相应的分隔线应用名为font的类CSS样式，如图12-445所示。将光标移至名为language的Div后，单击"插入"面板上"常用"选项卡中"鼠标经过图像"按钮，弹出"插入鼠标经过图像"对话框，设置如图12-446所示。

图12-445 页面效果　　　　　　图12-446 "插入鼠标经过图像"对话框

09 单击"确定"按钮，即可在光标所在位置插入鼠标经过图像，如图12-447所示。将光标移至该图像后，使用相同的方法完成其他鼠标经过图像的制作，页面效果如图12-448所示。

图12-447 页面效果　　　　　　　　　　　　图12-448 页面效果

10 在名为top的Div后，插入名为pic的Div。切换到12-106.css文件中，创建名为#pic的CSS规则，如图12-449所示。返回到设计视图，光标移至名为pic的Div中，将多余文字删除，插入相应的图像，如图12-450所示。

```
#pic{
    width:979px;
    height:422px;
    margin:10px auto;
}
```

图12-449 CSS样式代码   图12-450 插入图像

11 在名为pic的Div后，插入名为main的Div。切换到12-106.css文件中，创建名为#main的CSS规则，如图12-451所示。返回到设计视图，页面效果如图12-452所示。

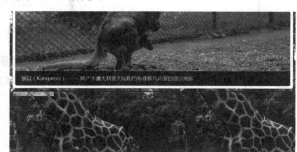

```
#main{
    width:979px;
    height:220px;
}
```

图12-451 CSS样式代码   图12-452 页面效果

12 将光标移至名为main的Div中，将多余文字删除，插入名为member的Div。切换到12-106.css文件中，创建名为#member的CSS规则，如图12-453所示。返回到设计视图，光标移至名为member的Div中，将多余文字删除，插入相应的图像，如图12-454所示。

```
#member{
    float:left;
    width:475px;
    height:205px;
    background-image:url(../images/10619.png);
    background-repeat:no-repeat;
    margin-right:4px;
    padding-left:10px;
    padding-top:15px;
}
```

图12-453 CSS样式代码

图12-454 插入图像

13 将光标移至刚插入的图像后，插入名为member_pic的Div。切换到12-106.css文件中，创建名为#member_pic的CSS规则，如图12-455所示。返回到设计视图，页面效果如图12-456所示。

```
#member_pic{
    width:47px;
    height:152px;
    background-image:url(../images/10621.jpg);
    background-repeat:no-repeat;
    background-position:40px center;
    margin-top:20px;
    padding-right:428px;
}
```

图12-455 CSS样式代码

图12-456 页面效果

14 将光标移至名为member_pic的Div中，将多余文字删除，依次插入相应的图像，如图12-457所示。在名为member的Div后，插入名为news的Div。切换到12-106.css文件中，创建名为#news的CSS规则，如图12-458所示。

```
#news{
    float:left;
    width:475px;
    height:205px;
    color:#3f2314;
    background-image:url(../images/10619.png);
    background-repeat:no-repeat;
    margin-left:4px;
    padding-left:18px;
    padding-top:15px;
}
```

图12-457 页面效果　　　　　　　　　　　　图12-458 CSS样式代码

15 返回到设计视图，页面效果如图12-459所示。将光标移至名为news的Div中，将多余文字删除，插入名为news_title的Div。切换到12-106.css文件中，创建名为#news_title的CSS规则，如图12-460所示。

```
#news_title{
    width:450px;
    height:17px;
    background-image:url(../images/10624.png);
    background-repeat:no-repeat;
    background-position:right center;
}
```

图12-459 页面效果　　　　　　　　　　　　图12-460 CSS样式代码

16 返回到设计视图，光标移至名为news_title的Div中，将多余文字删除，并插入相应的图像，如图12-461所示。在名为news_title的Div后，插入名为news_text的Div。切换到12-98.css文件中，创建名为#news_text的CSS规则，如图12-462所示。

```
#news_text{
    width:450px;
    height:170px;
    line-height:21px;
    margin-top:10px;
}
```

图12-461 页面效果　　　　　　　　　　　　图12-462 CSS样式代码

17 返回到设计视图，光标移至名为news_text的Div中，将多余文字删除，输入相应的文字，如图12-463所示。转换到代码视图，为文字添加相应的定义列表标签，如图12-464所示。

```
<div id="news_text">
    <dl>
        <dt>关于动物园停车费的收费公告</dt><dd>2016-09-05</dd>
        <dt>开学季——动物园里也有开学典礼</dt><dd>2016-08-29</dd>
        <dt>暑迎"六一"，小动物们欢欢喜喜过起了儿童节</dt><dd>2016-06-01</dd>
        <dt>迎"五一"，野生动物园旧貌换新颜</dt><dd>2016-05-01</dd>
        <dt>稀有白袋鼠安家野生动物园</dt><dd>2016-04-23</dd>
        <dt>我园越虎放欢区被野生动物保护协会命名为"野生动物园优秀展区"</dt><dd>2016-04-14</dd>
        <dt>散放区豪车广场的新增车长颈</dt><dd>2016-03-20</dd>
        <dt>"Hi，动物朋友！"走进野生动物园，和动物来个零距离接触</dt><dd>2016-03-03</dd>
    </dl>
</div>
```

图12-463 页面效果　　　　　　　　　　　　图12-464 添加定义列表标签

18 切换到12-106.css文件中，创建名为#news_text dt和#news_text dd的CSS规则，如图12-465所示。返回到设计视图，页面效果如图12-466所示。

```
#news_text dt{
    float:left;
    width:355px;
    height:21px;
    background-image:url(../images/10626.gif);
    background-repeat:no-repeat;
    background-position:4px center;
    padding-left:18px;
}
#news_text dd{
    float:left;
    width:70px;
    height:21px;
}
```

图12-465 CSS样式代码

图12-466 页面效果

19 使用相同的方法，完成其他相似内容的制作，页面效果如图12-467所示。在名为center的Div后，插入名为right的Div。切换到12-106.css文件中，创建名为#right的CSS规则，如图12-468所示。

图12-467 页面效果

```
#right{
    float:left;
    width:320px;
    height:220px;
    background-image:url(../images/10643.png);
    background-repeat:no-repeat;
}
```

图12-468 CSS样式代码

20 返回到设计视图，页面效果如图12-469所示。将光标移至名为right的Div中，将多余文字删除，插入名为right_text的Div。切换到12-106.css文件中，创建名为#right_text的CSS规则，如图12-470所示。

图12-469 页面效果

```
#right_text{
    width:280px;
    height:170px;
    background-image:url(../images/10645.png);
    background-repeat:no-repeat;
    padding-top:20px;
    margin:15px 20px;
    line-height:19px;
}
```

图12-470 CSS样式代码

21 返回到设计视图，光标移至名为right_text的Div中，将多余文字删除，并输入相应的文字，如图12-471所示。切换到12-106.css文件中，创建名为.b、.c、.d、.e、.f和.g的类CSS样式，如图12-472所示。

图12-471 页面效果

```
.b{
    background-image:url(../images/10646.png);
    background-repeat:no-repeat;
    padding-left:62px;
    margin-top:8px;
    margin-bottom:8px;
}
.c{
    background-image:url(../images/10647.png);
    background-repeat:no-repeat;
    padding-left:62px;
    margin-top:8px;
    margin-bottom:8px;
}
.d{
    background-image:url(../images/10648.png);
    background-repeat:no-repeat;
    padding-left:62px;
    margin-top:8px;
    margin-bottom:8px;
}
```
```
.e{
    background-image:url(../images/10649.png);
    background-repeat:no-repeat;
    padding-left:62px;
    margin-top:8px;
    margin-bottom:8px;
}
.f{
    background-image:url(../images/10650.png);
    background-repeat:no-repeat;
    padding-left:62px;
    margin-top:8px;
    margin-bottom:8px;
}
.g{
    background-image:url(../images/10651.png);
    background-repeat:no-repeat;
    padding-left:62px;
    margin-top:8px;
    margin-bottom:8px;
}
```

图12-472 CSS样式代码

22 返回到设计视图，依次为每行文字分别应用相应的类CSS样式，效果如图12-473所示。使用相同的制作方法，完成其他部分内容的制作，页面效果如图12-474所示。

图12-473 页面效果

图12-474 页面效果

23 执行"文件→保存"菜单命令，保存该页面。按F12键即可在浏览器中预览该页面，效果如图12-475所示。

图12-475 在浏览器中预览页面效果

Q CSS样式的主旨是什么？

A 在网站设计中，CSS样式的主旨就是将格式和结构分离。因此，使用CSS样式可以将站点上所有的网页都指向单一的一个外部CSS样式文件，当修改CSS样式文件中的某一个属性设置后，整个站点的网页便会随之修改。

Q 类CSS样式的名称前为什么要加"."符号？

A 在新建的类CSS样式中，默认的类CSS样式名称前有一个"."。这个"."说明了此CSS样式是一个类CSS样式（class）。根据CSS规则，类CSS样式（class）可以在一个HTML元素中被多次调用。

实例 **107** 制作餐饮类网站页面

　　餐饮类网站页面一般采用清新自然的色彩，营造一幅美味的画面效果。该网站页面在页面布局结构上以公司食品展示为主，充分吸引浏览者的目光，勾起浏览者极大的食欲，达到很好的宣传效果。

● **最终文件** | 最终文件\第12章\实例107.html

● **视　　频** | 视频\第12章\实例107.mp4

● **知 识 点** | Div标签、li标签

● **学习时间** | 30分钟

┃ 实例分析 ┃

　　本实例制作的是餐饮类的网站页面，开头以一个卡通插画展示，让浏览者感到休闲自在，不会有浏览负担。该网页整体色调运用清新的淡绿色，充分体现了该产品无污染、环保自然的特色，并使用两个Flash动画来丰富和活跃画面氛围，使得页面更加富有生机，页面最终效果如图12-476所示。

图12-476 最终效果

知识点链接

　　通过本实例的制作，读者应掌握如何对图像与文字进行适当的排版，以及使用Div+CSS布局的知识点制作网页，为以后制作出更加美观、丰富多彩的网页打下坚实基础。

制作步骤

01 执行"文件→新建"菜单命令，弹出"新建文档"对话框，设置如图12-477所示。单击"创建"按钮，新建一个空白文档，将该页面保存为"源文件\第12章\实例107.html"。使用相同的方法，新建一个CSS样式表文件，并将其保存为"源文件\第12章\style\12-107.css"，如图12-478所示。

图12-477 "新建文档"对话框　　　　　　　图12-478 "新建文档"对话框

02 单击"CSS设计器"面板中的"源"选项区右侧的"添加CSS源"按钮，在弹出菜单中选择"附加现有的CSS文件"选项，弹出"使用现有的CSS文件"对话框，设置如图12-479所示，单击"确定"按钮。切换到12-107.css文件中，创建名为"*"的通配符CSS规则和名为body的标签CSS规则，如图12-480所示。

```
* {
    margin: 0px;
    padding: 0px;
}
body {
    font-family: 微软雅黑;
    font-size: 12px;
    color: #333;
    background-image: url(../images/bg10701.png);
    background-repeat: repeat-x;
}
```

图12-479 "使用现有的CSS文件"对话框　　　　图12-480 CSS样式代码

03 返回到设计视图中，可以看到页面效果，如图12-481所示。将光标移至页面中，插入名为box的Div。切换到12-107.css文件中，创建名为#box的CSS规则，如图12-482所示。

```
#box {
    width: 1248px;
    height: auto;
    overflow: hidden;
}
```

图12-481 页面效果　　　　　　　　　　　图12-482 CSS样式代码

04 返回到设计视图中，将光标移至名为box的Div中，删除多余文字，插入名为top的Div。切换到12-107.css
文件中，创建名为#top的CSS规则，如图12-483所示。返回到设计视图中，页面效果如图12-484所示。

```
#top {
    width: 1248px;
    height: 565px;
}
```

图12-483 CSS样式代码　　　　　　　　　　　图12-484 页面效果

05 将光标移至名为top的Div中，删除多余文字，插入名为flash01的Div。切换到12-107.css文件中，创建名为
#flash01的CSS规则，如图12-485所示。返回到设计视图中，光标移至名为flash01的Div中，将多余文字删
除，插入相应的Flash动画，效果如图12-486所示。

```
#flash01 {
    width: 970px;
    height: 565px;
    float: left;
}
```

图12-485 CSS样式代码　　　　　　　　　　　图12-486 插入Flash动画

06 在名为flash01的Div后，插入名为top_right的Div。切换到12-107.css文件中，创建名为#top_right的CSS
规则，如图12-487所示。返回到设计视图中，光标移至名为top_right的Div中，将多余文字删除，插入相应的
图像，如图12-488所示。

```
#top_right {
    width: 278px;
    height: 457px;
    float: left;
    margin-top: 108px;
}
```

图12-487 CSS样式代码　　　　　　　　　　　图12-488 插入图像

07 光标移至图像后，插入名为list的Div。切换到12-107.css文件中，创建名为#list的CSS规则，如图12-489所示。返回到设计视图中，可以看到页面效果，如图12-490所示。

```
#list {
    width: 189px;
    height: 192px;
    background-image: url(../images/bg10702.png);
    background-repeat: no-repeat;
    margin-top: 35px;
    margin-left: 5px;
}
```

图12-489 CSS样式代码　　　　　　　图12-490 页面效果

08 光标移至名为list的Div中，将多余文字删除，插入名为list01的Div。切换到12-107.css文件中，创建名为#list01的CSS规则，如图12-491所示。返回到设计视图中，光标移至名为list01的Div中，将多余文字删除，输入文字并插入相应的图像，如图12-492所示。

```
#list01 {
    width: 181px;
    height: 55px;
    padding-top: 8px;
    padding-left: 9px;
    border-bottom: solid 1px #ebf0d2;
    color: #717171;
    line-height: 17px;
}
```

图12-491 CSS样式代码　　　　　　　图12-492 页面效果

09 切换到12-107.css文件中，分别创建名为#list01 img的CSS规则和.font的CSS样式，如图12-493所示。返回到设计视图中，为相应的文字应用名为font的类CSS样式，效果如图12-494所示。

```
#list01 img {
    margin-top: 3px;
}
.font {
    color: #53741d;
    font-weight: bold;
}
```

图12-493 CSS样式代码　　　　　　　图12-494 页面效果

10 使用相同的方法可以完成部分的制作，页面效果如图12-495所示。在名为top的Div后，插入名为center的Div。切换到12-107.css文件中，创建名为#center的CSS规则，如图12-496所示。

```
#center {
    width: 970px;
    height: auto;
    overflow: hidden;
}
```

图12-495 页面效果　　图12-496 CSS样式代码

11 返回到设计视图中，可以看到页面效果，如图12-497所示。光标移至名为center的Div中，将多余文字删除，插入名为left的Div。切换到12-107.css文件中，创建名为#left的CSS规则，如图12-498所示。

图12-497 页面效果

```
#left {
    width: 270px;
    height: auto;
    overflow: hidden;
    float: left;
    margin-top: 10px;
    margin-left: 30px;
}
```

图12-498 CSS样式代码

12 返回到设计视图中，光标移至名为left的Div中，插入名为title的Div。切换到12-107.css文件中，创建名为#title的CSS规则，如图12-499所示。返回到设计视图中，光标移至名为title的Div中，将多余文字删除，输入相应的文字，页面效果如图12-500所示。

```
#title {
    width: 261px;
    height: 24px;
    color: #FFF;
    background-image: url(../images/bg10703.jpg);
    background-repeat: no-repeat;
    line-height: 24px;
    font-weight: bold;
    padding-left: 9px;
}
```

图12-499 CSS样式代码

图12-500 页面效果

13 在名为title的Div后，插入名为news的Div。切换到12-107.css文件中，创建名为#news的CSS规则，如图12-501所示。返回到设计视图中，光标移至名为news的Div中，将多余文字删除，插入相应的图像并输入文字，效果如图12-502所示。

```
#news {
    width: 265px;
    height: 80px;
    color: #696969;
    line-height: 16px;
    padding-left: 5px;
    padding-top: 5px;
    padding-bottom: 10px;
    border-bottom: dashed 1px #add152;
}
```

图12-501 CSS样式代码

图12-502 页面效果

14 切换到12-107.css文件中，创建名为#news img的CSS规则，如图12-503所示。返回到设计视图中，为相应的文字应用名为font的类CSS样式，效果如图12-504所示。

```
#news img {
    margin-right: 8px;
    margin-top: 5px;
    float: left;
}
```

图12-503 CSS样式代码

图12-504 页面效果

15 在名为news的Div后，插入名为news01的Div。切换到12-107.css文件中，创建名为#news01的CSS规则，如图12-505所示。返回到设计视图中，将光标移至名为news01的Div中，删除多余文字，插入图像并输入文字，并且为相应的文字应用名为font的类CSS样式，效果如图12-506所示。

```
#news01 {
    width: 265px;
    height: 99px;
    margin-top: 8px;
    color: #696969;
    line-height: 20px;
    padding-left: 5px;
}
```

图12-505 CSS样式代码

图12-506 页面效果

16 在名为news01的Div后，插入名为title01的Div。切换到12-107.css文件中，创建名为#title01的CSS规则和.font01的类CSS样式，如图12-507所示。返回到设计视图中，光标移至名为title01的Div中，将多余文字删除，输入文字，并为相应的文字应用名为font01的类CSS样式，效果如图12-508所示。

```
#title01 {
    width: 262px;
    height: 17px;
    background-image: url(../images/bg10704.jpg);
    background-repeat: no-repeat;
    margin-top: 10px;
    color: #ef9453;
    font-weight: bold;
    padding-left: 8px;
    padding-top: 8px;
}
.font01 {
    color: #a29988;
}
```

图12-507 CSS样式代码　　　　图12-508 页面效果

17 在名为title01的Div后，插入名为news02的Div。切换到12-107.css文件中，创建名为#news02的CSS规则，如图12-509所示。返回到设计视图中，光标移至名为news02的Div中，将多余文字删除，插入名为pic的Div。切换到12-107.css文件中，创建名为#pic的CSS规则，如图12-510所示。

```
#news02 {
    width: 270px;
    height: 157px;
    border-bottom: solid 1px #f3dfcc;
}
```

```
#pic {
    width: 140px;
    height: 157px;
    float: left;
}
```

图12-509 CSS样式代码　　　图12-510 CSS样式代码

18 返回到设计视图中，光标移至名为pic的Div中，将多余文字删除，插入相应的图像，效果如图12-511所示。在名为pic的Div后，插入名为text的Div。切换到12-107.css文件中，创建名为#text的CSS规则，如图12-512所示。

图12-511 页面效果

```
#text {
    width: 130px;
    height: 135px;
    float: left;
    background-image: url(../images/bg10705.jpg);
    background-repeat: no-repeat;
    padding-top: 22px;
    line-height: 19px;
    color: #9e7232;
}
```

图12-512　CSS样式代码

19 返回到设计视图中，光标移至名为text的Div中，将多余文字删除，输入文字并插入相应的图像，如图12-513所示。切换到12-107.css文件中，分别创建名为#text img的CSS规则以及.a、.font02的类CSS样式，如图12-514所示。

图12-513 页面效果

```
#text img {
    margin-top: 10px;
    margin-left: 5px;
}
.a {
    width: 110px;
    border-bottom: solid 1px #9e7232;
}
.font02 {
    font-weight: bold;
}
```

图12-514 CSS样式代码

20 返回到设计视图中，为相应的文字应用类CSS样式，效果如图12-515所示。在名为news02的Div后，插入名为news03的Div。切换到12-107.css文件中，创建名为#news03的CSS规则，如图12-516所示。

```
#news03 {
    width: 270px;
    height: 60px;
    margin-top: 3px;
    color: #696969;
    line-height: 20px;
}
```

图12-515 页面效果　　　图12-516 CSS样式代码

21 返回到设计视图中，光标移至名为news03的Div中，将多余文字删除，输入段落文字并为文字创建项目列表，如图12-517所示。转换到代码视图中，可以看到代码效果，如图12-518所示。

```
<div id="news03">
    <ul>
        <li>木炭烤炉 精工利器 战无不胜</li>
        <li>丰富菜品 长袖善舞 俘获人心</li>
        <li>秘制酱料 华龙点睛 回味无穷</li>
    </ul>
</div>
```

图12-517 页面效果　　　　图12-518 项目列表代码

22 切换到12-107.css文件中，创建名为#news03 li的CSS规则，如图12-519所示。返回到设计视图中，可以看到页面效果，如图12-520所示。

```
#news03 li{
    list-style:none;
    background-image:url(../images/bg10705.png);
    background-repeat:no-repeat;
    background-position:5px center;
    padding-left:20px;
    border-bottom:#f3dfcc 1px solid;
}
```

图12-519 CSS样式代码　　　　图12-520 页面效果

23 在名为left的Div后，插入名为middle的Div。切换到12-107.css文件中，创建名为#middle的CSS规则，如图12-521所示。返回到设计视图中，可以看到页面效果，如图12-522所示。

```
#middle {
    width: 341px;
    height: auto;
    overflow: hidden;
    float: left;
    margin-top: 10px;
    margin-left: 34px;
}
```

图12-521 CSS样式代码　　　　图12-522 页面效果

24 光标移至名为middle的Div中，将多余文字删除，插入相应的图像，效果如图12-523所示。使用相同的方法，完成其他内容的制作，页面效果如图12-524所示。

图12-523 插入图像　　　　图12-524 页面效果

25 在名为news06的Div后，插入名为right_pic的Div。切换到12-107.css文件中，创建名为#right_pic的CSS规则，如图12-525所示。返回到设计视图中，可以看到页面效果，如图12-526所示。

```
#right_pic {
    width: 260px;
    height: 311px;
    background-image: url(../images/bg10708.jpg);
    background-repeat: no-repeat;
    margin-top: 10px;
}
```

图12-525 CSS样式代码   图12-526 页面效果

26 光标移至名为right_pic的Div中，将多余文字删除，插入名为news07的Div。切换到12-107.css文件中，创建名为#news07的CSS规则，如图12-527所示。返回到设计视图中，光标移至名为news07的Div中，将多余文字删除，输入段落文字，并为文字创建项目列表，如图12-528所示。

```
#news07 {
    width: 240px;
    height: 90px;
    padding-top: 90px;
    padding-left: 20px;
    color: #696969;
    line-height: 18px;
}
```

图12-527 CSS样式代码   图12-528 页面效果

27 切换到12-107.css文件中，创建名为#news07 li的CSS规则，如图12-529所示。返回到设计视图中，可以看到页面效果，如图12-530所示。

```
#news07 li {
    list-style-type:none;
    background-image: url(../images/bg10706.png);
    background-repeat: no-repeat;
    background-position: 5px center;
    padding-left: 20px;
}
```

图12-529 CSS样式代码   图12-530 页面效果

28 在名为news07的Div后，插入名为flash02的Div。切换到12-107.css文件中，创建名为#flash02的CSS规则，如图12-531所示。返回到设计视图中，光标移至名为flash02的Div中，将多余的文字删除，插入相应的Flash动画，效果如图12-532所示。并设置该Flash动画的Wmode属性为"透明"。

```
#flash02 {
    width: 260px;
    height: 105px;
    margin-top: 27px;
}
```

图12-531 CSS样式代码   图12-532 插入Flash动画

29 在名为center的Div后，插入名为bottom的Div。切换到12-107.css文件中，创建名为#bottom的 CSS规则，如图12-533所示。返回到设计视图中，光标移至名为bottom的Div中，将多余文字删除，插入相应的图像并输入文字，效果如图12-534所示。

```
#bottom {
    width: 940px;
    height: 54px;
    overflow: hidden;
    margin-top: 20px;
    margin-left: 30px;
    line-height: 16px;
    color: #787878;
}
```

图12-533 CSS样式代码

图12-534 页面效果

30 切换到12-99.css文件中，创建名为#bottom img的 CSS规则，如图12-535所示。返回到设计视图中，可以看到页面效果，如图12-536所示。

```
#bottom img {
    margin-left: 10px;
    margin-right: 50px;
    float: left;
    border-left: solid 1px #c1c1c1;
    border-right: solid 1px #c1c1c1;
}
```

图12-535 CSS样式代码

图12-536 页面效果

31 执行"文件→保存"菜单命令，保存该页面。在浏览器中预览页面效果，如图12-537所示。

图12-537 页面效果

Q 在Dreamweaver CC中新建的HTML页面默认的页面编码格式是什么？

A 默认情况下，在Dreamweaver CC中新建的HTML页面默认的页面编码格式为UTF-8。UTF-8编码是一种被广泛应用的编码，这种编码致力于把全球的语言纳入一个统一的编码。另外，如果是简体中文页面，还可以选择GB2312编码格式。

Q 在网页的HTML编码中，特殊字符的编码格式是什么？

A 在网页的HTML编码中，特殊字符的编码是由以"&"开头、以";"结尾的特定数字或英文字母组成。

实例 108 制作游戏类网站页面

　　在游戏类的网站页面中经常会用到大面积的Flash动画，包括菜单项和主页面。另外，鼠标经过图像也被频繁运用，这些大量的动态元素使得整个页面浏览起来非常灵活、轻便，充分展现出了游戏的特性。

● **最终文件** | 最终文件\第12章\实例108.html

● **视　　频** | 视频\第12章\实例108.mp4

● **知 识 点** | 插入HTML5 Video视频、鼠标经过图 像

● **学习时间** | 30分钟

▌实例分析 ▐

　　本实例制作的是一个游戏类的网站页面，该页面中运用了Flash动画、鼠标经过图像以及视频等大量的动态元素，为页面增添了不少活力，页面的最终效果如图12-538所示。

图12-538 最终效果

▌知识点链接 ▐

　　在网页中可以使用HTML 5新增的Video元素嵌入视频，其方法与Audio元素相似，还可以在\<video\>标签中添加width和height属性设置，从而控制视频的宽度和高度，代码如下所示：

```
<video src="images/movie.mp4" width="600" height="400">
你的浏览器不支持video元素
</video>
```

　　通过这种方法即可把视频添加到网页中，浏览器不兼容时，显示替代文字"你的浏览器不支持video元素"。对于兼容性的处理方法，也可以增加丰富的标签内容，或者增加Flash的替代方案。

▌制作步骤 ▐

01 执行"文件→新建"菜单命令，弹出"新建文档"对话框，设置如图12-539所示。单击"创建"按钮，新建一个空白文档，将该页面保存为"源文件\第12章\12-108.html"。使用相同的方法，新建一个CSS样式表文件，并将其保存为"源文件\第12章\style\12-108.css"，如图12-540所示。

　　　　图12-539 "新建文档"对话框　　　　　　　　图12-540 "新建文档"对话框

02 单击"CSS设计器"面板中的"源"选项区右侧的"添加CSS源"按钮，在弹出菜单中选择"附加现有的CSS文件"选项，弹出"使用现有的CSS文件"对话框，设置如图12-541所示，单击"确定"按钮。切换到12-108.css文件中，创建名为"*"的通配符CSS规则和名为body的标签CSS规则，如图12-542所示。

```
*{
    margin: 0px;
    padding: 0px;
}
body{
    font-family: 微软雅黑;
    font-size: 12px;
    color: #999;
    background-image: url(../images/18881.gif);
    background-repeat: repeat-x;
    background-color: #ecfbf3;
}
```

　　　图12-541 "使用现有的CSS文件"对话框　　　图12-542 CSS样式代码

03 返回到设计视图，可以看到页面的背景效果，如图12-543所示。将光标移至页面中，插入名为bg的Div。切换到12-108.css文件中，创建名为#bg的CSS规则，如图12-544所示。

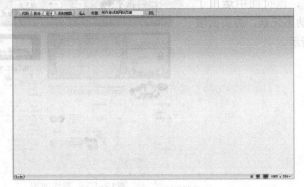

```
#bg{
    width:100%;
    height:auto;
    overflow:hidden;
    background-image:url(../images/10801.jpg);
    background-repeat:no-repeat;
    background-position:center top;
}
```

图12-543 页面效果　　　　　　　　　　　　图12-544 CSS样式代码

04 返回到设计视图，可以看到页面的效果，如图12-545所示。将光标移至名为bg的Div中，将多余文字删除，插入名为box的Div。切换到12-108.css文件中，创建名为#box的CSS规则，如图12-546所示。

```
#box{
    width:980px;
    height:auto;
    overflow:hidden;
    margin:0px auto;
}
```

图12-545 页面效果　　　　　　　　　　　　图12-546 CSS样式代码

05 返回到设计视图，光标移至名为box的Div中，将多余文字删除，插入名为top的Div。切换到12-108.css文件中，创建名为#top的CSS规则，如图12-547所示。返回到设计视图，页面效果如图12-548所示。

```
#top{
    width:956px;
    height:155px;
    background-image:url(../images/10802.jpg);
    background-repeat:no-repeat;
    background-position:center -1px;
    padding-bottom:29px;
    padding-left:24px;
}
```

图12-547 CSS样式代码

图12-548 页面效果

06 将光标移至名为top的Div中，将多余文字删除，插入名为logo的Div。切换到12-108.css文件中，创建名为#logo的CSS规则，如图12-549所示。返回到设计视图，光标移至名为logo的Div中，将多余文字删除，插入相应的图像，如图12-550所示。

```
#logo{
    width:159px;
    height:70px;
    margin-left:30px;
    padding-top:25px;
}
```

图12-549 CSS样式代码

图12-550 插入图像

07 在名为logo的Div后，插入名为menu的Div。切换到12-108.css文件中，创建名为#menu和#menu img的CSS规则，如图12-551所示。返回到设计视图，页面效果如图12-552所示。

```
#menu{
    width:956px;
    height:60px;
}
#menu img{
    margin-right:2px;
}
```

图12-551 CSS样式代码　　　　　　　　　　　图12-552 页面效果

08 光标移至名为menu的Div中，将多余文字删除，单击"插入"面板上"鼠标经过图像"按钮，弹出"插入鼠标经过图像"对话框，设置如图12-553所示。单击"确定"按钮，插入鼠标经过图像，如图12-554所示。

图12-553 "插入鼠标经过图像"对话框　　　　　图12-554 页面效果

09 使用相同的方法，完成其他鼠标经过图像的制作，效果如图12-555所示。在名为top的Div后，插入名为main的Div。切换到12-108.css文件中，创建名为#main的CSS规则，如图12-556所示。

```
#main{
    width:964px;
    height:auto;
    overflow:hidden;
    background-image:url(../images/10810.jpg);
    background-repeat:repeat-x;
    margin:0px auto;
}
```

图12-555 页面效果　　　　　　　　　　图12-556 CSS样式代码

10 返回到设计视图，页面效果如图12-557所示。将光标移至名为main的Div中，将多余文字删除，插入名为left的Div。切换到12-108.css文件中，创建名为#left的CSS规则，如图12-558所示。

```
#left{
    float:left;
    width:648px;
    height:auto;
    overflow:hidden;
    margin-bottom:20px;
}
```

图12-557 页面效果　　　　　　　　　　图12-558 CSS样式代码

11 返回到设计视图，页面效果如图12-559所示。将光标移至名为left的Div中，将多余文字删除，插入名为flash的Div。切换到12-108.css文件中，创建名为#flash的CSS规则，如图12-560所示。

```
#flash{
    width:648px;
    height:365px;
    background-image:url(../images/10811.jpg);
    background-repeat:no-repeat;
    background-position:center bottom;
}
```

图12-559 页面效果　　　　　　　　　　图12-560 CSS样式代码

12 返回到设计视图，光标移至名为flash的Div中，将多余文字删除，插入相应的flash动画，并在"属性"面板中设置该Flash动画的Wmode属性为"透明"，如图12-561所示。在名为flash的Div后，插入名为rank的Div。切换到12-108.css文件中，创建名为#rank的CSS规则，如图12-562所示。

图12-561 插入Flash动画并设置属性

```
#rank{
    float:left;
    width:314px;
    height:218px;
    background-image:url(../images/10813.jpg);
    background-repeat:no-repeat;
    background-position:center 15px;
    padding-top:50px
}
```

图12-562 CSS样式代码

13 返回到设计视图，页面效果如图12-563所示。将光标移至名为rank的Div中，将多余文字删除，插入图像"源文件\第12章\images\10814.jpg"，如图12-564所示。

图12-563 页面效果

图12-564 插入图像

14 光标移至刚插入的图像后，插入名为rank_title的Div。切换到12-108.css文件中，创建名为# rank_title的CSS规则，如图12-565所示。返回到设计视图，光标移至名为rank_title的Div中，将多余文字删除，输入文字，如图12-566所示。

```
#rank_title{
    width:314px;
    height:30px;
    color:#5d463f;
    font-weight:bold;
    line-height:30px;
    border-bottom:#bde0da solid 1px;
}
```

图12-565 CSS样式代码

图12-566 页面效果

15 切换到12-108.css文件中，创建名为.a和.b的类CSS样式，如图12-567所示。返回到设计视图，为分隔线分别应用名称为a和b的类CSS样式，效果如图12-568所示。

```
.a{
    color:#d2e0db;
    margin-left:5px;
    margin-right:5px;
    font-weight:normal;
}
.b{
    color:#d2e0db;
    margin-left:150px;
    margin-right:20px;
    font-weight:normal;
}
```

图12-567 CSS样式代码

图12-568 页面效果

16 在名为rank_title的Div后，插入名为rank_text的Div。切换到12-108.css文件中，创建名为#rank_text的CSS规则，如图12-569所示。返回到设计视图，光标移至名为rank_text的Div中，将多余文字删除，插入图片并输入文字，如图12-570所示。

```css
#rank_text{
    width:314px;
    height:155px;
    margin-top:5px;
    color:#8d7869;
}
```

图12-569 CSS样式代码

图12-570 页面效果

17 转换到代码视图，为该部分内容添加相应的定义列表标签，如图12-571所示。切换到12-108.css文件中，创建名为#rank_text dt和#rank_text dd的CSS规则，如图12-572所示。

```html
<div id="rank_text">
    <dl>
        <dt><img src="images/10815.gif" width="14" height="17" alt=""/>上弦月</dt><dd>101</dd>
        <dt><img src="images/10816.gif" width="14" height="17" alt=""/>极速闪电</dt><dd>97</dd>
        <dt><img src="images/10817.gif" width="14" height="17" alt=""/>如果的如果</dt><dd>94</dd>
        <dt>4我是游戏控</dt><dd>88</dd>
        <dt>5王者风采</dt><dd>85</dd>
    </dl>
</div>
```

图12-571 添加定义列表代码

```css
#rank_text dt{
    float:left;
    width:268px;
    height:30px;
    border-bottom:#bde0da dashed 1px;
    padding-left:5px;
    line-height:30px;
}
#rank_text dd{
    float:left;
    width:41px;
    height:30px;
    border-bottom:#bde0da dashed 1px;
    line-height:30px;
}
```

图12-572 CSS样式代码

18 返回到设计视图，可以看到定义列表的效果，如图12-573所示。切换到12-108.css文件中，创建名为.pic01和.font01的类CSS规则，如图12-574所示。

图12-573 页面效果

```css
.pic01{
    vertical-align:middle;
    margin-right:22px;
}
.font01{
    font-weight:bold;
    font-size:14px;
    margin-left:3px;
    margin-right:25px;
}
```

图12-574 CSS样式代码

19 返回到设计视图，为序号图标应用名为pic01的类CSS样式，为序号数字应用名为font01的类CSS样式，效果如图12-575所示。在名为rank的Div后，插入名为business的Div。切换到12-108.css文件中，创建名为#business的CSS规则，如图12-576所示。

图12-575 页面效果

```css
#business{
    float:left;
    width:312px;
    height:218px;
    margin-left:20px;
    background-image:url(../images/10818.jpg);
    background-repeat:no-repeat;
    background-position:center 15px;
    padding-top:50px;
    padding-left:2px;
}
```

图12-576 CSS样式代码

20 返回到设计视图，页面效果如图12-577所示。将光标移至名为business的Div中，将多余文字删除，插入名为pic的Div。切换到12-801.css文件中，创建名为#pic的CSS规则，如图12-578所示。

```
#pic{
    float:left;
    width:95px;
    height:118px;
    color:#3c3b3b;
    font-weight:bold;
    margin-left:4px;
    margin-right:4px;
    line-height:28px;
    text-align:center;
}
```

图12-577 页面效果　　　　图12-578 CSS样式代码

21 返回到设计视图，光标移至名为pic的Div中，将多余文字删除，插入图片并输入文字，如图12-579所示。切换到12-108.css文件中，创建名为.font02的CSS规则，如图12-580所示。

```
.font02{
    display: block;
    background-image:url(../images/10822.png);
    background-repeat:no-repeat;
    background-position:15px center;
}
```

图12-579 页面效果　　　　图12-580 CSS样式代码

22 返回到设计视图，为刚输入的文字应用名为font02的类CSS样式，效果如图12-581所示。使用相同的方法完成其他内容的制作，页面效果如图12-582所示。

图12-581 页面效果　　　　图12-582 页面效果

23 在名为left的Div后，插入名为right的Div。切换到12-108.css文件中，创建名为#right的CSS规则，如图12-583所示。返回到设计视图，页面效果如图12-584所示。

```
#right{
    float:left;
    width:297px;
    height:auto;
    overflow:hidden;
    margin-left:19px;
}
```

图12-583 CSS样式代码　　　　图12-584 页面效果

24 将光标移至名为right的Div中，将多余文字删除，插入名为flv的Div。切换到12-108.css文件中，创建名为#flv的CSS规则，如图12-585所示。返回到设计视图，页面效果如图12-586所示。

```
#flv{
    width:277px;
    height:140px;
    background-image:url(../images/10824.jpg);
    background-repeat:no-repeat;
    padding:10px 10px;
}
```

图12-585 CSS样式代码

图12-586 页面效果

25 光标移至名为flv的Div中，将多余文字删除，单击"插入"面板上的"HTML5 Video"按钮，插入HTML5 Video图标，在"属性"面板中对相关属性进行设置，如图12-587所示。可以看到页面中所插入的HTML5 Video的效果，如图12-588所示。

图12-587 设置相关属性

图12-588 页面效果

26 使用相同的方法，完成其他部分内容的制作，页面效果如图12-589所示。在名为main的Div后，插入名为bottom的Div。切换到12-108.css文件中，创建名为#bottom的CSS规则，如图12-590所示。

图12-589 页面效果

```
#bottom{
    width:980px;
    height:90px;
    color:#cfbfbf;
    line-height:20px;
    padding-top:10px;
    background-image:url(../images/10830.jpg);
    background-repeat:no-repeat;
}
```

图12-590 CSS样式代码

27 返回到设计视图，页面效果如图12-591所示。将光标移至名为bottom的Div中，将多余文字删除，插入图片并输入文字，如图12-592所示。

图12-591 页面效果

图12-592 插入图像并输入文字

28 切换到12-108.css文件中，创建名为#bottom img和.font03的CSS样式，如图12-593所示。返回到设计视图，为相应的文字应用名为font03的类CSS样式，效果如图12-594所示。

```
#bottom img{
    float:left;
    margin-top:34px;
    margin-left:20px;
    margin-bottom:34px;
    margin-right:20px;
}
.font03{
    line-height:30px;
    color:#989391;
}
```

图12-593 CSS样式代码　　　　　　　图12-594 页面效果

29 完成该页面的制作，执行"文件→保存"菜单命令，保存该页面。按F12键即可在浏览器中预览页面的效果，如图12-595所示。

图12-595 在浏览器中预览页面效果

Q 鼠标经过图像的构成以及形成的条件是什么？

A 鼠标经过图像实际上由两个图像组成：主图像（当首次载入页面时显示的图像）和次图像（当鼠标指针经过主图像时显示的图像）。

鼠标经过图像中的这两个图像大小应该相等；如果图像大小不同，Dreamweaver将自动调整次图像的大小来匹配主图像的属性。

Q HTML5音频和视频的优势是什么？

A 在HTML5中，不但不需要安装其他插件，而且实现还很简单。播放一个视频只需要一行代码，如下为使用HTML5在网页中插入音频和视频的代码：

```
<audio src="images\music.mp3" autoplay></audio>
<video src="images\movie.mp4" autoplay></video>
```

可见，在HTML5中省去了许多不必要的信息。

在HTML5中实现多媒体，不需要知道数据的类型，因为标签已经指明；也不需要设置版本信息，因为不涉及这方面的信息；可以由CSS样式表来控制尺寸，因为它们是页面元素。这些原生的优势，是其他任何第三方插件都无法企及的。

Div+CSS3.0
网页布局实战
从入门到精通（第2版）

策划编辑：杨　璐
助理编辑：鹿双双

扫描二维码获得下载方法
如需资源下载技术支持，请
致函 szys@ptpress.com.cn

资源下载

ISBN 978-7-115-47713-2

9 787115 477132 >

ISBN 978-7-115-47713-2
定价：49.80 元

封面设计：设手座 BOOK DESIGN
分类建议：计算机/网页设计/CSS
人民邮电出版社网址：www.ptpress.com.cn